La Biología
en 100 preguntas

La Biología en 100 preguntas

Jaione Pozuelo Echegaray

Colección: 100 preguntas esenciales
www.100preguntas.com
www.nowtilus.com

Titulo: *La Biología en 100 preguntas*
Autor: © Jaione Pozuelo Echegaray

Camino de los Vinateros 40, local 90, 28030 Madrid
www.nowtilus.com

Elaboración de textos: Santos Rodríguez

Diseño de cubierta: eXpresio estudio creativo
Imagen de portada: *Human sperm race to fertilize an egg*, de la colección Science Source de David M. Phillips.

ISBN Papel: 978-84-1305-461-2
Fecha de publicación: Mayo 2024

Impreso en España
Imprime: Quares Salesforce, S.L.
Depósito legal: M-6973-2024

A mis estudiantes curiosos,
por ser inspiración y respuesta

Índice

III. Evolución

IV. Biodiversidad

V. Salud y enfermedad

VI. El cuerpo humano

I

EL ORIGEN DE LA VIDA

1

¿QUÉ HA HECHO POSIBLE LA VIDA EN LA TIERRA?

El planeta Tierra, un cuerpo celeste singular. Muchas son las características que convierten nuestro astro en un lugar digno de estudio: sus formas geológicas en continuo cambio, la presencia de una capa de agua que cubre un alto porcentaje de su corteza, la dinámica atmosférica responsable de climas y paisajes... Sin embargo, si hay algo realmente fascinante en nuestro planeta, es sin duda la presencia de formas de vida.

Antes de continuar, aclararemos qué entendemos por «vida». Muchos biólogos han resaltado la complejidad que supone definir esta palabra. De hecho, resulta más sencillo explicar las características distintivas de la materia viva. En palabras de un geólogo, los seres vivos son «sistemas autorreproducibles que toman su energía del medio y se han adaptado a todos los ambientes del planeta» (F. Anguita, 1988). Si la pregunta se formula a un genetista, su afirmación será que todo ser vivo cambia (por mutaciones), es capaz de autorreplicarse (por reproducción celular) y puede transmitir su información a la descendencia (por mecanismos de herencia biológica). Y si preguntáramos a un biólogo, probablemente nos diría que todos los seres vivos comparten una organización molecular y la realización de las tres funciones consideradas vitales: nutrición, reproducción y relación con el medio interno y el externo.

Definir la vida es casi tan complejo como lo es la vida en sí misma. La cantidad de procesos bioquímicos que fundamentan la existencia de organismos autorreplicables es tal que parece igualmente complicado lograr las condiciones idóneas para que estas estructuras se desarrollen. De hecho, la aparición de la vida en el planeta no fue un proceso sencillo. Hicieron falta una serie de condiciones que no se han encontrado en ningún planeta conocido hasta la fecha. Unas condiciones que comienzan con la distancia que nos separa del Sol.

El Sol es la estrella que mantiene todo el sistema solar en funcionamiento. A partir del disco protoplanetario que lo rodeaba, se formaron ocho planetas que quedaron girando en distintas órbitas, así como pequeños cuerpos celestes (asteroides, planetas enanos, cometas, etc.), todos ellos sujetos a la estrella por atracción gravitatoria y sometidos a su radiación electromagnética. Y es que las reacciones de fusión nuclear del interior de la estrella producen una energía inmensa en forma de radiación: la superficie solar se encuentra a una temperatura superior a los 5.500 °C.

Esta radiación llega de forma desigual a los distintos planetas. La temperatura en la superficie de los mismos desciende a medida que nos alejamos del Sol (con la excepción de Venus, cuya densa atmósfera actúa como un invernadero y eleva su temperatura media hasta los 470 °C). Por lo tanto, planetas cercanos como Mercurio pueden alcanzar los 465 °C en la cara expuesta al Sol, mientras que al otro extremo del sistema solar encontramos temperaturas de -224 °C en Urano o -218 °C en Neptuno. Siguiendo esta lógica, encontramos a nuestro planeta, en la tercera órbita, a una distancia de aproximadamente ciento cincuenta millones de kilómetros del Sol, con una temperatura media de 15 °C en superficie. Considerando que los límites térmicos para la vida se encuentran entre -18 °C y 50 °C, parece evidente que la Tierra es el lugar idóneo para la aparición y el mantenimiento de organismos vivos.

Una segunda condición que distingue a la Tierra, consecuencia de esta temperatura media en superficie, es la presencia de una hidrosfera formada por agua en sus tres estados. Y es que encontrar agua en el espacio es relativamente sencillo (analizando

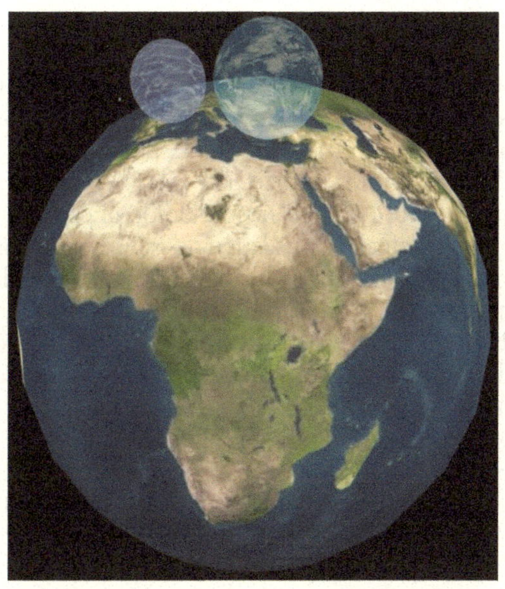

Agua y aire en la Tierra. Aunque se conozca como Planeta Azul, si pusiéramos toda el agua de la Tierra en una esfera, esta tendría un diámetro de 1.390 kilómetros (esfera pequeña de la izquierda). El agua líquida está muy extendida en la superficie, pero tiene poca profundidad. Si hiciéramos lo mismo con la atmósfera terrestre, obtendríamos una esfera de 1.999 kilómetros de diámetro (representada a la derecha). Pero si lo que tenemos en cuenta es el agua potable del planeta, obtendríamos una diminuta esfera de 62 kilómetros de diámetro, que el lector puede ver si agudiza la vista a la izquierda de las otras dos esferas. Fuente: Gritzi, G. Disponible en: http://slconceptual.wordpress.com/

el contenido de Marte, Mercurio o de cuerpos pequeños como cometas o asteroides, encontraremos hielo; y en el planeta enano Ceres podríamos hallar vapor de agua). Algo más complicado resulta encontrar agua líquida (aunque hay fuertes evidencias de que las lunas de Júpiter y Saturno podrían tener océanos bajo su superficie, y también se ha detectado la presencia de agua líquida en Marte). La cuestión se complica aún más si lo que buscamos es la coexistencia de agua en los tres estados. Y es aquí donde la Tierra, por ahora (nos queda mucho universo por descubrir), es especial.

Existen sedimentos de origen marino entre las rocas más antiguas conocidas, lo que demuestra la existencia de océanos casi desde la formación del planeta. Y esta presencia de agua líquida en la superficie terrestre tuvo varios efectos. Por un lado, como agente modelador del relieve, sus acciones han acompañado al modelado de la corteza terrestre a lo largo de la historia del planeta. Además, ocupando más del setenta por ciento de su superficie, esta hidrosfera líquida aportó a la Tierra el apodo de «Planeta Azul», ya que de este color se nos ve desde el espacio. Y por último, una de las principales consecuencias será el surgimiento de las primeras moléculas orgánicas, ligadas íntimamente a la presencia de este líquido elemento, como descubriremos más adelante.

Sin embargo, el proceso no terminó ahí, de hecho, la propia presencia de vida cambió drásticamente la dinámica del planeta, afectando así al desarrollo de nuevos organismos. Y es aquí cuando la atmósfera adquiere un papel fundamental.

Aunque en un principio se pensó que la atmósfera terrestre primitiva era fundamentalmente reductora, en las últimas décadas se ha propuesto una protoatmósfera ligeramente oxidante, compuesta por vapor de agua, dióxido de carbono, nitrógeno y óxido de azufre, componentes incompatibles con la vida aerobia. De hecho, fue la actividad de las primeras bacterias anaerobias y fotosintéticas lo que posibilitó una producción de oxígeno que transformaría permanentemente la composición de la atmósfera, por lo que la diversidad de formas de vida que ahora conocemos no hubiera sido posible sin esta capa gaseosa que nos rodea.

Además, la atmósfera funcionaba como un escudo natural de desintegración de fragmentos rocosos que llegaban a la Tierra (meteoritos), así como filtro de radiaciones solares perjudiciales (en la ionosfera o termosfera, los gases se ionizan al absorber radiaciones de alta energía, como los rayos gamma, los rayos X y parte de la radiación ultravioleta). Por último, no podemos olvidar que el efecto invernadero natural que en ella sucede es en parte responsable de nuestra temperatura media en superficie (que bajaría a -18 °C sin esta capa de aire).

Podemos concluir que la presencia de una atmósfera protectora y reguladora así como la temperatura privilegiada que nuestra relativa cercanía al Sol nos proporcionó hicieron posible la presencia de agua líquida en la superficie terrestre, una condición clave para la aparición de las primeras formas de vida en nuestro planeta, un proceso complejo y fascinante que seguiremos analizando en las preguntas sucesivas.

2

¿Existe vida en otro lugar del universo?

Si quedan aún secretos por desvelar en el estudio de la vida, este puede ser uno de los más fuertemente guardados. Intentaremos aquí aportar los datos suficientes para que el lector genere su propia respuesta a esta pregunta que, desafortunadamente, aún no podemos responder. Y es que la opinión científica está dividida en este aspecto y nuestra tecnología actual aún no ha aportado pruebas suficientes para probar ninguna teoría de forma definitiva.

Como ya hemos comprobado, la Tierra contaba con unas condiciones muy específicas, responsables de generar un escenario adecuado para el desarrollo de la vida (tal y como la conocemos los *terrícolas*), y estas condiciones no han sido encontradas en ningún otro astro conocido. Durante muchos cientos de años, el ser humano se ha considerado el centro del universo y ha concebido nuestro planeta como un lugar único y especial. Los conocimientos astronómicos y la teoría heliocéntrica de Copérnico (entre otros) nos han colocado de nuevo en el lugar que nos corresponde; ahora sabemos que no somos el centro del sistema solar, ni este sistema planetario se acerca remotamente al centro del universo. Sin embargo, y a pesar de todas las investigaciones espaciales realizadas hasta el momento, todavía no hay evidencias de que la vida inteligente, el mayor factor que nos caracteriza, se encuentre en otro planeta.

Por ello, hay científicos que defienden la teoría del gran filtro. Según esta hipótesis, no detectamos vida inteligente fuera de nuestro planeta sencillamente porque no la hay. La existencia de vida inteligente se considera fruto de una anomalía de la evolución, ya que sólo algunas especies son capaces de superar un salto evolutivo (denominado gran filtro) e ir avanzando en civilizaciones de tipo I (utilizan la energía del planeta de forma sostenible), tipo II (utilizan la energía de la estrella de su sistema planetario) y finalmente de tipo III (civilización que controla toda la energía de su galaxia, lo que implica colonizarla). Obviamente, esta hipótesis, como las que mencionaremos a continuación, no está demostrada con datos y evidencias científicas, al menos por el momento.

En el otro lado encontramos una cantidad cada vez mayor de científicos que sí apuestan por la existencia de formas de vida más allá de la Tierra. El astrónomo Carl Sagan es uno de los grandes defensores de esta hipótesis. El primer argumento a favor de esta postura es el tamaño del universo.

El universo es todo lo que existe, podría ser incluso infinito, aunque las teorías más aceptadas actualmente lo consideran finito, pero todavía no se ha podido calcular dónde está su límite. Sabemos, por ejemplo, que necesitaríamos cien mil años para atravesar nuestra galaxia (la Vía Láctea) viajando a la velocidad de la luz. Y hay billones de galaxias en el universo. Con estos datos podemos hacernos una idea de la inmensidad del espacio exterior y de la ingente cantidad de cuerpos celestes que en él se encuentran. Por ello, muchos astrofísicos aceptan la existencia de una alta probabilidad de que haya vida en otro lugar del universo.

Y es que, entre los quinientos millones de billones de estrellas de tipo solar que se calcula que existen en el universo, un estudio publicado en Proceedings of the National Academy of Sciences of the United States of America (PNAS) establece que un 22 % de ellas podrían ser orbitadas por un planeta similar a la Tierra. Esto supone cien millones de billones de planetas similares al nuestro.

El laboratorio de habitabilidad planetaria de la Universidad de Puerto Rico Arecibo realiza una clasificación de los exoplanetas potencialmente habitables, según el índice de similitud con la Tierra (ESI), que tiene en cuenta el radio, la densidad, la velocidad de escape y la temperatura superficial del planeta. El exoplaneta candidato más probable (el GC 667C c) se encuentra a 24 años luz de nosotros (unos 2×10^{14} kilómetros), una distancia impensable para nuestra tecnología (la sonda más lejana que hemos enviado hasta el momento es Voyager 1, situada actualmente a unos 2×10^{10} kilómetros de distancia).

Un segundo argumento aparece si consideramos que los cuatro elementos más comunes en el universo son el hidrógeno, el helio, el carbono y el oxígeno. Teniendo en cuenta que el helio es un elemento inerte, los tres elementos químicamente activos más abundantes en el universo (hidrógeno, carbono y oxígeno) son también tres de los cuatro elementos básicos que forman más del 95 % de los seres vivos (carbono, oxígeno, hidrógeno y nitrógeno).

Además de los elementos químicos fundamentales, la vida requiere agua como sustrato donde se produzcan las reacciones químicas que conviertan dichos elementos inorgánicos en moléculas orgánicas. Por eso, en la búsqueda de vida extraterrestre se presta especial atención a aquellos astros en los que se detecta trazas de esta molécula. Sólo dentro del sistema solar, se ha encontrado agua líquida en satélites naturales como Europa (en Júpiter), Encélado o Titán (en Saturno), así como en Marte, lo que abre la posibilidad a la existencia (actual o pasada) de algún tipo de forma de vida.

La búsqueda de vida en el universo es una empresa tan ansiada que ya en 1998 la NASA creó el Instituto de Astrobiología. Esta disciplina incluye la exobiología, que combina el conocimiento de astrofísicos, biólogos, químicos y geólogos para el estudio de la viabilidad y de las posibles características de las formas de vida extraterrestres. No es una disciplina científica pura, pero sí se basa en hipótesis verificables.

Como hemos visto, responder a la pregunta sobre la vida más allá de la Tierra puede que sea la cuestión más complicada con los datos con los que contamos actualmente. Durante muchos siglos, nuestra visión egocéntrica del sistema solar, y del universo entero, nos llevó a pensar que nuestro planeta era especial y único. Hoy en día, cada vez son más las voces que argumentan en favor de la existencia de vida en algún otro punto (si no en muchos) de un universo inmenso, del que nosotros formamos una parte minúscula. El debate sigue abierto y lo único que todos tenemos claro es que, en este momento, la vida en la Tierra es la única vida conocida en el universo.

3

¿Cómo surgió la vida?

Descifrar el origen de la vida en nuestro planeta ha sido una cuestión que ha inquietado al ser humano durante miles de años. Ya los filósofos de la antigua Grecia formularon teorías para explicarlo: Empédocles (s. v a. C.) proponía que la vida surgía de miembros formados a partir de tierra y barro, siendo viables únicamente las uniones armónicas; por su parte, Aristóteles (s. iv a. C.) se oponía a esta idea de fragmentos creados al azar, postulando que los organismos aparecían completamente formados, en un proceso lento y gradual (por ejemplo, «del queso salen gusanos»).

Durante años se aceptó la teoría de la generación espontánea (formas de vida que aparecían espontáneamente a partir de materia en descomposición, como restos de comida o ropa sucia impregnada en sudor). El primer científico en cuestionarla fue Francisco Redi (1626-1697), quien demostró experimentalmente cómo las larvas de las moscas no aparecían espontáneamente en la carne en descomposición. Para demostrarlo, colocó fragmentos de carne en diversos frascos, algunos abiertos, otros cerrados completamente y otros cubiertos por una gasa. Al cabo de cierto tiempo observó cómo aparecían larvas en la carne de los frascos abiertos y sobre la gasa de los frascos tapados con este material. En los frascos cerrados no había larvas, lo cual demostraba que estas provenían de huevos que las moscas adultas habían depositado previamente.

Los avances de Redi no cerraron el debate sobre la generación espontánea (el mismo Redi la asumía posible bajo ciertas condiciones, por ejemplo, para explicar el caso de las lombrices intestinales). De hecho, en el siglo xviii, John Needham intentó demostrar experimentalmente la generación espontánea (argumentando que los organismos aparecían espontáneamente después de hervir un líquido). Lazzaro Spallanzani replicó sus experimentos, logrando para ello una mayor esterilización de los frascos (en los que eliminó el aire), lo que probó como incorrectos los resultados de Needham. Sus demostraciones no fueron aceptadas por una comunidad científica, reacia aún a descartar la generación espontánea.

Y es que esta teoría permaneció vigente hasta el siglo xix, cuando Louis Pasteur (1822-1895), variando los métodos de Needham y Spallanzani, ganó el concurso de la Academia Francesa de las Ciencias con un experimento en el que logró, aplicando calor, la esterilización de un caldo de cultivo, que colocó en dos matraces. En uno de ellos dobló el cuello en forma de S, logrando que el aire pudiera pasar (pero no los microorganismos). Observó así que en el matraz con el cuello doblado el caldo no se contaminaba, mientras que sí lo hacía en el otro. Esto demostraba que los microorganismos estaban suspendidos en el aire: no se generaban de forma espontánea.

Pasteur demostró así que todo ser vivo proviene de otro ser vivo preexistente. La cuestión ahora era: ¿cómo se formaron los primeros organismos vivos? Si esta pregunta se planteara a una

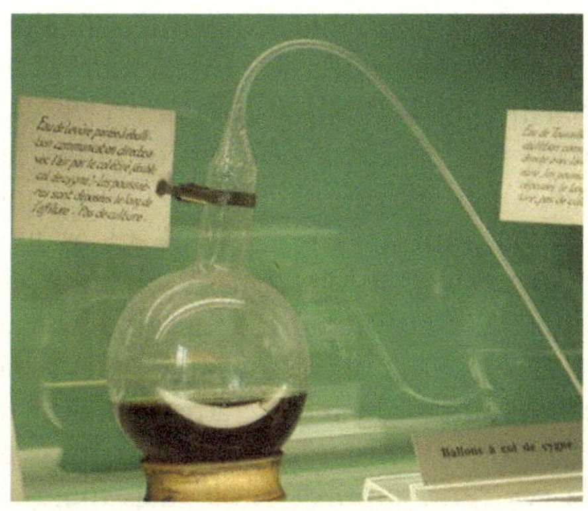

El Museo Pasteur de París todavía conserva los matraces de cuello de cisne originales usados por Pasteur para refutar la teoría de la generación espontánea. Los experimentos de Redi no habían convencido a la comunidad científica, entre otros motivos porque, al cerrar los frascos, se eliminaba de ellos el aire (elemento considerado esencial para la vida). Pasteur soluciona este problema doblando el cuello de los matraces, de manera que el aire continuaba pasando al interior, no así los microorganismos en él contenidos, que quedaban atrapados antes de llegar al caldo de cultivo. Fuente: @microBIOblog

persona creacionista, sin duda la respuesta será clara: la vida es tan compleja que no puede basarse en un proceso natural, sino que es resultado de un principio divino dirigido por un ser supremo o dios.

Lo curioso es que esta idea de la complejidad también aparece en contextos científicos. Algunos autores reconocidos postularon que, incluso las formas de vida más sencillas que existen actualmente son demasiado complejas para haberse creado en la Tierra. Este posible origen extraterrestre de la vida fue afirmado por primera vez por Arrhenius (1859-1927) en la teoría de la panspermia (las primeras «semillas de vida» –esporas o bacterias– habrían llegado del espacio en meteoritos). Pese a ser controvertida, esta teoría no se rechaza del todo y continuamente han surgido ideas similares a lo largo de la historia de la ciencia. La hipótesis que más se aceptaría en estos momentos es la posibilidad de que gran parte de la materia prima a partir de la cual se desencadenó el proceso del origen de la vida podría haber provenido del espacio exterior (de hecho, se han encontrado moléculas orgánicas –como aminoácidos– en meteoritos).

En un plano más contrastable, los primeros científicos en postular su hipótesis sobre el origen de la vida fueron, de forma independiente, Oparin (1894-1980) y Haldane (1892-1964). Ambos apostaban por un proceso de evolución química: la vida surgiría a partir de reacciones químicas entre los compuestos inorgánicos presentes en la atmósfera (en la que ya estaban disponibles el hidrógeno, el carbono, el nitrógeno y, en muy escasa cantidad, también el oxígeno). Estas moléculas fueron arrastradas por la lluvia hacia los océanos y sometidas a la energía procedente de la radiación solar, descargas eléctricas, radiactividad y actividad volcánica. En ciertos microambientes (como charcos pequeños costeros) donde la concentración de moléculas fuera alta (ambientes denominados en su conjunto «caldo primitivo»), las moléculas sencillas reaccionarían entre sí formando moléculas orgánicas más complejas (en un proceso conocido como *condensación*), proceso que ocurrió bajo la protección de una película de agua que impediría que estas moléculas orgánicas fueran destruidas por la radiación ultravioleta.

A medida que aumentaba la concentración de estas moléculas, reaccionarían entre sí formando sistemas plurimoleculares, encerrándose en pequeñas gotas que Oparin denominó *coacervados*. Estos coacervados consiguieron un medio interno distinto al exterior y fueron perfeccionándose poco a poco, y fueron capaces de intercambiar materia y energía con el ambiente y mejorar la eficacia de ciertas reacciones químicas internas. Algunos de ellos lograron tal estabilidad química que consiguieron persistir y duplicarse (en un proceso de «selección natural» denominado *síntesis prebiótica*). Estos coacervados darían lugar a las primeras estructuras celulares.

La teoría de Oparin se publicó en 1924, sin pruebas experimentales que la contrastaran. Estas pruebas llegarían en 1953, cuando Stanley Miller, a propuesta de su profesor, Harold Urey, reprodujo en el laboratorio las condiciones de la Tierra primitiva (hidrógeno, vapor de agua, metano y amoniaco, sometidos a descargas eléctricas). Tras esperar 24 horas, cerca de la mitad del carbono presente originariamente como metano se había convertido en aminoácidos y otras moléculas orgánicas. A pesar de que actualmente está en duda que la composición de la atmósfera primitiva fuera tan reductora como Miller propuso, en experimentos posteriores con atmósferas menos reductoras también se obtuvieron moléculas orgánicas.

Por lo que, con independencia del tipo de atmósfera que la Tierra tenía, se acepta como demostrada la posibilidad de formación de moléculas orgánicas a partir de materia prima inorgánica sometida a una importante fuente de energía, bajo una capa de agua y en condiciones casi anaerobias (ya que el oxígeno degradaría por oxidación las primeras moléculas formadas), aspectos que existían en la Tierra primitiva.

Actualmente, se acepta de forma generalizada la teoría de Oparin-Haldane, pero se han propuesto modificaciones. La teoría de la arcilla propone que las primeras moléculas orgánicas pequeñas se acumularon en la superficie de moléculas de arcilla (de los fondos marinos), dado que estas tienen una carga eléctrica que atrae a las moléculas disueltas con carga opuesta, estimulando así la formación de moléculas orgánicas más grandes. La hipótesis del mundo de ARN, por otro lado, acepta el ARN como primer material genético, que daría lugar posteriormente a una forma más estable (el ADN). Por último, la teoría del mundo de hierro-azufre (G. Wächtershäuser) afirma que la energía utilizada no fue externa, sino proveniente de las reacciones de oxidación y reducción de los sulfuros de hierro y otros minerales como la pirita, presentes en fuentes hidrotermales o «chimeneas negras» submarinas.

Como se ha podido comprobar, el origen de la vida es un misterio que, a día de hoy, no se ha terminado de descifrar. La mayor parte de la comunidad científica coincide en que fue fruto de las leyes naturales, pero que estas actuaran en el agua, sobre arcilla, en fuentes hidrotermales o sobre material proveniente de meteoritos es algo que, actualmente, sigue creando multitud de controversias. Tantas que imposibilitan cerrar esta pregunta de forma definitiva. Al menos, por el momento…

4

¿Cuál fue el antecesor de todas las células?

Para responder a esta pregunta, remontémonos al momento en que aparece la Tierra. Nuestro planeta se formó hace aproximadamente 4.550 millones de años, por acreción gravitatoria de los fragmentos rocosos, gas y polvo, que giraban en un disco protoplanetario alrededor de la recién formada estrella Sol. La vida surgiría en nuestro planeta algunos millones de años después. Los restos fósiles más antiguos que se han encontrado son los llamados estromatolitos, unas estructuras sedimentarias similares a rocas pero de origen orgánico, producto del crecimiento y de la actividad metabólica de distintos microorganismos (procariotas filamentosos y cianobacterias). Estos restos tienen unos 3.500 millones de años de antigüedad. No obstante, el hecho de no tener restos fósiles que lo demuestren no cierra la puerta a la posibilidad de que hubiera vida antes de esta fecha.

Durante muchos años, los científicos han puesto el límite en el *bombardeo intenso tardío* (LHB), ocurrido entre 3.800 y 4.100 millones de años, período en el que la Tierra y la Luna sufrieron choques de asteroides de tal magnitud que hubieran imposibilitado la supervivencia de cualquier especie viva. Sin embargo, investigadores de la Universidad de Colorado, a través de modelos tridimensionales computarizados, han demostrado cómo los posibles microorganismos de la Tierra pudieron haber sobrevivido a ese bombardeo. Esto abre las posibilidades al surgimiento de la vida desde que los océanos primitivos se formaron, hace 4.400 millones de años.

Como ya hemos visto, la presencia de agua líquida fue imprescindible como sustrato de las reacciones bioquímicas que dieron lugar a las primeras moléculas orgánicas. Estas biomoléculas, aisladas y protegidas del medio externo en microesferas membranosas formando coacervados, darían lugar a las protocélulas, antecesores inmediatos de las células vivas. El paso de protocélula a célula no fue inmediato, ni se puede ubicar en un momento temporal específico; los procesos evolutivos son graduales y complejos.

Actualmente, los seres vivos se clasifican en tres grandes dominios: *Bacteria*, *Archaea* (organismos formados por células procariotas, que son aquellas que carecen de estructuras membranosas en su interior) y *Eukarya* (organismos formado por células eucariotas). A partir del análisis del ARN que compone los ribosomas (estructuras sintetizadoras de proteínas presentes en todas las células) de los tres grupos se ha postulado la hipótesis de que los tres dominios derivan de un ancestro común, denominado progenote o Last Universal Common Ancestor (LUCA).

Algunas pruebas que apoyan esta hipótesis son la existencia de patrones universales, como el código genético común a todos los seres vivos, o los procesos de obtención de energía a partir de la degradación de moléculas orgánicas complejas, algo que también es universal. Aunque los organismos difieren en la forma de obtener estas moléculas: si las toman del medio, se denominan heterótrofos; si las sintetizan ellos mismos, autótrofos. Los organismos autótrofos pueden sintetizar esta materia orgánica gracias a una fuente de energía externa (la energía solar si son fotosintéticos; o la energía liberada en reacciones químicas entre sustancias inorgánicas si son quimiosintéticos).

A partir de LUCA, las primeras células en aparecer fueron procariotas. Aunque algunas investigaciones sugieren que podrían haber sido autotróficas, la mayoría de los científicos acepta actualmente que debieron ser bacterias heterótrofas que metabolizaban moléculas orgánicas de forma anaeróbica (ya que la atmósfera de la Tierra primitiva carecía de oxígeno). A partir de ellas, algunas células adquirieron la capacidad para emplear la luz solar como fuente de energía (surgiendo así las primeras bacterias fotosintéticas). Este sistema posibilitó la síntesis de moléculas complejas a partir de compuestos sencillos (primeros organismos autótrofos), lo que sin duda supuso una ventaja adaptativa que se propagó velozmente.

Las primeras bacterias fotosintéticas probablemente utilizaron el sulfuro de hidrógeno disuelto en agua como fuente de hidrógeno. Cuando la actividad volcánica se redujo, también lo haría la cantidad de sulfuro de hidrógeno, de forma que las bacterias evolucionaron y lograron usar el agua como fuente de hidrógeno. Como consecuencia de la fotosíntesis, además, se comenzaron a liberar grandes cantidades de oxígeno a la atmósfera (parte del cual se combinó con el hierro de la corteza formando óxidos) y los niveles de oxígeno aumentaron paulatinamente hasta que se estabilizaron hace aproximadamente 1.500 millones de años.

Con el incremento de oxígeno también llegó la evolución bacteriana hacia formas de vida aeróbicas, que aprovecharon el poder degradante de este elemento para metabolizar las moléculas nutritivas y obtener una cantidad de energía mucho mayor de la que lograban los organismos anaerobios, otra gran ventaja evolutiva.

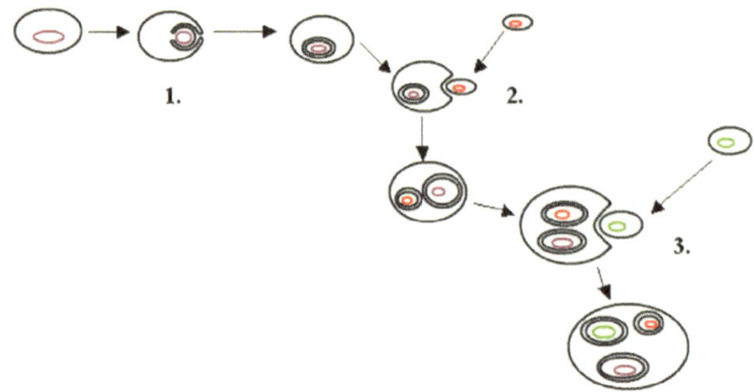

Teoría endosimbiótica postulada por Lynn Margulis en 1967. Una célula procariota inicial habría conseguido una envoltura nuclear (proceso 1) mediante invaginación de su membrana, rodeando el material genético. Posteriormente, llevó a cabo la fagocitosis de bacterias aerobias (proceso 2) y bacterias fotosintéticas (proceso 3) de vida libre, que se convertirían en mitocondrias y cloroplastos, respectivamente, perdiendo la mayor parte de su material genético y quedando bajo el control de la célula huésped. Algunas pruebas que refuerzan esta teoría son el tamaño de estos orgánulos (similar al de las bacterias), la presencia en ellos de membrana, material genético propio y ribosomas de igual tamaño que los de las células procariotas. Foto: Polyhedron, Wikimedia Commons

Como vestigio de este proceso, podemos estudiar los organismos extremófilos, capaces de sobrevivir en los ambientes más inhóspitos (en la Antártida, a varias decenas de grados bajo cero y sin apenas nutrientes en el medio; en fisuras de rocas a más de 100 °C; en ambientes de extremas condiciones de sal o acidez; etc.). Son muestras claras de la capacidad de supervivencia de las bacterias y su adaptación a las condiciones primitivas terrestres.

Los procariontes fueron las únicas formas de vida en la Tierra durante casi 2.000 millones de años, hasta que sucedió el segundo proceso evolutivo más importante en la historia de nuestro planeta (después del origen de la vida): la aparición de los eucariontes. Recordemos que los eucariontes tienen, a diferencia de los procariontes, un sistema de membranas internas que forman orgánulos como el núcleo, la mitocondria y el cloroplasto.

La membrana nuclear se habría formado por invaginación de un fragmento de membrana cerca del sitio donde la célula tenía adherido el ADN, encerrándolo y formando el precursor del núcleo celular (proceso 1 de la ilustración que muestra la teoría endosimbiótica). Respecto a la aparición del cloroplasto y la mitocondria, la hipótesis más aceptada es la teoría endosimbiótica, postulada por la investigadora Lynn Margulis en 1967. Acorde con este modelo, estos orgánulos provienen de un proceso de fagocitosis sin digestión posterior. Las mitocondrias serían originariamente procariontes heterótrofos aeróbicos y los cloroplastos serían organismos fotosintéticos (ambos de vida libre), que habrían sido fagocitados por células de mayor tamaño (englobados por la membrana e introducidos en su interior), creando así los primeros organismos eucarióticos (procesos 2 y 3, respectivamente, de la ilustración que muestra la teoría endosimbiótica).

Algunas de estas asociaciones resultaron favorables (los huéspedes obtuvieron protección y mejoraron la producción energética de la célula hospedadora) y permitieron a estos primeros eucariontes conquistar nuevos ambientes. Estos organismos darían lugar a los primeros seres pluricelulares.

5

¿Qué tenemos en común los seres vivos, los diamantes y la mina del lápiz?

La respuesta es una palabra de siete letras: carbono. Los átomos de este elemento, dispuestos de una manera u otra, pueden formar el blando grafito que se desprende sobre al papel al escribir, el durísimo y valorado diamante, o gran parte de las estructuras que componen cualquier ser vivo.

Si el lector mira por un momento a su alrededor, seguro que encuentra diferentes formas de vida que le rodean (los árboles del parque, las flores de una jardinera, el perro del vecino, los pájaros, los bebés o los ancianos caminando en la calle, etc.). Si en lugar de mirar, cierra los ojos y se traslada a un lugar más alejado (una selva, un arrecife de coral, un bosque de ribera, etc.), se dará cuenta de la gran diversidad de seres vivos que componen el planeta.

Si esta diversidad es asombrosa, lo es más aun pensar que toda la materia viva (desde su vecino hasta el plancton alrededor del arrecife) está formada en un 99 % por sólo seis de los 118 elementos químicos conocidos. Son los llamados bioelementos primarios: carbono, hidrógeno, oxígeno, nitrógeno y, en menor proporción, azufre y fósforo.

Estos elementos se combinan entre sí mediante enlaces químicos, formando las biomoléculas o principios inmediatos, que no son ni más ni menos que los bloques estructurales (las piezas de Lego) con los que se construye la materia viva. La denominación de «principio inmediato» se debe a que pueden ser aislados por medios físicos (como la centrifugación o la filtración) sin que su composición molecular se vea alterada.

¿Y cuáles son estas biomoléculas que nos forman? Para estudiarlas, se han clasificado en dos tipos, orgánicas e inorgánicas, según sean o no exclusivas de los seres vivos. Las biomoléculas inorgánicas se pueden encontrar en materia viva e inerte, y son compuestos tan sencillos como esenciales (el agua, las sales minerales, el oxígeno o el dióxido de carbono).

Los organismos vivos contienen entre un sesenta y un noventa por ciento de agua. Su capacidad disolvente convierte a esta molécula en el medio ideal para el desarrollo de la mayor parte de las reacciones químicas indispensables para la vida. Su cohesión y adhesión (tendencia de las moléculas de agua a mantenerse unidas entre sí y a superficies ligeramente cargadas) permiten su ascenso contra la gravedad en los tejidos conductores de las plantas. Su gran capacidad para absorber calor sin cambiar su temperatura (calor específico) le permite moderar los efectos de los cambios de temperatura ambiental. Su menor densidad en estado sólido (al congelarse, las moléculas se reorganizan dejando huecos) permite que el hielo flote sobre el agua líquida (aspecto imprescindible en zonas frías, donde la capa superior de hielo sirve de aislante que retrasa el congelamiento del resto del agua, lo que permite la vida por debajo).

Por otra parte, las sales minerales precipitadas forman parte de muchas estructuras de protección y sostén de los organismos vivos (esqueletos, huesos, caparazones) y las sales en disolución actúan como sistemas amortiguadores de las variaciones de pH en el medio, además de participar en algunos procesos importantes como la transmisión del impulso nervioso o la contracción muscular.

En cuanto a las biomoléculas orgánicas, estas se caracterizan por ser exclusivas de la materia viva. Además, desde un punto de vista químico, están formadas por cadenas de carbono, unidas

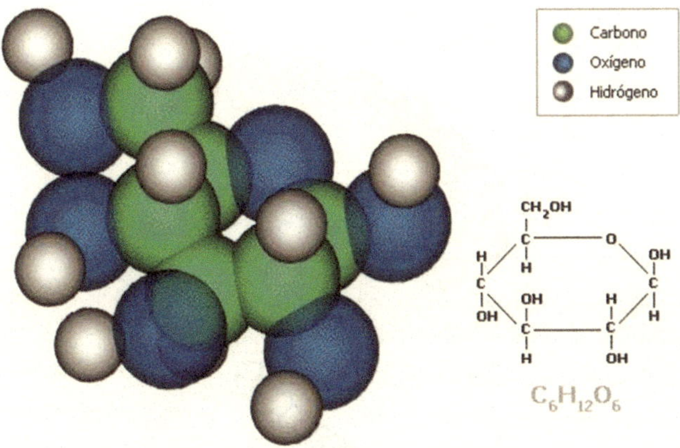

Molécula de glucosa. La glucosa es el compuesto orgánico más abundante en la naturaleza: constituye la principal fuente de energía celular, y forma parte de estructuras de sostén importantes como la celulosa y el almidón vegetal, o el glucógeno en animales. Es un glúcido sencillo formado por seis átomos de carbono, a los que se unen sendos átomos de oxígeno y doce átomos de hidrógeno. Es, por tanto, una hexosa (se utiliza el sufijo *-osa* para referirse a los azúcares, y el prefijo denota la cantidad de átomos de carbono del mismo). Foto: Heinzjg, Wikimedia Commons

a átomos de hidrógeno y, en su defecto, a grupos funcionales (grupos de átomos conocidos, como el grupo fosfato o el grupo metilo, que aportan a la molécula que los porta unas características específicas). Existen cuatro tipos de biomoléculas orgánicas: los glúcidos, los lípidos, las proteínas y los ácidos nucleicos.

Los glúcidos son también llamados carbohidratos («carbono más agua»), nombre asignado en el siglo XIX, cuando químicamente se los consideraba átomos de carbono hidratados; ahora se sabe que esto no es así. En realidad, están formados por cadenas de carbono unidas a átomos de hidrógeno y oxígeno. También se les ha llamado azúcares por su sabor dulce, pero algunos (como la celulosa) no tienen este sabor.

Se clasifican en función de su complejidad, de forma que encontramos monosacáridos (formados por una sola molécula de azúcar, como la glucosa y la fructosa), disacáridos (formados por la unión de dos monosacáridos, como la sacarosa o la lactosa) y polisacáridos (como el almidón o la celulosa). Los glúcidos sencillos tienen función energética (constituyen la fuente primaria

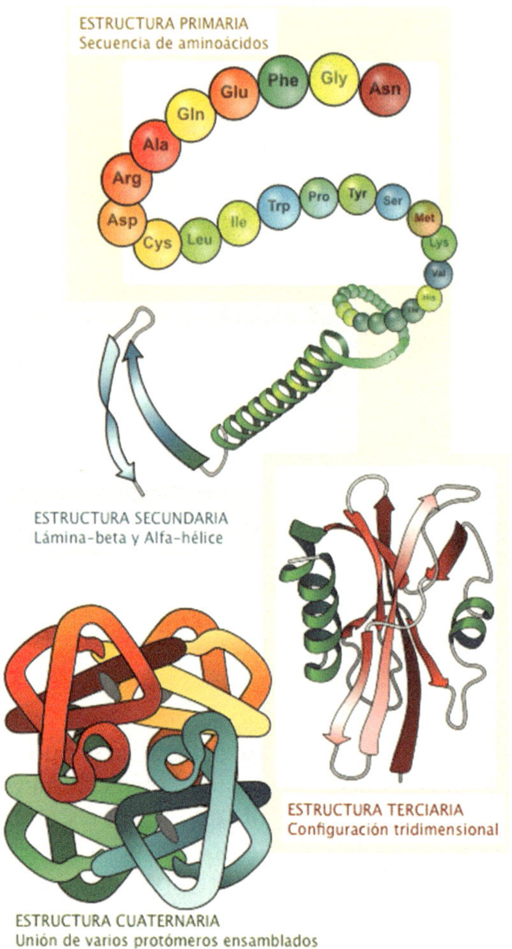

Niveles de estructurales de las proteínas. La estructura más simple es la secuencia lineal de aminoácidos, el orden de los mismos determina el resto de los niveles. Estas cadenas pueden girar sobre sí mismas, formando una alfa hélice, o colocarse de forma paralela unas a otras, doblándose en zigzag (formando la lámina beta). El conjunto de hélices y láminas se pliega de nuevo, adoptando una conformación tridimensional globular (como en la imagen) o fibrosa (como la fibroína de la seda). El cuarto nivel sólo se presenta en las proteínas formadas por varias subunidades ensambladas. La imagen muestra la hemoglobina, proteína formada por cuatro subunidades (o protómeros). Foto: Adaptado de LadyofHats, Wikimedia Commons e inmediata de energía química en las células), mientras que los glúcidos complejos tienen una función de reserva energética (como el almidón en las plantas, o el glucógeno en animales) y estructural (como la celulosa en vegetales o la quitina en el exoesqueleto de artrópodos y en los hongos).

Los lípidos, por su parte, son un grupo heterogéneo de moléculas, comúnmente denominadas «grasas» (aunque en realidad, las grasas son un tipo específico de lípido). Entre ellos encontramos los aceites, las grasas y las ceras, los fosfolípidos y los esteroides. Todos ellos comparten ser poco o nada solubles en agua (los consideramos hidrofóbicos), lo cual les proporciona unas propiedades importantes desde el punto de vista biológico. Algunos tienen función protectora y aislante (forman cubiertas impermeables en plantas y animales); otros forman parte esencial de las membranas plasmáticas que rodean a las células (fosfolípidos y colesterol); otros actúan como reserva energética (el organismo consume lípidos cuando su principal fuente, los glúcidos, escasean); y otros más son hormonas.

La tercera biomolécula orgánica son las proteínas. Son las moléculas orgánicas más abundantes (sin tener en cuenta el agua, constituyen el 50 % de nuestro peso). Además de abundantes son variadas, y cumplen funciones muy diversas: estructural (colágeno de huesos o tendones, queratina de uñas y pelos), de reserva (ovoalbúmina del huevo, caseína de la leche), de transporte (la hemoglobina transporta oxígeno en la sangre), defensiva (los anticuerpos son proteínas), hormonal (insulina), facilitadoras de reacciones químicas (enzimas), etc.

Todas las proteínas están formadas por la unión de unidades más pequeñas llamadas aminoácidos (sólo veinte de ellos forman parte de las proteínas y son iguales en todos los seres vivos). Las cadenas de aminoácidos se pliegan y se enrollan, formando estructuras cada vez más complejas. Incluso, en un último nivel, se pueden unir a otras cadenas de aminoácidos también plegadas. Las estructuras tridimensionales resultantes determinan en gran medida la función que cumple cada proteína. Dicho de otro modo, si la proteína pierde su estructura tridimensional, pierde su función. Este proceso, conocido como «desnaturalización», puede ocurrir al aplicar calor –por ejemplo, la albúmina del huevo al hervirlo–, cambiar el pH –un medio ácido, como el vinagre, ayuda a mantener los pepinillos encurtidos sin bacterias– o al aplicar agentes químicos –la permanente es un proceso de desnaturalización de la queratina del cabello.

Por último contamos con los ácidos nucleicos, moléculas clave en el almacenamiento y transmisión de la información genética. Se encontraron por primera vez en el núcleo eucariótico (de ahí el nombre), aunque ahora se sabe que existen también en el citoplasma. Estos ácidos están formados por largas cadenas de subunidades denominadas nucleótidos. Cada nucleótido contiene un grupo fosfato, una base nitrogenada y una pentosa (si es ribosa, tendremos el ácido ribonucleico o ARN; si es desoxirribosa, tendremos el ácido desoxirribonucleico o ADN). Existen, además, otros nucleótidos sencillos que no forman parte del ARN ni el ADN, como el AMP cíclico o el ATP.

6

¿Cuál es la célula más grande que existe?

Para comprender el tamaño celular, primero debemos conocer qué elementos forman parte de una célula. Independientemente del tamaño, todas las células comparten unas características comunes, funcionan como sistemas que intercambian materia y energía con su entorno, y tienen tres estructuras básicas y universales.

En primer lugar, están rodeadas por una membrana plasmática fluida, que las aísla, regula el flujo de materiales en ambos sentidos y permite su interacción con otras células y con el entorno extracelular. Esta capa está formada principalmente por lípidos que, al ser hidrofóbicos, forman una burbuja alrededor de la célula como lo haría una gota de aceite al caer sobre el agua. Entre los lípidos encontramos proteínas incrustadas, algunas ejercen de canales para el paso de sustancias de cierto tamaño, otras sirven como receptores de mensajes del exterior, o como zonas de comunicación con otras células.

Además, todas las células tienen un medio interno denominado citoplasma, constituido por un fluido gelatinoso a base de agua, sales y moléculas orgánicas (el llamado citosol o hialoplasma), en el que se encuentran los orgánulos y, en el caso de las células eucariotas, una compleja estructura de filamentos proteicos que determinan la forma de la célula, sus movimientos y los de sus orgánulos (el citoesqueleto). Casi todas las actividades metabólicas de la célula ocurren en el citosol.

Otra característica celular común es el uso del ADN como material genético, que almacena las instrucciones para fabricar todas sus partes y producir nuevas células. Además del ADN, se utiliza el ARN como molécula intermediaria para copiar y transmitir la información de la herencia.

Aparte de estas tres estructuras comunes, también hay aspectos que caracterizan a los dos grandes tipos celulares que existen: las células procariotas y las eucariotas. Como veíamos anteriormente, las primeras son más antiguas y, por tanto, más sencillas estructuralmente hablando (además de tener un menor tamaño). Observándolas podríamos detectar la membrana plasmática, el citoplasma y el material genético, que en estas células se encuentra en forma de una molécula de ADN circular, localizada en una zona denominada nucleoide, y en moléculas de ADN extracromosómicas circulares denominadas plásmidos. A estos elementos se añade una capa externa denominada pared celular bacteriana (que protege a la célula y le da soporte), una cápsula (sólo en algunos tipos bacterianos), unas estructuras móviles llamadas flagelos o fimbrias (presentes sólo en ciertos tipos de procariontes), estructuras de menor tamaño (pili) relacionadas con el intercambio de material genético de una célula a otra, y como único tipo de orgánulo en el interior del citoplasma, encontraríamos los ribosomas (encargados de la síntesis de proteínas).

En una célula eucariota, por otro lado, encontramos estructuras más complejas y evolucionadas. En primer lugar, el material genético se encuentra delimitado por una membrana (envoltura nuclear) que lo aísla del citoplasma, en la estructura conocida como núcleo celular. Además, exteriormente a la membrana plasmática (y sólo en células vegetales) se encuentra una pared celular protectora.

En el citoplasma, además de ribosomas (que en estas células son de mayor tamaño a los que veíamos en las células procariotas) encontramos diversos orgánulos: mitocondrias (encargadas de producir energía por metabolismo aerobio), cloroplastos (encargados de realizar la fotosíntesis, presentes sólo en vegetales y algas verdes fotosintéticas), retículo endoplasmático (sintetizador de componentes de membrana, proteínas y lípidos),

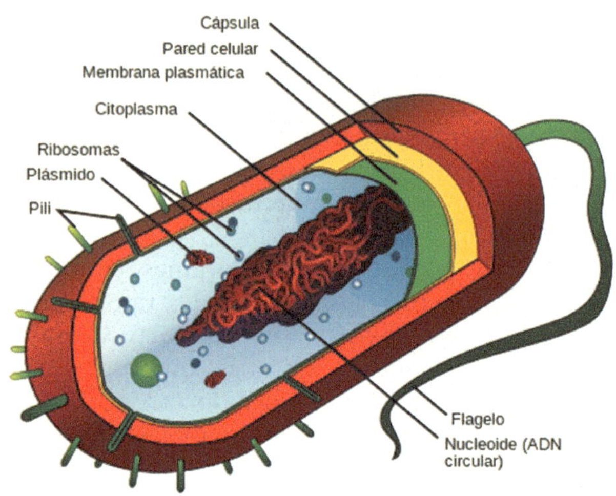

Estructura de una célula procariota. Algunas de las estructuras representadas son comunes a todas las procariotas (como el material genético, el citoplasma, los ribosomas, la membrana plasmática y la pared celular), mientras que otras estructuras pueden aparecer o no, en función del tipo celular (las estructuras de movimiento, como los flagelos, sólo existen si la célula tiene movimiento activo; y la presencia o ausencia de cápsula nos permite identificar distintos tipos de bacterias). Foto: Ruiz, M., Wikimedia Commons

aparato de Golgi (que modifica y empaqueta proteínas y lípidos), lisosomas (encargados de la digestión intracelular mediante enzimas), vesículas y vacuolas (almacenes de agua, desechos y nutrientes), y centriolos (productores de los microtúbulos proteicos de cilios, flagelos y el huso mitótico, una estructura usada para la división celular).

Ahora que conocemos la compleja estructura interna de la célula, podemos retomar el problema del tamaño. La mayoría de las células miden entre 1 y 100 micras (millonésimas de metro) de diámetro. La razón de este diminuto tamaño la encontramos en la forma en la que la célula intercambia materia con el ambiente exterior, generalmente, a través de un proceso de difusión por su membrana plasmática. Los materiales intercambiados deben difundirse por todo su volumen, lo cual implica que ninguna parte de la célula esté muy retirada del ambiente exterior.

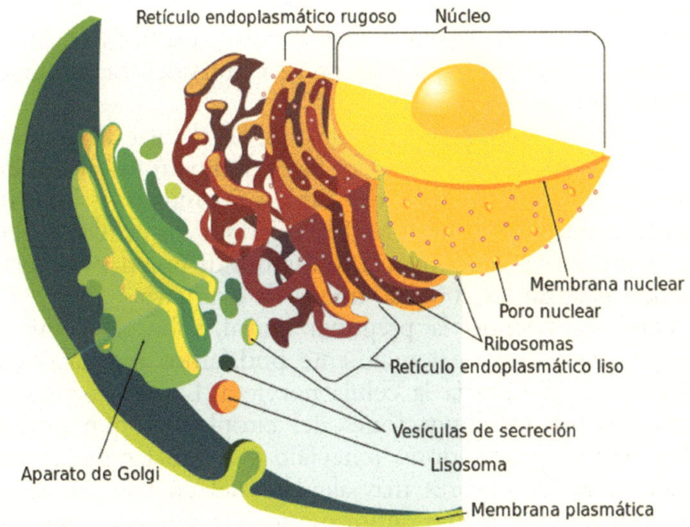

Estructura de una célula eucariota. En este caso se trata de una célula animal, dada la ausencia de cloroplastos y de vacuolas de gran tamaño. En este tipo de células, el núcleo suele ocupar una posición central, rodeado del retículo endoplasmático rugoso (se reconoce por poseer ribosomas adheridos) y liso (carece de ribosomas). El aparato de Golgi forma el tercer componente de este sistema de endomembranas, encargado de sintetizar sustancias como proteínas o lípidos y transportarlas, en el interior de vesículas de secreción, a otras partes de la célula o al exterior de la misma. Foto: Ruiz, M., Wikimedia Commons

Además, el metabolismo celular requiere que los materiales puedan intercambiarse con cierta celeridad, tanto para el ingreso de sustancias (conforme a las necesidades celulares) como para la eliminación adecuada de sustancias de desecho. Un incremento en tamaño supone una disminución relativa de su superficie (ya que el volumen aumenta relativamente más que la superficie) lo que ralentizaría estos procesos de intercambio.

La célula más pequeña conocida por el momento, con un genoma formado por un cromosoma circular de sólo 182 genes, es la proteobacteria *Carsonella ruddii*. Esta bacteria vive dentro de psílidos (insectos chupadores de savia) de forma simbiótica (acorde con las investigaciones, esta vida endosimbiótica explicaría su supervivencia con un genoma tan reducido). Si analizáramos individuos de vida libre, el más pequeño conocido es la bacteria *Mycoplasma genitalium*, con 0,2 micrómetros (micras), de diámetro que vive en las células del tracto genital y respiratorio de los primates.

Las células eucariotas son mayores, en el caso de los animales su tamaño es muy variado: los glóbulos rojos alcanzan las 7 micras, los espermatozoides miden 50 micras, y los óvulos humanos pueden alcanzar las 150 micras. Y las células vegetales son de mayor tamaño todavía; los granos de polen, por ejemplo, pueden alcanzar las 200-300 micras de diámetro.

Pero, resolviendo la pregunta inicial, sobre la célula más grande que se conoce actualmente, podríamos afirmar que este galardón se lo llevaría la célula nerviosa. Las neuronas tienen largos axones (prolongaciones del citoplasma) que permiten a los centros procesadores (encéfalo y médula espinal) enviar señales a los receptores más alejados del cuerpo. En nuestro caso, pueden medir más de un metro si tienen que conectar la médula con, por ejemplo, la punta del pie. En el calamar gigante, sin embargo, estos axones podrían superar los 12 metros de largo.

7

¿Cómo se descubrió la primera célula?

El ojo humano puede distinguir objetos hasta un límite aproximado de una décima de milímetro (es decir, 100 micrómetros), y la mayoría de las células, como hemos visto, tienen un tamaño más reducido. Esto implica que el descubrimiento de la primera célula estuvo supeditado a la invención de un instrumento adecuado para poder observar muestras de tan diminuto tamaño: hablamos, claro está, del microscopio.

Fue el científico inglés Robert Hooke, con un microscopio muy sencillo de fabricación propia, quien observó y nombró las células por primera vez en 1665, observando una lámina de corcho (el corcho forma parte de la corteza del alcornoque y es un tejido constituido por varias capas de células muertas).

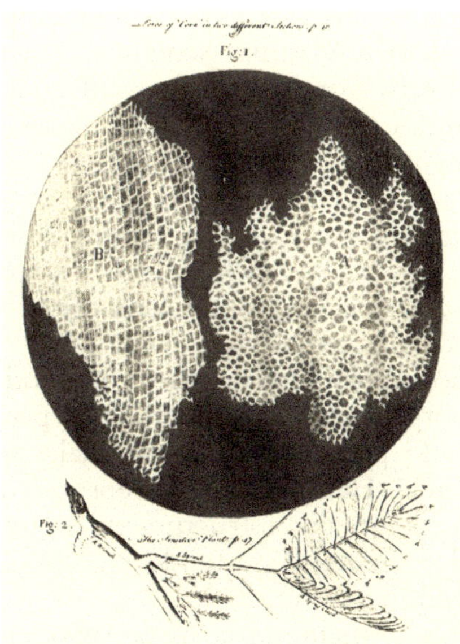

Células de corcho dibujadas por Robert Hooke en su trabajo *Micrographia*. En una capa muy fina de corteza de corcho, Hooke distinguió las paredes celulares, que se asemejaban a las celdas de los monjes, por lo que les puso este nombre (*cells*, en inglés «celdas»). Foto: Fernández García, L., Wikimedia Commons

Durante la siguiente década, el microscopio se fue mejorando, con lo que se consiguieron imágenes cada vez más amplificadas, en gran medida gracias al impulso del microscopista danés Anton van Leeuwenhoek. Este realizó numerosas observaciones de muestras microscópicas, desde protozoos (llamados por él «animáculos») hasta glóbulos rojos, espermatozoides, o huevos de pulgones y pulgas. Sus descubrimientos debilitaron la teoría de la generación espontánea, creencia generalizada en esa época.

Los estudios de las células prosiguieron y, en 1839, el zoólogo alemán Theodor Schwann, tras analizar una enorme cantidad de tejidos animales y comprobando que las células del cartílago se parecían mucho a las de las plantas, publicó el primer postulado de la teoría celular: «Todos los seres vivos, plantas o animales consisten en una célula o en sustancias segregadas por células».

Esta afirmación fue corroborada casi contemporáneamente por el botánico alemán Matthias Schleiden, quien estudió sistemáticamente diversos tipos de plantas y llegó a conclusiones similares. Las plantas también estaban formadas por unidades básicas y fundamentales, denominadas células.

Lo que no quedaba claro aún era cómo se generaban las células que formaban parte de los tejidos. Fue el patólogo Rudolf Virchow, quien, en 1858, enunció su famoso «Omnis cellula e cellula», estableciendo que toda célula procede de la división de otra célula preexistente.

Hasta ese momento, parecía claro que todo organismo (desde los microorganismos unicelulares a las plantas o animales) estaba formado por unidades individuales fundamentales denominadas células. La teoría celular era casi universal; sólo quedaba una excepción, una estructura en la que no podía ser aplicada: el tejido cerebral. Este tejido era considerado como una retícula o tejido interconectado.

Esta suposición se mantendría hasta 1906, cuando el médico español Santiago Ramón y Cajal compartió el Premio Nobel de Medicina por sus investigaciones sobre la morfología y funcionalidad de las células nerviosas (la conocida como «doctrina de la neurona»). Gracias a sus estudios, se comprobó que el tejido cerebral estaba formado por células individuales, por lo que se superó así la única excepción de la teoría celular, que a partir de ese momento se consideraría universal para cualquier organismo o estructura viva.

El avance en el descubrimiento de la célula es una muestra clara del progreso de la ciencia mediante la aplicación sistemática del método científico: cada investigador aportó sus estudios en su ámbito de conocimiento y mejoró el saber general sobre esta estructura vital básica. Gracias a todas las investigaciones descritas, se ha logrado establecer la teoría celular moderna, un precepto clave en biología, que se basa en tres principios:

- Todo organismo vivo se compone de una o más células.
- La célula es la unidad básica estructural y funcional en todo ser vivo.
- Toda célula procede de una célula preexistente.

Actualmente, la investigación continúa, y contamos con microscopios muy avanzados que nos facilitan el estudio detallado de los componentes celulares. El microscopio óptico nos permite reconocer células procariotas y visualizar algunas estructuras de gran tamaño de las células eucariotas (la membrana, la pared celular o el núcleo). El microscopio electrónico de transmisión (*transmission electron microscope,* TEM), que sustituye el haz de luz por un haz de electrones, tiene un poder de resolución mil veces superior, lo que permite observar detalles de orgánulos citoplasmáticos. Por otro lado, el microscopio electrónico de barrido (*scanning electron microscope,* SEM) proporciona una información muy útil sobre el relieve de la muestra observada, ampliando así nuestra percepción de los tipos celulares.

8

¿Cuántas células hay en el cuerpo?

Unos 350 años después de que Robert Hooke identificara por primera vez una célula, podemos afirmar que la variedad de estas unidades de vida es inmensa. La cantidad de células que compone un ser vivo no es un cálculo sencillo, salvo, obviamente, en el caso de los seres unicelulares, como las bacterias o los protozoos. A partir de ahí, la cuestión se complica.

No obstante, podemos deducir que a mayor tamaño corporal, mayor es el número de células que forma parte de un organismo. De esta manera, el ser vivo más grande que se conoce hasta el momento (con un peso estimado de más de 7.000 toneladas métricas), será por tanto el que mayor cantidad de células posea. Este individuo no es una ballena azul ni una secuoya. Sorprendentemente, se trata de un hongo. En concreto, un ejemplar milenario de la especie *Armillaria ostoyae,* cuyas hifas ocupan una superficie de más de 800 hectáreas en el subsuelo del Bosque Nacional de Malheur, en Oregón (Estados Unidos).

Desde los seres unicelulares hasta este gigantesco hongo, hay un extenso abanico de individuos de muy variados tamaños. Los seres más sencillos se han estudiado con mayor detalle, pero hay pocos datos sobre el número de células en organismos

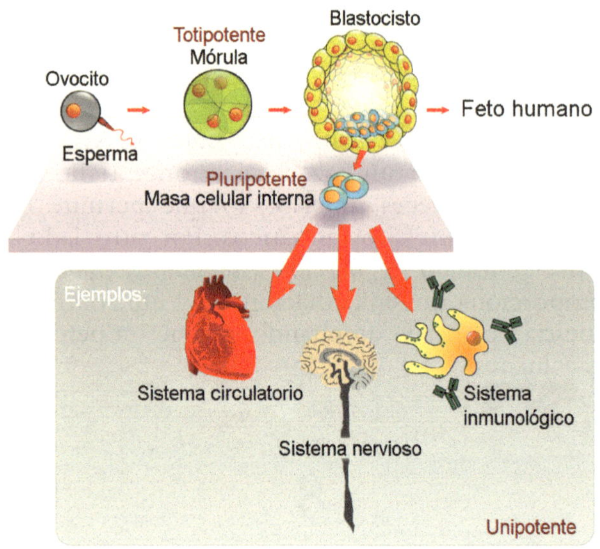

Tipos de células madre. La unión del óvulo y el espermatozoide produce una única célula totipotente, el cigoto, a partir del cual se formarán las demás estructuras del cuerpo. Durante los cuatro días después de la fecundación, el cigoto se divide formando la mórula. A los seis días, la mórula se convierte en una esfera hueca llamada blastocisto. Dentro de él, encontramos una masa de células internas pluripotentes, que darán lugar al embrión y a todas sus estructuras. Cerca del segundo mes de embarazo, se han formado casi todos los órganos principales y las células que los constituyen se han especializado tanto que ya se consideran unipotentes. Foto: Jones, M., Wikimedia Commons

superiores. En referencia, por ejemplo, al ser humano, la literatura aporta datos muy diversos, según el autor del estudio. En el año 2013, un equipo de investigadores de la Universidad de Bolonia intentó encauzar un poco las estimaciones y publicó lo que intenta ser un primer cálculo del número de células presentes en el ser humano. Sus datos arrojan un total de $3{,}72 \times 10^{13}$ células, es decir, unos 37 billones de células.

Cada una de estas células es distinta, aunque, como veremos más adelante, todas contengan el mismo ADN. Todas ellas, como establecía la teoría celular, provienen de células preexistentes. De hecho, las primeras células que componen nuestro organismo son células madre (*stem cells*) con capacidad potencial de diferenciarse, originando células maduras especializadas. Cada célula madura tiene una función específica.

Según su capacidad de diferenciación, las células madre se clasifican en totipotentes (tienen potencia celular máxima, están presentes en el cigoto y en las células del embrión temprano; asimismo, en algunas células diferenciadas los núcleos pueden conservar esta capacidad totipotente); pluripotentes (capaces de generar la mayoría de los tejidos); multipotentes (pueden originar células de su mismo linaje) y unipotentes (pueden diferenciarse en un sólo tipo de células). En el ser humano adulto se conocen unos veinte tipos distintos de células madre, encargadas de regenerar constantemente las células desgastadas de nuestros tejidos.

El amplio campo actual de investigación en células madre ha logrado crear células pluripotenciales a partir de células ya diferenciadas, lo que ha abierto la vía a múltiples aplicaciones en el campo, por ejemplo, de la clonación, la lucha contra el cáncer o el tratamiento de enfermedades producidas por lesiones cerebrales o medulares. Todos ellos son estudios sujetos a una importante revisión y crítica, al aplicarse los principios de bioética que rigen cualquier investigación que implique la manipulación genética de células embrionarias humanas.

La diferenciación celular está controlada por mecanismos de regulación génica (unos genes se expresan, otros se reprimen, en función de las señales bioquímicas que la célula reciba del medio externo) e implica cambios a nivel interno (multiplicación de orgánulos, cambios en el citoplasma) y cambios en la forma externa celular (resultado de la presión mecánica de las células adyacentes, así como de la función específica que cumple en el organismo). De esta manera, contamos con más de 200 tipos distintos de células en el cuerpo.

Las células en medio acuoso (como la sangre) adquieren una forma esférica, exponiendo toda su superficie para el intercambio de sustancias con el entorno. Además, a nivel citoplásmico, los eritrocitos maduros de los mamíferos carecen de núcleo y mitocondrias. Por otro lado, las células que forman parte de tejidos se acoplan y oprimen unas a otras modificando su disposición. En el tejido muscular (que forma el 40-45 % de nuestra masa) encontramos células alargadas que por su forma son también llamadas «fibras musculares». Existen tres tipos de tejido muscular: el tejido liso involuntario, cardiaco y esquelético o voluntario. En este último, las células son muy largas, con muchos núcleos y gran cantidad de mitocondrias, dada la alta energía que consumimos en la contracción muscular voluntaria.

En el tejido epitelial, por otro lado, las células se disponen de forma estratificada (en una o varias capas, en función del tipo de recubrimiento que ejerzan). Algunas cuentan con pequeños cilios para empujar sustancias por su superficie, como las células de las vías respiratorias.

Las células hepáticas (hepatocitos) son poliédricas, tienen uno o dos núcleos, y se disponen formando hexágonos en el tejido del hígado. Los adipocitos, por otro lado, son esféricos y casi todo su medio interno está ocupado por una gran cantidad de lípidos, forman parte de los tejidos de grasa corporales. El cartílago está formado por células denominadas condrocitos, cuyo aparato de Golgi ocupa casi la totalidad del citoplasma, dada su función principal de síntesis proteica, que produce colágeno. Y, por último, las células óseas u osteocitos se disponen de forma concéntrica dentro de los huesos, con pequeños canales para comunicarse entre ellas.

Por otro lado, existe una serie de células con formas muy características debido a la función que realizan. En este grupo encontramos las células germinales (un óvulo con forma esférica y un espermatozoide que ha desarrollado un flagelo para el rápido movimiento a lo largo del aparato reproductor femenino) y las células nerviosas. Las neuronas son células especializadas en la transmisión del impulso nervioso, para ello, a nivel general, ya que hay distintos tipos, cuentan con un cuerpo celular llamado soma rodeado de unas prolongaciones, las denominadas dendritas, que captan la señal electroquímica y la envían a través de una prolongación aún mayor, el axón, hacia la siguiente neurona o hacia el órgano que vaya a efectuar la respuesta.

Como hemos podido comprobar, todos provenimos de una sola célula que, dada su capacidad totipotencial, es capaz de diferenciarse y producir células especializadas con múltiples formas en función del rol que asumen: células esféricas, alargadas y poliédricas. Todas ellas, más de treinta billones, funcionando de forma coordinada, conforman la estructura biológica que nos mantiene vivos.

9

¿Es verdad que las células se «suicidan»?

Como hemos visto, la cantidad de células presentes en un organismo es inmensa, del orden de billones en el ser humano. Sin embargo, las células con las que nacemos no son las mismas con las que llegamos a adultos. De hecho, desde que el lector comenzó a leer este libro hasta este momento, millones de células de su cuerpo han desaparecido, y otros tantos millones de nuevas células se han formado.

Y es gracias a esta capacidad de regeneración que los organismos consiguen generar estructuras, renovar tejidos lesionados o sencillamente mantener sus células en perfecto funcionamiento. Se trata de algo admirable y eso que los seres humanos sólo somos capaces de regenerar células; otros seres, como las lagartijas o las estrellas de mar, regeneran órganos enteros.

Casi todas las células se renuevan y, aunque lo hacen a distintas velocidades, tardamos entre 7 y 10 años en renovar todas las células del cuerpo. Las que se renuevan más rápido son aquellas que mayor desgaste sufren, por ejemplo, las que recubren el interior del sistema digestivo (que viven una media de cinco días). Las células de la epidermis, unas dos semanas. Los eritrocitos no tardan más de 120 días en regenerarse –se forman unos 2,5 millones de nuevos glóbulos cada segundo– y los hepatocitos lo hacen cada 300-500 días, ya que sólo se dividen cuando una región del hígado resulta dañada. Otras células viven mucho más tiempo, es el caso de las que forman el tejido muscular maduro o las neuronas, que, salvo muy pocas excepciones, no se regeneran.

Vistos estos ritmos de regeneración, cabe pensar que las células cuentan con algún tipo de mecanismo que les permite «decidir» en qué momento deben regenerarse. De hecho, todas las células nacen ya programadas para que, pasado un número de divisiones, induzcan su eliminación, en un proceso conocido como apoptosis o muerte celular programada. Lo que se podría llamar, en otras palabras, un suicidio celular.

¿Y cómo se produce esta muerte programada? Para entenderlo, tenemos que conocer primero cómo se desarrolla la vida

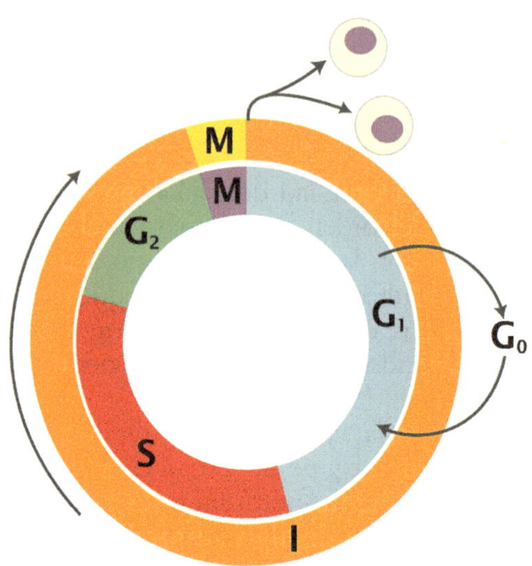

Fases del ciclo celular. El círculo externo muestra las dos fases principales: interfase (I) y fase de división (M). En el círculo interno podemos ver las subfases. La duración de este ciclo es muy irregular (de unas pocas horas a varios años, en función del tipo de célula). No obstante, la longitud de los tramos muestra una escala aproximada de las duraciones relativas de las distintas fases. Como puede observarse, la división celular (fase M) se produce en poco tiempo (en células animales, la mitosis dura más o menos una hora), mientras que la interfase es la etapa más larga (en animales, 23 horas aproximadamente). Foto: Wheeler, R., Wikimedia Commons

de una célula. La mayoría de ellas atraviesa un conjunto de eventos denominado ciclo celular, que incluye tres grandes fases: la interfase, la mitosis y la citocinesis. La célula se mantiene en interfase (fase I) salvo que entre en división para producir dos células hijas. En ese momento pasará a la fase M, de división del núcleo (mitosis) y citoplasma (citocinesis).

La interfase se puede dividir a su vez en tres subfases (fases G_1, S y G_2). La primera subfase (G_1) es un período de crecimiento celular generalizado, en el que la célula mantiene un metabolismo activo. Algunas células, como las neuronas y las musculares maduras, permanecen en esta subfase por un tiempo prolongado; se dice entonces que están en fase G_0. La célula abandonará esta fase y se incorporará al ciclo celular, pasando a la fase S y, por tanto, a la preparación para la división celular, si recibe una señal externa, como ciertas hormonas y sustancias químicas, en el llamado punto de decisión o punto de control. Además de estimular la entrada en división, existen señales externas que lo que hacen es impedir que la célula se divida (la mantienen en G_0). Ejemplos de ello son la densidad celular, la falta de nutrientes, los cambios de pH o de temperatura.

Si la célula va a proseguir a la fase siguiente, durante la fase G_1 duplicará sus orgánulos. Ya en la fase S (fase de síntesis), en el núcleo de la célula se replicará el ADN, formándose dos copias idénticas del material genético, que heredarán cada una de las células hijas. En esta fase también se duplican las proteínas asociadas al ADN (histonas, entre otras).

Alcanzada la fase G_2, en el interior celular el ADN se empieza a condensar en cromosomas y se comienzan a ensamblar las estructuras que servirán de apoyo para el reparto del material genético, que se producirá en la fase M siguiente. El paso de la fase G_2 a la fase M también cuenta con un punto de control, en el que el proceso puede frenarse o continuar, punto regulado por complejos de proteínas. Las mutaciones en los genes responsables de estas proteínas provocan alteraciones en el control del ciclo celular, aspecto característico de las células cancerosas, que no son sino células que crecen descontroladamente, eludiendo el proceso de apoptosis.

Una vez en la fase M, se lleva a cabo el reparto en dos del material genético de la célula, duplicado desde la fase S. Este proceso, denominado mitosis o cariocinesis, ocurre en cuatro etapas. En la primera (profase) se desensambla la membrana nuclear, y el ADN, hasta entonces disperso en el interior del núcleo y ahora condensado en forma de cromosomas, queda anclado a las fibras que forman el huso mitótico, una especie de red de filamentos estructurada de un polo al otro de la célula. En la segunda etapa (metafase), las fibras colocan los cromosomas alineados en el centro de la célula, el llamado «plano ecuatorial». Cada cromosoma está formado por dos partes iguales, llamadas cromátidas, unidas por una estructura central llamada centrómero. En la metafase, cada cromátida queda mirando a un polo celular.

Llega así el tercer paso (anafase), en el que las fibras del huso se acortan, rompiendo los cromosomas en dos cromátidas y arrastrando cada una de ellas hacia un polo de la célula. En el último paso (telofase), el huso se dispersa y se forman nuevas

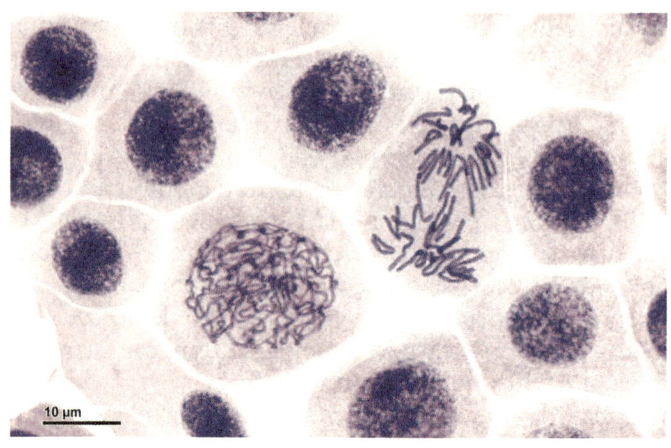

Células del meristemo apical de la raíz de cebolla en proceso de mitosis. Fotografía tomada con microscopio óptico de tres mil aumentos. La raíz es un órgano de crecimiento muy activo, por lo que sus células están en constante división. En la imagen puede identificarse el ADN condensado en cromosomas (la cebolla tiene ocho pares de cromosomas). En las dos células centrales se aprecian dos fases de la mitosis: profase en la célula izquierda (los cromosomas están condensados pero dispuestos al azar por el citoplasma); y anafase en la célula de la derecha (las cromátidas están siendo arrastradas hacia los polos por las fibras del huso, fibras que no son visibles al microscopio óptico). Foto: Reischig, P., Wikimedia Commons

envolturas nucleares alrededor de cada grupo de cromátidas en los polos de la célula, de forma que esta tendrá, en ese momento, dos núcleos.

Llegados a este punto, la célula debe dividir su citoplasma en dos, formando las dos células hijas. Lo realiza en un proceso denominado citocinesis. En las células animales, esto se produce por el estrangulamiento causado por un anillo de filamentos de proteínas (actina y miosina) a la altura del ecuador celular. En las células vegetales, la separación se produce por acumulación, en el ecuador de la célula, de vesículas cargadas de polisacáridos que, fusionándose entre ellas, formarán la llamada placa celular, que dará lugar a una nueva pared celular.

Las dos células hijas formadas comenzarán de esta forma un ciclo celular (entrarán en fase G_1), iniciándose el proceso de nuevo. Cada célula pasará por un número de divisiones (vueltas al ciclo) limitado, tras lo cual se inducirá su apoptosis o muerte programada. Muchas células infectadas por virus o con mutaciones son eliminadas por apoptosis, por lo que esta sirve también como mecanismo de defensa del individuo.

Así que podemos afirmar que sí: las células se suicidan y gracias a esto podemos protegernos y evitar el desgaste, y, por tanto, el envejecimiento prematuro de nuestros tejidos.

II

La herencia genética

10

¿Por qué nos parecemos a nuestros padres?

Hay algunas expresiones populares que tienen una clara base científica y una de ellas podría ser la frase «de tal palo, tal astilla». Nadie pone en duda que, de manera general, encontramos en nuestros rasgos, expresiones o formas de actuar, aspectos que nos recuerdan a nuestros padres. Y es que, biológicamente hablando, debemos gran parte de lo que somos a la herencia recibida de nuestros progenitores. La pregunta que podríamos plantearnos entonces es: ¿dónde y cómo se almacena esa información?

Hoy en día sabemos que la molécula que contiene la información de las características biológicas de los seres vivos es el ADN. Antes de demostrarlo, los científicos sabían que la molécula responsable debía ser químicamente estable, de forma que la información no se altere, aunque permitiendo cierto margen de variabilidad; debía contener gran cantidad de información, esto es, gran variedad de combinaciones posibles en la molécula, y debía ser capaz de replicarse y crear copias de sí misma para transmitir la información de una generación a la siguiente.

A finales del siglo XIX, se descubrió que la información genética estaba contenida en unidades discretas denominadas genes, y a comienzos del siglo XX se aportaron evidencias que llevaron a deducir que los genes formaban parte de estructuras mayores denominadas cromosomas. Los avances en bioquímica permitieron establecer que los cromosomas estaban formados por proteínas y ADN, por lo que uno de los dos debía ser el contenedor de la información genética.

Durante décadas se pensó en las proteínas como las candidatas más probables, pues están formadas por una gran cantidad de aminoácidos que, adoptando distintas disposiciones, darían lugar a múltiples combinaciones. Muchos investigadores pensaban que los cromosomas contenían modelos que se usaban como molde para copiar todas las proteínas que la célula requería. No obstante, una serie de investigaciones reforzarían la idea del ADN como molécula portadora de los genes.

Los experimentos de Griffith en 1928 con cepas de la bacteria *Streptococcus pneumoniae* le llevaron a descubrir la existencia de un «factor transformante» capaz de transferirse entre cepas distintas, y portador de información incluso cuando la célula estaba muerta. Al inocular ratones con una mezcla de cepas virulentas muertas por calor, y cepas no virulentas, los animales morían de neumonía, por lo que «algo» se había transmitido de las bacterias muertas a las vivas, volviéndolas letales.

En 1944, Avery, McLeod y McCarty observaron que la capacidad transformante de las cepas virulentas desaparecía al agregar enzimas que inactivaban el ADN, por lo que el factor transformante tenía que ser esta molécula. Sin embargo, este descubrimiento no convenció a toda la comunidad científica, que insistía todavía en defender la naturaleza proteica de los genes.

La prueba definitiva llegaría en 1952, cuando Hershey y Chase inocularon el virus bacteriófago T_2, formado únicamente por proteínas y ADN, en dos cultivos de bacterias *Escherichia coli*. En un cultivo marcaron el ADN del virus, en el otro marcaron las proteínas. Al reproducirse las bacterias, observaron que sólo estaban marcadas las del primer cultivo, lo cual corroboraba que el material genético estaba en el ADN, no en las proteínas. Un año después, ya se había establecido la estructura del ADN y se conocía de qué manera estaba codificada la información genética dentro de él.

Gracias a estas investigaciones, ahora conocemos que la información determinante para ciertos rasgos del individuo se almacena en unidades denominadas genes, ubicados en una larga molécula lineal llamada ácido desoxirribonucleico (ADN). El ADN, como vimos anteriormente, se encuentra en el nucleoide de células procariotas, y dentro del núcleo en células eucariotas. Cuando la célula entra en división, el ADN se duplica, de manera que las células hijas reciben una copia exacta de este material.

Ya hemos visto el proceso de mitosis, por el que el material se repartía en dos antes de que la célula se dividiera. La mitosis supone un sistema de reproducción asexual, pues se producen dos copias genéticamente idénticas a la célula madre, y ocurre en todas las células del organismo, con una excepción: las células de la línea germinal, aquellas que darán lugar a las células sexuales o gametos, se reproducen por un proceso llamado meiosis, ligeramente distinto a la mitosis.

La meiosis consta de dos divisiones sucesivas. En la primera división, los cromosomas de la célula madre se «aparean», esto es, se agrupan por pares de cromosomas homólogos, que son aquellos que llevan información para los mismos genes, e intercambian fragmentos de material genético (fragmentos de longitud aleatoria, en puntos también aleatorios) en un proceso conocido como entrecruzamiento o *crossing-over*. Tras lo cual, arrastrados por las fibras del huso, son separados a los dos polos celulares. De manera que, al final de esta división, la célula cuenta con dos núcleos, cada uno de ellos con la mitad de cromosomas que la célula madre, y estos cromosomas están «recombinados», no son idénticos a los originales. Una vez se han formado los dos núcleos, la célula sufre citocinesis (división del citoplasma), con lo que se forman dos células hijas, que comienzan la segunda división.

En esta segunda fase, cada célula hija experimenta un proceso similar a la mitosis: cuatro fases que desembocan en la formación de dos células hijas con idéntico material genético al de la célula madre. Como resultado final, tendremos cuatro células hijas, dos de cada célula que terminó la primera división, con la mitad de material genético que la célula madre inicial, y además este material es distinto en cada célula (cada gameto, por tanto, es diferente al resto).

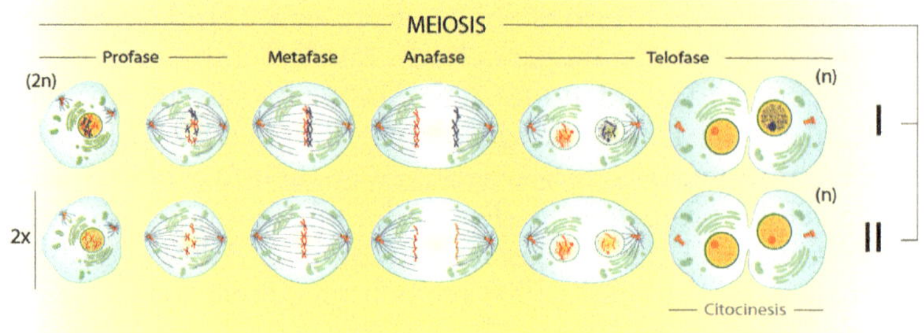

Diagrama del proceso de meiosis. Ejemplo para una célula diploide con cuatro cromosomas. En la interfase (primera célula), la célula duplica su material genético; sigue teniendo cuatro cromosomas, pero cada uno ahora está formado por dos cromátidas hermanas. A partir de ahí comienza la primera división. En la telofase I se produce la división del citoplasma, y las dos células formadas entran en la segunda división, similar a una mitosis. Foto: Kultys, M., Wikimedia Commons

En la ilustración de la página 54 puede verse el diagrama de este proceso para el caso de una célula madre inicial con cuatro cromosomas (dos parejas de cromosomas homólogos).

Los gametos resultantes (en el ser humano, serían óvulos o espermatozoides) tendrán la mitad de material genético que el resto de las células del cuerpo y serán algo distintos entre sí debido a esos fragmentos intercambiados, distintos en cada célula hija. Durante la fecundación, se unirán dos gametos (paterno y materno), formando una única célula (el cigoto), que ahora tendrá una cantidad normal de material genético.

Ese cigoto, a través de muchos procesos de mitosis sucesivos, formará todas las células del cuerpo, con idéntico material genético, ya que son producto de mitosis, pero cada una especializada en una función, lo que dará como resultado un individuo pluricelular, cuyo material genético es la mezcla de las aportaciones de su padre y su madre.

Esto significa que cada uno de nosotros, salvo el caso de los gemelos monocigóticos, que veremos más adelante, somos distintos genéticamente, y cada una de nuestras células porta la mitad de ADN de procedencia materna y la otra mitad de procedencia paterna. Por eso, inevitablemente, nos parecemos biológicamente a nuestros padres.

11

¿Podemos saber cómo serán nuestros hijos?

Sabemos que nos parecemos biológicamente a nuestros padres, ya que hemos heredado de ellos el material genético que nos caracteriza, el «libro de instrucciones» en el que aparecen escritas la mayor parte de nuestras características: nuestra altura, nuestro color de piel, el color de nuestros ojos, etc. e incluso si somos hombres o mujeres. Podemos intuir, por tanto, que nuestros hijos se parecerán a nosotros. La cuestión es: ¿podríamos anticipar alguno de sus rasgos? Dicho de otro modo: conociendo las características de los dos padres, ¿sería posible saber si sus hijos tendrán ojos claros u oscuros, si serán morenos o rubios? Para hallar la respuesta, tenemos que comprender algunas leyes que rigen la herencia genética.

El estudio de la genética como ciencia nace en la segunda mitad del siglo XIX gracias a los trabajos del monje austriaco Johann Gregor Mendel (1822-1884). Antes de que se identificaran los cromosomas, el ADN o la meiosis, Mendel ya había identificado unidades discretas de herencia (lo que hoy conocemos como genes), que él denominó *elementos*.

¿Cómo lo hizo? El éxito de sus trabajos se basó en dos aspectos clave: elegir la especie idónea para la investigación y llevar a cabo un análisis riguroso y estadístico de los resultados obtenidos, algo innovador en su época. En el jardín de su monasterio de Santo Tomás de Brünn (hoy Brno, en la República Checa), Mendel cultivó distintas variedades de guisante comestible (*Pisum sativum*). Esta especie era fácil de conseguir y cultivar, tenía tiempos de cultivo cortos y muchos descendientes, poseía numerosas variedades con características fácilmente observables y permitía la autofecundación así como la fecundación cruzada.

Aunque ya se habían realizado experimentos con anterioridad, por primera vez se sigue el rastro de cada carácter (o rasgo) por separado. De esta forma, Mendel obtiene 7 líneas puras para 7 caracteres unitarios (longitud del tallo, forma y color de la semilla, posición y color de la flor, forma y color de la vaina), realiza cruzamientos entre ellos, cuenta el número de descendientes que presenta cada rasgo a lo largo de varias generaciones y expresa los resultados de forma matemática. A través del análisis de estas cifras identifica patrones básicos de herencia.

Basándose en sus aportaciones, se han establecido tres leyes de la herencia, conocidas como las leyes de Mendel. Sin embargo, Mendel no escribió ninguna ley. Su trabajo *Ensayo sobre los híbridos vegetales*, publicado en 1866 e ignorado durante más de 30 años, fue redescubierto en 1900 por Carl Correns, Hugo de Vries y Erich von Tschermak (de forma independiente), posiblemente debido al descubrimiento de los cromosomas como portadores de la herencia, ya que su comportamiento coincidía con lo dicho por Mendel. Esto llevó a estos tres autores a enunciar las leyes de Mendel sobre la herencia biológica.

Para entender las leyes, y antes de describirlas, es importante comprender ciertos conceptos clave en genética. En primer lugar, hablamos de carácter (o rasgo) hereditario para referirnos a la característica morfológica, estructural o fisiológica presente en un ser vivo y transmisible a la descendencia, que puede ser cualitativo, si presenta dos alternativas claras; o cuantitativo, si tiene diferentes graduaciones. Mendel estudió rasgos cualitativos, como el color del guisante, que sólo podía ser amarillo o verde, determinados por un sólo gen. Rasgos cuantitativos podrían ser el color de la piel humana o la estatura, pues en ellos hay un abanico grande de posibilidades, ya que dependen de la acción de muchos genes.

El conjunto de genes que ha heredado un individuo de sus progenitores se denomina genotipo, y la apariencia externa del individuo (ser alto, bajo, moreno, rubio, etc.) constituye el fenotipo.

Denominamos genoma al conjunto de genes propios de una especie. Estos pueden ser haploides si presentan una sola copia de cada cromosoma, o diploides si presentan dos copias de cada cromosoma, formando pares de cromosomas homólogos, cada uno proveniente de un progenitor. Los humanos somos diploides.

Los cromosomas homólogos, por lo tanto, tienen información para los mismos genes, lo que no implica que sean idénticos, ya que cada gen puede presentar distintas variedades llamadas alelos. Por ejemplo, el gen que determina el color del guisante tiene dos alelos: alelo para color amarillo y alelo para color verde. Dependiendo de cuál esté presente, la semilla será de un color u otro. Según su capacidad para expresarse en el fenotipo, los alelos pueden ser dominantes, es decir, inhiben la expresión del otro alelo (se representan en letras mayúsculas); recesivos, no se manifiestan en presencia del dominante (se representan en minúsculas); o codominantes, que se manifiestan los dos en el individuo. Por ejemplo, el color amarillo de los guisantes de Mendel (que podría representarse con la letra A) es dominante sobre el color verde (a). Por lo que, en presencia del alelo amarillo, el color verde se ve inhibido. En el ser humano pasaría algo similar con los ojos azules, que son recesivos y, por tanto, poco probables en la descendencia de una pareja en la que uno de sus miembros tenga ojos oscuros.

Por último, llamamos raza pura u homocigótico al individuo con dos alelos idénticos para el mismo carácter (por ejemplo, AA o aa), y heterocigótico o híbrido al individuo con alelos distintos (Aa).

Teniendo claros estos conceptos, podemos entender las tres leyes de Mendel. En primer lugar veremos la ley de la uniformidad en la primera generación. Mendel comprobó que, al cruzar dos razas puras, todos los descendientes eran iguales entre sí e iguales a uno de los progenitores, el que portara el alelo dominante. Por ejemplo, el cruzamiento de plantas con semillas verdes (aa) y plantas con semillas amarillas (AA) producía una descendencia (primera generación) de plantas con semillas amarillas, que, como veíamos, es el alelo dominante en ese gen.

¿Qué había pasado con el alelo productor de semillas verdes? Tenía que haber sido heredado, pero quedaba enmascarado en esa primera generación. Mendel cruzó a esos primeros descendientes entre sí, y en las plantas de la segunda generación observó que tres cuartas partes tenían semillas amarillas y una cuarta parte tenía semillas verdes, es decir, volvía a aparecer este rasgo recesivo.

Traduciendo estos resultados fenotípicos a genotipos posibles, se comprobaba que:

- Los parentales eran razas puras de plantas amarillas (AA) y verdes (aa).
- Al cruzarlos, toda la primera generación eran híbridos (Aa) amarillos.
- Al cruzar esos híbridos entre sí (Aa x Aa), los descendientes eran plantas con semillas:
  - ¾ amarillas (AA o Aa)
  - ¼ verdes (aa)

Esto implica que los alelos se segregan, es decir, se separan uno del otro durante la meiosis, de forma que cada gameto hereda uno, y se emparejan al azar en el cigoto que dará lugar a la planta hija. Si se emparejan dos iguales, tendremos plantas hijas homocigóticas; si se emparejan dos alelos distintos, serán heterocigóticas. Estos resultados llevaron a enunciar la segunda ley de Mendel, la ley de segregación de caracteres en la segunda generación.

Genotípicamente hablando, en la primera generación, cada parental producía un sólo tipo de alelos (la planta amarilla producía alelos A, y la planta verde, alelos a). Y, al emparejarse, todos los cigotos eran Aa (fenotípicamente amarillos, al ser dominante). Esas plantas Aa, en el segundo cruzamiento, producían dos tipos de alelos cada una (A y a). Al emparejarse al azar, las posibilidades eran:

- A (de primer progenitor) y a (del segundo): planta hija Aa (amarillo).
- a (de primer progenitor) y A (del segundo): planta hija aA (amarillo).
- A (de primer progenitor) y A (del segundo): planta hija AA (amarillo).
- a (de primer progenitor) y a (del segundo): planta hija aa (verde).

Esto coincide con los hallazgos de Mendel (¾ partes de la descendencia amarilla, y ¼ verde). Los alelos recesivos permanecían ocultos en la primera generación, y aparecían de nuevo en la segunda. Esto ocurre en los humanos con ciertos rasgos recesivos que «saltan» una generación, como, por ejemplo, los ojos azules, que en muchas ocasiones pasan de abuelos a nietos.

Tras analizar la herencia de rasgos individuales, Mendel estudió lo que ocurría al cruzar plantas que se diferenciaban en dos características, por ejemplo, el color y la forma de la semilla. Aplicando los cruzamientos anteriores, ya sabía que la semilla amarilla (A) era dominante sobre la verde (a); y que la semilla lisa (B) dominaba sobre la semilla rugosa (b).

De este modo, Mendel cruzó una planta homocigótica de semillas amarillas y lisas (AABB) con otra de semillas verdes y rugosas (aabb). El resultado en la primera generación fue el esperado: todas las plantas iguales, amarillas y lisas (AaBb). Tras autopolinizar estas plantas (cruzarlas entre sí), obtuvo una segunda generación con plantas con las proporciones 9:3:3:1 que se muestran a continuación:

- 9/16 semillas amarillas y lisas (AABB / AABb / AaBB / AaBb).
- 3/16 semillas amarillas y rugosas (Aabb / Aabb).
- 3/16 semillas verdes y lisas (aaBB / aaBb).
- 1/16 semillas verdes y rugosas (aabb).

Esto llevó a enunciar la tercera ley, la ley de la transmisión independiente, según la cual, en la herencia de más de un carácter, cada par de alelos se transmite de forma independiente y sin relación con los otros, con lo que se obtienen diversas combinaciones, algunas de ellas no presentes en los parentales.

Estos resultados se comprenden mejor si se representan gráficamente en el conocido cuadro de Punnett, llamado así en honor al genetista R. C. Punnett. El cuadro (fig. 13) muestra los gametos producidos por ambos parentales y todas las combinaciones posibles entre ellos.

AaBb x AaBb	**AB**	**Ab**	**aB**	**ab**
AB	AABB	AABb	AaBB	AaBb
Ab	AABb	AAbb	AabB	Aabb
aB	aABB	aABb	aaBB	aaBb
ab	aABb	aAbb	aabB	aabb

Cuadro de Punnett que refleja la ley de la transmisión independiente. La primera fila y primera columna muestran los posibles gametos producidos por los parentales. Como cada gen se transmite de forma independiente, para dos genes (con dos alelos cada uno, A y a; B y b) habrá cuatro posibles combinaciones. En el interior de la tabla se unen los dos alelos de cada parental, con lo que se obtienen 16 genotipos distintos. A nivel fenotípico, sólo hay 4 opciones: todos aquellos que tengan A y B mayúsculas desarrollarán el fenotipo dominante para ambos genes (amarillo y liso); los que tengan alguna A mayúscula, pero ninguna B mayúscula, serán amarillos pero rugosos; si lo que tienen es aa y alguna B mayúscula, serán verdes y lisos; y por último, los que tengan todos los alelos recesivos (aabb) serán verdes y rugosos.

Tras todo lo explicado, y retomando la pregunta inicial, podemos concluir que, los caracteres mendelianos, es decir, los rasgos cualitativos –con dos alternativas claras– para los que se conoce bien su patrón de herencia, se pueden predecir en la descendencia. El resto de los caracteres, que iremos viendo más adelante, no pueden anticiparse con tanta seguridad.

Algunos de estos rasgos mendelianos en la especie humana son: el estornudo fótico (dominante); el albinismo (recesivo); la barbilla partida (dominante); la braquidactilia (baja longitud de los dedos, dominante); el lóbulo de la oreja libre (dominante) o unido (recesivo); las pecas faciales (dominante); o la sexdactilia (seis dedos, dominante). Para todos ellos, sabiendo el genotipo de los padres, podríamos aventurarnos a deducir las probabilidades que tienen de transmitir estos caracteres a sus hijos.

12

¿Por qué los gatos con manchas de tres colores son siempre hembras?

Tras rescatar los trabajos de Mendel del olvido, y unirlos a los avances que se estaban produciendo en el conocimiento del ADN y los cromosomas, la genética consiguió explicar gran parte del mecanismo de herencia biológica. Sin embargo, muchos caracteres no cumplían con las proporciones esperadas en la descendencia, acorde con las leyes de Mendel. Surgen así diversas excepciones a estos patrones de herencia.

De este modo, las proporciones mendelianas no se cumplen cuando los alelos de los genes presentan codominancia. Si uno domina al otro, es fácil deducir los fenotipos resultantes, pero si ambos alelos son codominantes la cosa se complica. Tampoco lo hacen si los genes presentan más de dos formas alélicas (el llamado alelismo múltiple, presente por ejemplo en los grupos sanguíneos, con alelos A, B o O). Además, algunos genes pueden suprimir la acción de otros (es la denominada epistasia o interacción génica, y altera las proporciones mendelianas). También las altera la existencia de genes letales que, al expresarse, provocan la muerte del individuo. Por otro lado, las leyes de Mendel no se pueden aplicar en

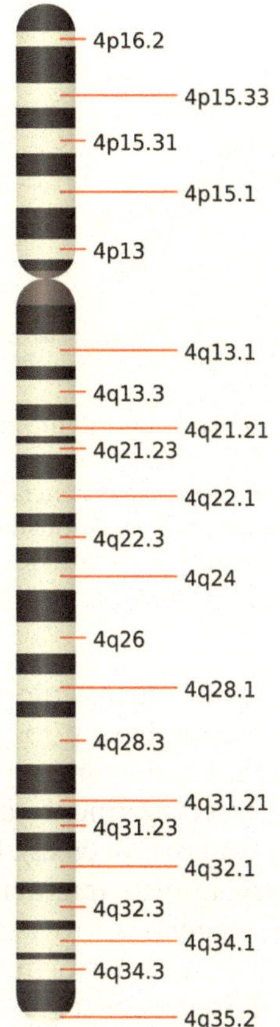

Cromosoma número 4 del genoma humano. En 1902, Sutton y Boveri (de forma independiente) proponen la teoría cromosómica de la herencia, que postula que cada gen (fragmento de ADN con información para un carácter) ocupa un lugar específico dentro de un cromosoma (llamado «locus»). En la imagen pueden verse algunos de los 1.000-1.100 genes que componen el cromosoma 4. Al teñirlos para su observación microscópica, los cromosomas aparecen bandeados (en franjas oscuras y claras), lo que permite su identificación y la localización de los distintos genes que lo componen. Foto: Mysid, Wikimedia Commons

rasgos cuantitativos, determinados por la acción de muchos genes (el peso, la altura, el color de la piel, son ejemplos de este tipo de herencia). En estos casos, los fenotipos tienen una variabilidad continua y progresiva que sigue una curva de distribución normal al ser medidos en una gran población.

La tercera ley de Mendel, por su parte, establecía que los genes se transmiten de forma independiente, pero, ¿qué ocurriría si formaran parte del mismo cromosoma? Cabría esperar que, de algún modo, la transmisión de uno estuviera relacionada con la del otro.

Como Morgan explicaría en 1910, los genes que se encuentran en el mismo cromosoma se consideran ligados, y tienden a heredarse conjuntamente. Cuando están tan íntimamente asociados que siempre se transmiten siempre juntos decimos que

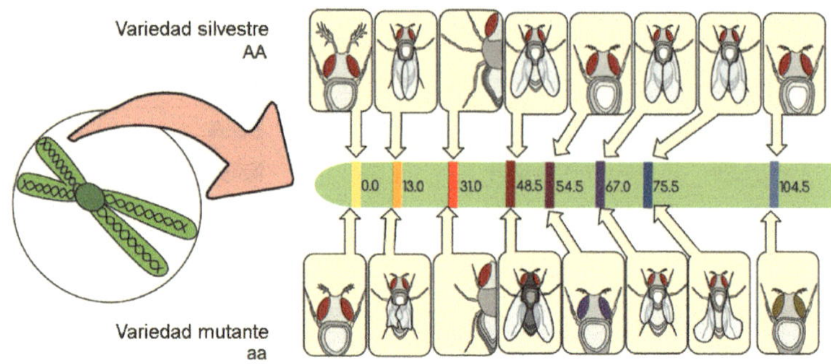

Mapa de ligamiento del segundo cromosoma de la mosca del vinagre (*Drosophila melanogaster*). La imagen muestra los genes presentes en este cromosoma; la distancia entre ellos, medida en unidades de mapa genético, a partir de la cantidad de entrecruzamientos que se producen entre los mismos; y los posibles alelos de cada gen, para la variedad silvestre y la variedad mutante. Foto: Twaanders17, Wikimedia Commons

existe un ligamiento completo. Pero el ligamiento generalmente es incompleto, y los genes no se heredan juntos. ¿Por qué? La explicación la encontramos en la meiosis, concretamente durante el entrecruzamiento de la primera división meiótica (ver pregunta 10 para más detalles). En este proceso, los cromosomas homólogos intercambian fragmentos de material genético. Esta recombinación genética provoca la aparición de nuevas combinaciones de alelos que anteriormente estaban ligados.

La frecuencia con la que se producen entrecruzamientos entre dos genes depende de la distancia real que los separe, ya que al ser un proceso aleatorio, cuanto mayor sea esta distancia, mayor será la probabilidad de recombinación entre ellos. Morgan fue el primero en proponerlo, trabajando con la mosca del vinagre (*Drosophila melanogaster*), y su discípulo Sturtevant sugirió que la proporción de recombinantes podía usarse como indicador cuantitativo de la distancia entre genes, creando así el primer mapa genético (o mapa de ligamiento) de un cromosoma en 1913.

Los genes estudiados en los guisantes de jardín usados por Mendel se transmitían de forma independiente porque, o bien estaban situados en distintos cromosomas, o bien estaban suficientemente lejos para que entre ellos se dieran múltiples entrecruzamientos, tantos, que se podía considerar como si estuvieran en cromosomas diferentes. Pero en aquel momento Mendel no

Gametos hembra → ↓ Gametos macho	X^R	X^r
X^R	$X^R X^R$	$X^R X^r$
Y	$X^R Y$	$X^r Y$

Herencia ligada al sexo en *Drosophila melanogaster* para el gen «color de los ojos», situado en el cromosoma X. La tabla muestra los gametos producidos por hembra (dos cromosomas X, cada uno de ellos portando un alelo distinto) y macho (un cromosoma X portando el alelo R, y un cromosoma Y sin alelo para ese gen), así como las posibles combinaciones en la descendencia (las crías con un cromosoma Y serían machos, mientras que las que tienen dos cromosomas X serían hembras). Morgan observó que los resultados de herencia eran distintos en machos y en hembras, y no cumplían las leyes de Mendel.

conocía lo que eran los cromosomas ni el entrecruzamiento, por lo que además de metódico y hábil, fue muy afortunado al escoger los rasgos a investigar.

En sus estudios con *Drosophila*, Morgan descubrió algo más. Buscando patrones de herencia similares a los mendelianos, observó ciertas diferencias entre los rasgos heredados por moscas machos y hembras. Conocedor de la importancia de la posición de los genes en los cromosomas, encontró la respuesta a estas irregularidades en los cromosomas sexuales, aquellos que son distintos en hembras y machos. En la especie humana, contamos con veintidós pares de cromosomas normales, denominados autosomas, y un par de cromosomas sexuales: el par XX en mujeres, y XY en hombres. La mosca del vinagre sólo tiene cuatro pares de cromosomas: tres pares de autosomas y un par de cromosomas sexuales.

Cuando los genes están presentes en los cromosomas sexuales, se dice que están ligados al sexo. Puede ser una herencia influida por el sexo, si se encuentran en el segmento homólogo del cromosoma –segmento que pueden sufrir entrecruzamiento– o puede ser herencia ligada al sexo, si se encuentran en el segmento diferencial de los cromosomas X o Y.

Gato de tres colores en mosaico (también conocido como gato calicó), un caso de herencia ligada al sexo (el gen que codifica el color naranja y negro está en el cromosoma X). Generalmente, son hembras, aunque uno de cada tres mil gatos tricolores puede ser macho, debido a alteraciones génicas, mutaciones o procesos de hermafroditismo.

En *Drosophila*, Morgan encontró que el gen determinante del color de los ojos estaba situado en el cromosoma X: el alelo dominante R producía ojos rojos, el alelo recesivo r producía ojos blancos. Por lo tanto, un cruzamiento de moscas de razas puras (X^RX^R x X^rY) similar al realizado por Mendel daría como resultado toda una primera generación de moscas con ojos rojos (hembras X^RX^r y machos X^RY). En un segundo cruzamiento, no obstante, el patrón de herencia de machos y hembras no cumplía las proporciones mendelianas: todas las hembras tendrían ojos rojos, mientras que los machos tendrían ojos rojos y blancos en proporciones similares.

Si este mismo razonamiento se aplica a especies con un mayor número de genes en sus cromosomas sexuales, las posibilidades de herencias influidas por el sexo se multiplican. Un caso similar ocurre en los gatos, cuyo gen determinante del color del pelo naranja, que puede tener un alelo para el color negro, está situado en el cromosoma X. El color blanco, por otro lado, viene determinado por un gen externo a los cromosomas sexuales, que puede eliminar el pigmento en ciertas zonas. La única manera de tener un gato con tres colores (naranja, negro y blanco) en mosaico (en manchas reconocibles) es que ambos alelos, para el naranja y el negro, estén presentes en sendos cromosomas X, es decir, que el individuo debe ser necesariamente hembra (únicos individuos con dos cromosomas X).

13

¿Cuánto mide nuestro ADN?

«¡Hemos encontrado el secreto de la vida!», gritaba Francis Crick mientras entraba al pub The Eagle, en Cambridge, la mañana del 28 de febrero de 1953. El día en que, junto con James Watson, resolvían la estructura tridimensional del ADN.

Este hecho les otorgó, compartido con Maurice Wilkins, el Premio Nobel en 1962. Aunque en realidad el mérito no fue sólo suyo. Sin los estudios de Chargaff sobre la cantidad de bases nitrogenadas en el ADN de distintas especies; sin la intuición de Pauling sobre la existencia de puentes de hidrógeno uniendo los componentes de este ácido nucleico; y sin la radiografía de la molécula de ADN realizada por Rosalind Franklin mediante difracción de rayos X (cedida a Watson y Crick, dicho sea de paso, sin su consentimiento), posiblemente estos autores hubieran visto complicado su trabajo. De hecho, la carrera por descifrar el enigma del ADN implicaba a tantos actores, que el descubrimiento, según afirmó el propio Crick, no hubiera tardado más de dos o tres años en llegar, de la mano de alguno de ellos.

Ya hemos explicado la existencia de los ácidos nucleicos, biomoléculas estructurales formadas por largas cadenas de subunidades llamadas nucleótidos. Cada nucleótido consta de un azúcar (pentosa), una base nitrogenada y un grupo fosfato. En el caso del ADN, la pentosa es la desoxirribosa (ribosa que ha perdido un átomo de oxígeno), y las bases nitrogenadas son la adenina (A), guanina (G), timina (T) y citosina (C).

Estos nucleótidos se encuentran unidos en dos cadenas que se enrollan entre sí formando una doble hélice similar a una escalera de caracol. Las barandillas de la escalera serían las cadenas de pentosas y fosfatos; y las bases nitrogenadas se hallarían en el interior, unidas unas a otras por puentes de hidrógeno, formando los escalones paralelos de la escalera. En cuanto al tamaño de la

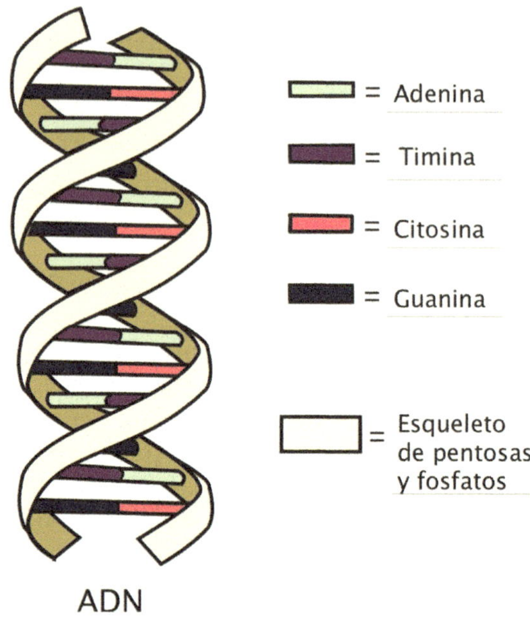

Estructura en doble hélice del ADN. El bucle externo es el armazón de azúcar (desoxirribosa) y fosfato. En el interior, las bases enfrentadas y unidas por puentes de hidrógeno. Siempre aparecen unidas la adenina con la timina, y la Citosina con la Guanina. Este hecho fue descubierto gracias a la ley de equivalencia de bases de Chargaff, quien, en 1950, ya había postulado que, para cada especie, la cantidad de adenina era la misma que la de timina, y lo mismo ocurría con la cantidad de citosina y guanina. Foto: modificada de Forluvoft, Wikimedia Commons

molécula, siguiendo con el símil de la escalera, la distancia entre escalones sería de 0,34 nanómetros, y habría 10 escalones por vuelta completa, es decir, 3,4 nanómetros por vuelta.

Si estirásemos completamente el ADN de cada cromosoma humano, este mediría unos 3 o 4 centímetros de largo. Con sus 46 cromosomas, cada célula humana tendría, por tanto, unos 2 metros de ADN. Teniendo en cuenta la cantidad inmensa de células de nuestro cuerpo (del orden de 10^{13} células), la cantidad de ADN dispuesta longitudinalmente sería alrededor de 2 x 10^{10} kilómetros. Teniendo en cuenta que la distancia de la Tierra al Sol es de 1,5 x 10^{8} kilómetros, nuestro ADN mediría cien veces más.

A pesar de esta tremenda longitud, el ADN se encuentra recogido en compartimentos minúsculos. De hecho, 3 o 4 centímetros de ADN humano se recogen en cromosomas de aproximadamente 5 micras de longitud, ¿cómo es esto posible?

La razón se encuentra en el alto grado de plegamiento y empaquetamiento que sufre esta molécula, gracias a la ayuda de unas proteínas básicas llamadas histonas. Al conjunto de ADN e histonas se le denomina cromatina (literalmente, «hebras teñidas», por su capacidad de teñirse ante ciertos colorantes).

Las histonas empaquetan la cromatina en unidades denominadas nucleosomas, formadas por un núcleo de ocho moléculas de histona rodeada de dos vueltas de ADN. El conjunto de nucleosomas y los segmentos de ADN que los separan (ADN linker) forman el llamado collar de perlas.

Este collar se enrolla sobre sí mismo, formando fibras de 30 nanómetros. Esta fibra se pliega a su vez en una serie de bucles radiales, que se compactan más aún formando rosetas. Treinta rosetas en espiral generan un rodillo, y la sucesión de rodillos origina finalmente los cromosomas. Cada cromosoma está formado por dos cromátidas hermanas, unidas en la zona del centrómero. Según la cercanía del centrómero al ecuador del cromosoma, estos reciben distintos nombres (metacéntricos, submetacéntricos), cuando el centrómero está en el extremo del cromosoma (zona denominada telómero) se dice que el cromosoma es telocéntrico.

Como ya habíamos visto, el conjunto de cromosomas propios de una especie se denomina genoma. Para estudiarlo, los cromosomas se ordenan de acuerdo con convenciones internacionales de morfología y tamaño, representándose en forma de cariotipo. En un cariotipo, primero se disponen los autosomas, y después los cromosomas sexuales.

Si la especie es haploide, el cariotipo estará formado por un cromosoma de cada tipo; si la especie es diploide (como los humanos), en el cariotipo veremos dos copias de cada tipo de cromosoma (los llamados cromosomas homólogos); si fuera triploide, veríamos tríos de cada tipo.

El tamaño del genoma se expresa en millones de pares de bases, el ser humano tiene unos 3.000 millones, muchísimas más que los 125 millones presentes en *Arabidopsis thaliana*, la planta con el genoma más pequeño conocido hasta el momento. Sin embargo, compartimos con esta especie vegetal el mismo número

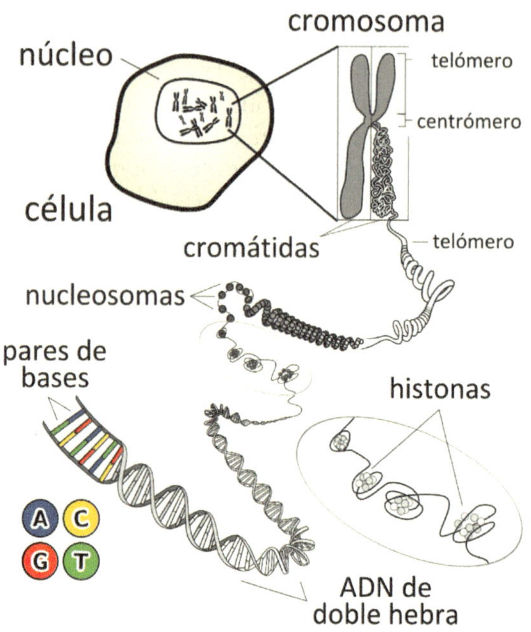

Niveles de empaquetamiento del ADN eucariota. La doble hélice de ADN asociada a histonas se pliega sobre sí misma de forma sistemática y organizada, atravesando varios niveles de complejidad creciente hasta formar los cromosomas, logrando un grado de compactación 10.000 veces superior al del ADN inicial. Esto sólo ocurre cuando la célula entra en división y el ADN debe empaquetarse para repartirse entre las dos células hijas. El resto del tiempo, el ADN está desempaquetado formando fibras.
Foto: Modificada de KES47, Wikimedia Commons

de genes (alrededor de 25.000). Algo curioso que nos demuestra cómo gran parte de nuestro ADN no forma parte de los genes.

Los 25.000 genes que constituyen el genoma humano se encuentran contenidos en 23 parejas de cromosomas (22 pares de autosomas y una pareja de cromosomas sexuales) formando el cariotipo humano. La cantidad de genes que contiene cada cromosoma es variable, desde unos 3.000 genes del cromosoma 1, hasta los 600 que contiene aproximadamente el cromosoma 22.

El estudio de los cariotipos no sólo nos permite caracterizar genéticamente a una especie, también facilita la detección de enfermedades genéticas y alteraciones cromosómicas importantes.

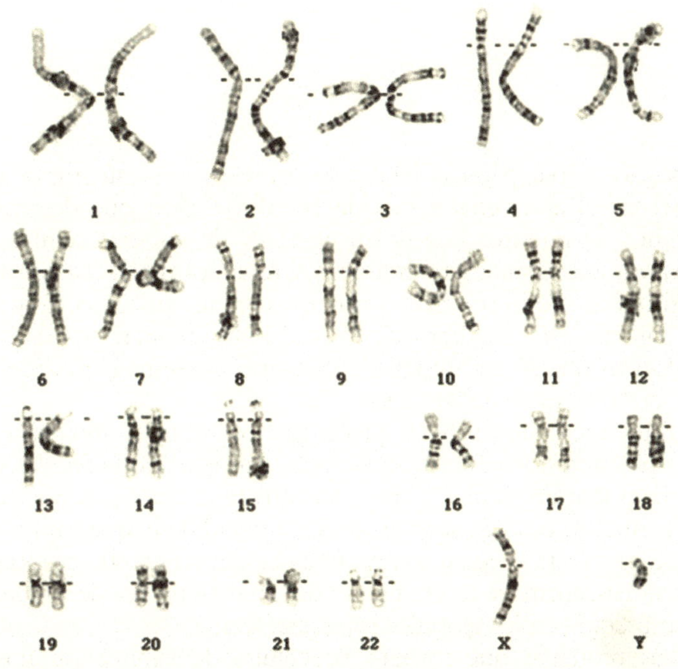

Representación del cariotipo humano. Son los cromosomas de una célula agrupados por pares homólogos. Los autosomas (parejas 1 a 22) se colocan por tamaño (el cromosoma más grande es el número 1) y morfología (los primeros son metacéntricos, tras lo cual se colocan los submetacéntricos). Al final se representan los cromosomas sexuales (XX en el caso femenino, XY en el caso masculino). La muestra de la fotografía pertenece a un varón (dada la presencia del cromosoma Y). Durante la extracción y aislamiento de los cromosomas, algunos pueden plegarse y retorcerse. Para facilitar su estudio, estos son teñidos, tras lo cual aparece un bandeado característico que permite su identificación.

Podemos aprovechar de esta manera la capacidad asombrosa que tienen nuestras células para compactar una ingente cantidad de filamentos de ADN (una molécula invisible al microscopio electrónico) en estructuras complejas cuyo tamaño les permite ser visibles al microscopio óptico.

14

¿Qué tienen que ver los genes con las proteínas?

Llevamos varias páginas hablando sobre genes y su importante papel en el almacenamiento de la información que determina muchos de nuestros rasgos. En el ADN de nuestras células está escrito si somos mujeres u hombres, si tenemos la piel clara u oscura, si nuestros ojos son azules o marrones. Sin embargo, los genes no son más que un libro de instrucciones; requerimos de otras moléculas que se encarguen de construir esas estructuras para las que el ADN tiene información.

Estas moléculas son las proteínas, los «obreros moleculares». Veíamos anteriormente que las proteínas son biomoléculas formadas por aminoácidos, y que constituyen el cincuenta por ciento de nuestro peso en seco. Es decir, la mitad de lo que somos (sin tener en cuenta el agua) son proteínas: están en nuestro pelo, uñas, hormonas, enzimas, en gran parte de nuestros tejidos de sostén, en los músculos, en los glóbulos rojos, etcétera.

Las proteínas que forman las células determinan su forma, sus movimientos, su función y su capacidad de reproducción, la síntesis de lípidos, carbohidratos y ácidos nucleicos. Y el ADN contiene la información necesaria para su fabricación. La cuestión es: ¿quién lee esa información y cómo sintetiza las proteínas?

El proceso es complejo pero muy rápido, y sucede en dos pasos: transcripción y traducción. Para comprenderlo, primero debemos recordar que el orgánulo encargado de sintetizar proteínas es el ribosoma y se encuentra en el citoplasma celular. El ADN, por otro lado, se localiza en el núcleo (hablando, claro, de células eucariotas) y nunca sale de él.

Si el ADN no sale del núcleo, debe existir un mecanismo para que las instrucciones que porta lleguen hasta los ribosomas. De hecho, existe, es una molécula de ácido ribonucleico (ARN) denominada *ARN mensajero*. Como su propio nombre indica, el ARN mensajero (ARNm) se encarga de llevar el mensaje del ADN hasta el citoplasma.

Para ello, en un proceso denominado *transcripción*, la doble hélice del ADN se desenrolla a partir de un determinado punto

Proceso de transcripción: paso de la información del ADN a una molécula de ARN mensajero realizado por la enzima ARNpolimerasa (RNAP en la imagen). Ocurre gracias a la acción de una serie de factores de inicio de la transcripción (aparecen a la izquierda del dibujo). La molécula de ARNm tiene una sola hebra, por lo que la ARNpolimerasa lee una sola cadena de ADN (la llamada hebra molde). Foto: Forluvoft, Wikimedia Commons

y una enzima va catalizando la unión lineal de nucleótidos cuyas bases son complementarias a las bases del fragmento de ADN que se está «leyendo» (fragmento correspondiente a un gen), con la salvedad de que el ARN contiene uracilo en lugar de timina. De esta forma se sintetiza una molécula de ARNm.

La molécula de ARNm recién formada abandona entonces el núcleo por los poros presentes en la envoltura nuclear y llega a los ribosomas del citoplasma. Los ribosomas son orgánulos formados por proteínas asociadas a ARN ribosómico y están constituidos por dos subunidades que se acoplan cuando van a sintetizar proteínas, desensamblándose de nuevo al terminar.

El ARNm llega al ribosoma y queda enlazado entre las dos subunidades que lo componen. Mediante un proceso denominado *traducción*, su mensaje será leído y utilizado para la fabricación de una proteína. La información se «traduce», de este modo, del «lenguaje de los nucleótidos» al «lenguaje de los aminoácidos» que forman las proteínas.

Para ello, el ribosoma va moviéndose a lo largo del ARNm, leyendo la información de sus bases de tres en tres (en tripletes o codones). Además, es necesaria la presencia de una molécula que transporte los aminoácidos hasta el ribosoma. Esta función la tiene asignada el ARN de transferencia (ARNt). Este tipo de ARN tiene, en uno de sus extremos, un triplete de bases nitrogenadas (denominado anticodón), distinto para cada tipo de aminoácido transportado. Al ribosoma van llegando ARNt, y aquel cuyo anticodón sea complementario al codón del ARNm que está siendo leído, deja su aminoácido, que es acoplado al extremo de

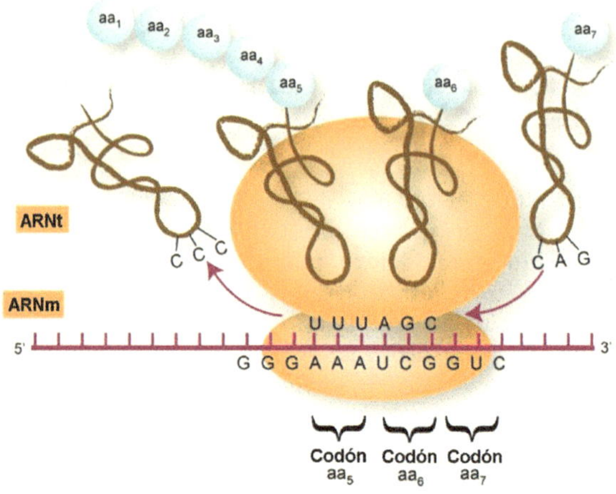

Proceso de traducción de la información del ARNm a proteínas. En la imagen se aprecian las subunidades mayor y menor del ribosoma, entre las que queda anclada la molécula de ARNm. El ribosoma va leyendo los codones (grupos de tres bases) y el ARNt cuyo anticodón sea complementario se acopla al ribosoma, aportando el aminoácido que transporta a la cadena proteica. Una misma molécula de ARNm puede ser leída a la vez por distintos ribosomas (cada uno en una zona distinta). Foto: DNADude, Wikimedia Commons

la cadena proteica en crecimiento. Este proceso tiene una señal de inicio (el triplete AUG, correspondiente al aminoácido metionina, que siempre es el primero en todas las cadenas proteicas, aunque luego puede ser eliminado) y una señal de terminación (existen tres tripletes stop que no codifican para ningún aminoácido, cuando el ribosoma llega a alguno de ellos, finaliza el proceso de traducción, las subunidades se separan, y el ARNm y la cadena proteica se liberan).

Como en todo proceso de traducción, el material genético cuenta con un diccionario: es el llamado código genético. Este código establece las equivalencias entre los tres pares de bases (tripletes o codones) del ARNm y los veinte aminoácidos que forman las proteínas. Este código es casi universal (sirve para traducir el ADN de cualquier especie, con la única excepción del ADN mitocondrial) y está degenerado, lo que significa que, si tenemos en cuenta que existen cuatro bases distintas (adenina, citosina, guanina y timina), y se agrupan de tres en tres, existen 64

1ª posición	2ª posición				3ª posición
5'	U	C	A	G	3'
U	UUU Phe	UCU Ser	UAU Tyr	UGU Cys	U
	UUC Phe	UCC Ser	UAC Tyr	UGC Cys	C
	UUA Leu	UCA Ser	UAA Stop	UGA Stop	A
	UUG Leu	UCG Ser	UAG Stop	UGG Trp	G
C	CUU Leu	CCU Pro	CAU His	CGU Arg	U
	CUC Leu	CCC Pro	CAC His	CGC Arg	C
	CUA Leu	CCA Pro	CAA Gln	CGA Arg	A
	CUG Leu	CCG Pro	CAG Gln	CGG Arg	G
A	AUU Ile	ACU Thr	AAU Asn	AGU Ser	U
	AUC Ile	ACC Thr	AAC Asn	AGC Ser	C
	AUA Ile	ACA Thr	AAA Lys	AGA Arg	A
	AUG Met	ACG Thr	AAG Lys	AGG Arg	G
G	GUU Val	GCU Ala	GAU Asp	GGU Gly	U
	GUC Val	GCC Ala	GAC Asp	GGC Gly	C
	GUA Val	GCA Ala	GAA Glu	GGA Gly	A
	GUG Val	GCG Ala	GAG Glu	GGG Gly	G

Código genético. Relaciona los tripletes del ARNm con los aminoácidos que codifican. Como puede verse, prácticamente todos los aminoácidos son codificados por más de un triplete. Estos, además, suelen diferir sólo en la última base, lo que previene muchos errores de lectura (que podrían derivar en mutaciones). En el cuadro, además, aparece el triplete iniciación (AUG) y los tres tripletes de terminación (UAA, UAG y UGA).

combinaciones posibles, y sólo veinte aminoácidos. Esto implica que cada aminoácido tiene más de un triplete que lo codifica.

En las células eucariotas, la transcripción se produce en el núcleo y la traducción en el citoplasma, por lo que existe un lapso de tiempo entre ambas. En las células procariotas, sin embargo, todo sucede en el citoplasma y casi simultáneamente (conforme la molécula de ARNm se va sintetizando, los ribosomas lo van traduciendo de manera casi inmediata).

Entonces ya conocemos la relación entre genes y proteínas. Este flujo de información es conocido como el «dogma central de la biología molecular». Aunque fue enunciado por primera vez por Crick en 1970, ha sido revisado y redefinido. Hoy sabemos que el ADN copia parte de su mensaje sintetizando una molécula de ARNm, creando la información necesaria para que los ribosomas elaboren una cadena polipeptídica. Además, se añade la posibilidad de que, a partir de una molécula de ARN, se sintetice ADN, mediante un proceso conocido como transcripción inversa o retrotranscripción (presente en un tipo especial de virus, denominados retrovirus).

Inicialmente se postuló la idea de un gen-una proteína, que se ha abandonado porque ahora sabemos que, en eucariotas, a partir de un mismo gen se pueden producir diversas proteínas. Esto ocurre porque, una vez terminada la transcripción, se forma un pre-ARN con fragmentos que codifican para formar proteínas (exones) y otros fragmentos que no codifican (intrones). Este pre-ARN sufre entonces un proceso de maduración (el corte y empalme, o *splicing*) en el que se eliminan los fragmentos sin información codificante. En función de cómo se produzca esta maduración, el ARN resultante puede ser distinto, a pesar de provenir del mismo fragmento de ADN inicial.

15

¿Pueden dos gemelos ser totalmente distintos?

A menudo se confunden los términos gemelo y mellizo. Conviene aclarar que los mellizos son fruto de la fecundación de dos óvulos distintos por sendos espermatozoides. Es decir, son dos hermanos que fueron concebidos en la misma relación sexual, por lo que se parecen entre sí lo mismo que lo harían dos hermanos nacidos en partos distintos. Los gemelos, por otro lado, provienen de un cigoto que, tras la primera división, genera dos células hijas que evolucionan de forma independiente.

Como el cigoto de partida es común y todas las células del cuerpo tienen el mismo ADN que ese cigoto inicial, cabría esperar que dos gemelos monocigóticos tuviesen, por tanto, el mismo material genético.

Sin embargo, se ha descubierto que esto no es así: los gemelos no son necesariamente idénticos a nivel genético. Existen procesos producidos al azar en una etapa temprana del desarrollo capaces de inactivar o estimular la expresión de ciertos genes en diferentes células según de qué progenitor provengan los cromosomas que los portan. Esto produce casos, por ejemplo, de gemelos en los que uno de ellos nace con una enfermedad genética grave como la distrofia muscular, mientras que su hermano nace sano. Incluso se puede dar la situación de que los gemelos tengan

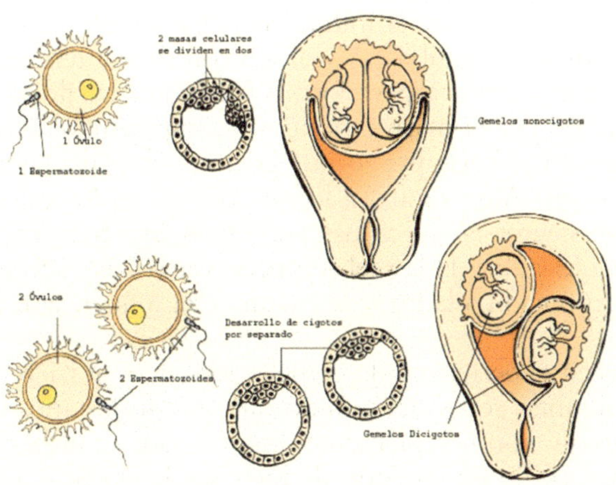

Diferencia entre la formación de gemelos y mellizos. En muchas ocasiones se confunden estos términos (puede que se deba a que en inglés tienen un sólo término, *twins*, para nombrar a ambos). En la ilustración se ve claramente que, en el caso de los mellizos (parte inferior) hay dos óvulos fecundados por dos espermatozoides, mientras que los gemelos provienen de la unión del mismo óvulo y espermatozoide. Foto: blog MedTempus; disponible en http://medtempus.com/archives/gemelos-y-mellizos-i/

distinto sexo, aunque se trata de algo muy excepcional y hay pocos casos documentados. Esto ocurre si la alteración temprana del ADN impide el desarrollo de uno de los cromosomas sexuales en un gemelo, dando como resultado que este tenga sólo un cromosoma sexual X, cuando debería tener dos, lo que implica que será necesariamente una niña, independientemente del sexo de su gemelo, y estará afectada por la enfermedad conocida como síndrome de Turner.

Pero iremos más allá. Incluso dado el caso de tener dos gemelos genéticamente idénticos, fenotípicamente serán distintos. Recordemos que el fenotipo es el aspecto externo y otras características mesurables de un individuo, resultado de la interacción del genotipo con el medio ambiente (externo e interno) del organismo. Dos gemelos, incluso con los mismos genes, tienen distintas huellas dactilares. Un ejemplo muy sencillo de entender es el caso de una planta, que tiene la capacidad determinada genéticamente de ser verde, pero nunca adquirirá este color si se mantiene siempre en la oscuridad.

Otros ejemplos de la influencia del ambiente en la expresión génica son las prímulas, cuyas flores son rojas a temperatura ambiente, pero si esta supera los 30 °C producen flores blancas, o los conejos del Himalaya, blancos a temperaturas altas y negros a temperaturas bajas, por lo que las zonas frías del cuerpo tienen pelaje negro. Algo similar a lo que ocurre en los gatos siameses, que son negros en sus zonas periféricas más frías. En la especie humana, el color de la piel se puede ver modificado en función de la exposición a la luz y la estatura está influenciada por la nutrición.

Existen experiencias de gemelos separados al nacer y trasladados a distintas zonas del mundo que, estudiados años después, se ha visto que son notablemente distintos, tanto a nivel físico y psicológico, como en cuestión de intereses, habilidades y formas de vida. Esto refleja la importancia del ambiente en la expresión de los genes.

Además del ambiente, también es importante considerar el efecto de las reacciones químicas y otros procesos que suceden a nivel interno que pueden modificar la expresión de ciertos genes y que, a pesar de no alterar la secuencia de ADN, son heredables. Estas alteraciones forman parte de lo que llamamos epigenética y, al ser muy estables, pueden permanecer en un linaje celular por muchas generaciones.

Se conocen tres procesos epigenéticos de regulación de la expresión génica: la metilación del ADN, la modificación de las histonas y el efecto del ARN pequeño no codificante. La metilación consiste en la adición de grupos metilo a ciertas regiones de la molécula de ADN, que está asociada al silenciamiento de genes y en muchos casos es producida por elementos que se ingieren con la dieta, como la metionina, la colina o el ácido fólico. La modificación de las histonas (proteínas que acompañan al ADN y le permiten compactarse en forma de cromosomas) también sirve de señal para determinar si un determinado gen se silencia o se expresa. Por último, existe un tipo de ácido nucleico muy sencillo (ARN de interferencia) que se puede unir a fragmentos de ADN impidiendo su lectura.

Todos los mecanismos vistos pueden producir que dos gemelos, pese a tener el mismo origen genético (un cigoto con material heredado de los dos progenitores), puedan tener fenotipos totalmente distintos. Lo cual refuerza la idea de que no todo lo que somos está determinado genéticamente.

16

¿Existe el gen de la obesidad?

Respondiendo a esta cuestión, nos acercaremos a algunos de los genes responsables de enfermedades que componen nuestro ADN. Tenemos, al igual que casi todos los mamíferos, 25.000 genes distintos, por lo que el abanico de posibilidades de estudio es muy amplio.

Nuestros genes albergan información para características muy diversas y entendemos que, a lo largo del proceso evolutivo, la carga genética de las especies ha ido modificándose de acuerdo con un proceso de selección natural que, como veremos más adelante, consiste fundamentalmente en la mayor supervivencia de los individuos cuyo genotipo les aporte alguna ventaja ambiental.

Teniendo en cuenta esto, resulta bastante fácil imaginar que aquellos genes causantes de enfermedades serían poco a poco eliminados de la población, ya que los individuos portadores de los mismos tendrían menos posibilidades de reproducirse y dejar descendencia. Sin embargo, esto no siempre ocurre así.

Muchas enfermedades determinadas por un sólo gen (monogénicas) son recesivas y se mantienen en la población porque sus portadores cuentan con el alelo dominante (que impide la expresión de la forma recesiva). De esta manera, aunque no sufran la enfermedad, pueden transmitirla a la descendencia, que, si el otro progenitor también es portador, podría desarrollar la enfermedad.

Un ejemplo bien estudiado de esto es la fenilcetonuria, enfermedad producida por la inhibición del gen responsable de la enzima que degrada la fenilalanina. Al dejar de producirse esta enzima, la fenilalanina ingerida con la dieta se acumula en el torrente sanguíneo, dañando el sistema nervioso y produciendo un retraso mental severo.

Otra enfermedad de este tipo es la anemia falciforme, que provoca la producción de un tipo de hemoglobina (hemoglobina S) que vuelve frágiles a los glóbulos rojos, provocando su degradación prematura, cuando la concentración de oxígeno en el aire es baja.

El albinismo o hipopigmentación también se debe a la presencia de los dos alelos recesivos del gen responsable de la producción de melanina (pigmento que da color y protección a ojos, piel y

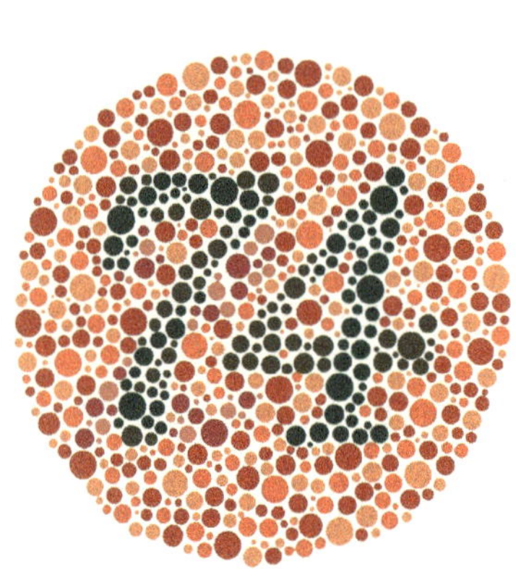

Prueba falseada del daltonismo. Se ha retocado para que el lector pueda apreciarla. Si usted detecta el 74 en la prueba real, no sufre daltonismo, una enfermedad recesiva asociada al gen que codifica para las proteínas de la retina que detectan la luz verde y roja, de forma que la persona afectada no puede identificar estos colores. Afecta al 8 % de los hombres, y al 0,04 % de las mujeres. Es mucho más frecuente en varones porque este gen se ubica en el cromosoma X, y las mujeres tienen dos cromosomas de este tipo: en el momento en que alguno de ellos presente el alelo dominante del gen, la enfermedad no se desarrolla. Foto: Wikimedia Commons

pelo). Actualmente, a nivel mundial, una persona de cada 17.000 presenta alguno de los 14 tipos distintos de esta enfermedad.

El caso de la diabetes, enfermedad cuya frecuencia en la población ha ido en aumento a lo largo de la historia, ha supuesto un verdadero reto para los investigadores. El genetista James Neel, en 1962, encontró una posible explicación al mantenimiento del gen que codifica esta afección: en un pasado donde las épocas de escasez de alimento eran frecuentes, aquellos individuos portadores de una variante genética que les permitiera extraer y almacenar más calorías de los alimentos tendrían más posibilidades de supervivencia. Actualmente, cuando el acceso a la comida no es un recurso escaso para una gran parte de la población, ese gen «ahorrador» supondría una ganancia excesiva de peso (obesidad) y sus trastornos asociados, entre ellos, la diabetes.

Aunque la hipótesis de Neel no fue del todo aceptada entre la comunidad científica (los tiempos de hambrunas se consideraban demasiado cortos para producir cambios a nivel genético; y tampoco se habían identificado estos genes ahorradores), recientes investigaciones proponen que esta mutación se produjo en primates hace 13-17 millones de años, en el período en que el enfriamiento del continente europeo redujo la disponibilidad de comida, y sugieren que uno de esos posibles genes ahorradores sería el que codifica para la enzima uricasa, encargada de descomponer el ácido úrico, un producto de desecho del metabolismo de ciertos alimentos. Una mutación en los grandes simios habría inhibido la acción de esta enzima, provocando un aumento de ácido úrico en sangre. Este ácido amplifica los efectos de la fructosa, que actúa como interruptor en el metabolismo, favoreciendo que parte de los alimentos ingeridos se acumulen en forma de grasa, en lugar de utilizarse de forma inmediata para obtener energía. Una posible explicación genética a un problema cada vez más común en las sociedades industrializadas.

También existen genes que funcionan como relojes biológicos en el organismo (denominados «Clock», «Per» o «Tim»), subordinados a las órdenes del reloj central, ubicado en el cerebro. De esta manera, ciertos genes regulan la síntesis de proteínas en diferentes momentos del día, estimulando o inhibiendo diferentes procesos biológicos. Si estos relojes se desincronizan, aparecen problemas de salud.

Ejemplos de ello son los genes ubicados en el cerebro que controlan el paso del tiempo a partir de señales externas como la luz o la oscuridad; los genes que avisan al corazón antes del amanecer y lo preparan para estar más activo (lo cual explicaría la gran cantidad de ataques cardiacos a primera hora de la mañana); o los genes del hígado que regulan la producción de glucosa en los momentos adecuados.

Nuestra salud está, por tanto, muy condicionada por la herencia genética presente en nuestras células. No obstante, como comprobamos anteriormente, la interacción de la genética con el ambiente es tan fuerte que adoptar modos de vida saludables es fundamental para evitar el desarrollo de ciertas afecciones, incluso si tenemos la susceptibilidad genética para padecerlas.

17

¿Son posibles los mutantes?

Popularizados por los cómics de Marvel, los mutantes se presentan como seres con alteraciones genéticas, que les confieren ciertos poderes y habilidades sobrenaturales. Aunque científicamente esto no ocurre exactamente así, los mutantes sí existen y en cierto modo también cuentan con rasgos distintos a las variedades no mutadas. Lo explicaremos con mayor detalle.

Nos remontaremos a 1902, la genética moderna acababa de nacer, con la revisión de los trabajos de Mendel y el descubrimiento de los cromosomas como portadores de los genes. Trabajando con plantas del género *Oenothera*, Hugo de Vries se percata de que en ocasiones aparecen rasgos no esperados (ni presentes en los progenitores), que sí se transmiten a la descendencia. El propio de Vries nombra *mutaciones* a estos cambios repentinos en los genes, y a los individuos que los padecían los denomina *mutantes*.

Más tarde se descubriría que sólo dos de las dos mil modificaciones observadas por el científico eran debidas a mutaciones, pues el resto eran fruto de nuevas combinaciones provocadas por la recombinación durante la meiosis, pero sus conclusiones fueron muy valiosas y abrieron nuevas líneas de investigación genética. Las mutaciones explicarían la presencia de varios alelos distintos para un mismo gen y serían la explicación de múltiples enfermedades genéticas.

Actualmente, denominamos mutación al cambio en la secuencia o en el número de nucleótidos en el ADN de una célula. Puede ocurrir en cualquier célula del cuerpo, pero sólo se transmiten a la descendencia las ocurridas en las células de la línea germinal (o en los propios gametos).

Las mutaciones se producen al azar y gran parte de ellas son espontáneas, es decir, ocurren en todas las células por fallos en los procesos de replicación, transcripción y traducción del ADN. Este «nivel de fondo» es generalmente bajo en cada nucleótido, pero teniendo en cuenta la gran cantidad de ADN que contiene cada célula, la cantidad de modificaciones total resulta considerable. Por ejemplo, se estima que la especie humana tiene una tasa de mutación de 10^{-9} (una mutación por cada mil millones de pares de bases). Considerando que nuestro genoma contiene unos tres mil millones de pares de bases, cada gameto portará una media de tres nuevas mutaciones en su secuencia de nucleótidos.

A este nivel de fondo debemos añadirle otra serie de mutaciones que son inducidas por la acción de agentes mutagénicos. Entre los mutágenos más importantes encontramos agentes químicos (sustancias análogas de bases –que provocan errores de lectura–, modificadores químicos, agentes alquilantes o intercalantes); agentes

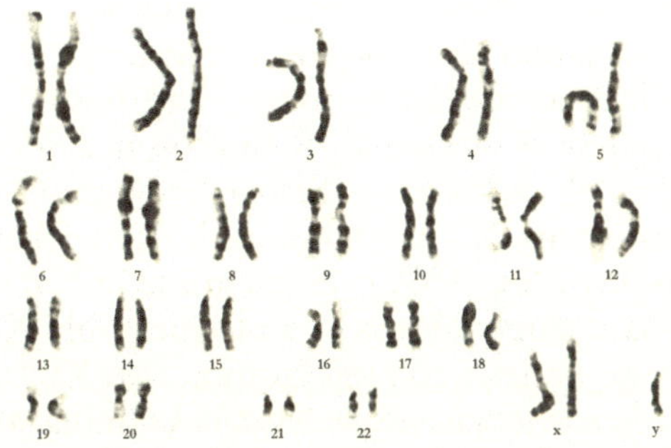

Cariotipo de una persona afectada por el síndrome de Klinefelter. Como puede observarse, el individuo tiene dos cromosomas X y un cromosoma Y. Esta enfermedad afecta a uno de cada mil hombres y provoca hipogonadismo, malformaciones y problemas metabólicos. En ocasiones, el afectado no presenta síntomas, por lo que desconoce su enfermedad hasta que, llegada la edad adulta, se enfrenta a problemas de fertilidad.
Foto: The cat-commonswiki, Wikimedia Commons

físicos (como las radiaciones ionizantes –rayos X, partículas alfa y beta– y no ionizantes –como la radiación ultravioleta–); y agentes biológicos (como ciertos virus y trasposones, que son segmentos móviles de ADN que pueden cambiar de posición e incluso insertarse en el genoma de otras especies).

Dependiendo del tamaño de fragmento de ADN afectado, se consideran distintos tipos de mutaciones. Si la alteración afecta al número o secuencia de nucleótidos de un sólo gen, estamos ante *mutaciones génicas o puntuales*. Esto ocurre por sustitución, pérdida, inserción, duplicación o cambio de posición de uno o más nucleótidos. En la pregunta anterior vimos algunos ejemplos de enfermedades derivadas de este tipo de alteraciones: albinismo, anemia falciforme, hemofilia, enfermedad de Huntington, daltonismo o distrofia muscular de Duchenne son algunas de ellas.

Cuando los cambios afectan a la estructura o el número de cromosomas de una célula, hablamos de *mutaciones cromosómicas*. Muchas de ellas no son viables (la frecuencia de anomalías cromosómicas en abortos espontáneos es del 60 %); las que lo son provocan alteraciones generalmente graves. La enfermedad de este tipo más común es el síndrome de Down, provocado por una trisomía –presencia de tres cromosomas– en el par 21. La trisomía del par 18 implica padecer el síndrome de Edwards, que provoca malformaciones en diversas partes del cuerpo, y la trisomía del cromosoma 13 supone el síndrome de Patau, que conlleva retraso en el desarrollo y anomalías en distintos órganos.

Si las alteraciones afectan a los cromosomas sexuales, pueden desembocar en el síndrome de Turner (individuos que presentan un sólo cromosoma X), el síndrome de Klinefelter (tienen tres cromosomas sexuales, XXY), el síndrome XYY (varones con el cromosoma Y duplicado) o el síndrome triple X (las llamadas «superhembras», mujeres con tres cromosomas X).

Existen, además, *alteraciones multifactoriales* (mutaciones en varios genes, que interactúan entre sí y con el ambiente). Son numerosas en los humanos: el cáncer, la hipertensión o la hipercolesterolemia son algunos ejemplos.

Respecto a los efectos de las mutaciones, estos pueden ser desde inapreciables (si, por ejemplo, hay un cambio de bases que no cambia la secuencia de aminoácidos producida a partir de ellas) hasta drásticos (si ese cambio de bases supone la sustitución de un aminoácido por otro con propiedades muy diferentes, en el sitio activo de una enzima).

Aunque la mayoría de las mutaciones conocidas son perjudiciales, no debemos olvidar que este proceso, junto con la recombinación genética producida en la meiosis y en la posterior unión de gametos, son las fuentes de la variabilidad genética presentes en las poblaciones de seres vivos, materia prima del cambio evolutivo (que veremos en el bloque siguiente). Los mutantes, por lo tanto, sí que existen, y son necesarios para permitir la evolución biológica de la especie.

18

¿Se podría modificar el ADN de forma intencionada?

Comprobábamos la existencia de organismos con alteraciones en su material genético producidas de manera aleatoria o fortuita. ¿Qué ocurriría si esas modificaciones se realizaran de forma intencionada? La pregunta tiene fácil respuesta, porque el ser humano lleva varias décadas haciéndolo.

Desde que la agricultura se empezó a extender como fuente de alimentación, los agricultores han seleccionado las mejores cepas y variedades, guardando las semillas para plantarlas al año siguiente. Esta intervención sobre la naturaleza fue provocando que, poco a poco, las especies comestibles fueran mejorando genéticamente (desde el punto de vista de su uso antrópico). Además, el ser humano aprendió a utilizar los microorganismos para fabricar productos que le beneficiaban (levaduras para elaborar pan, bacterias con las que fermentar la leche y obtener queso o yogur). Este aprovechamiento biológico recibió el nombre de biotecnología en 1917.

Pero la verdadera revolución se ha producido a partir de la década de 1970, con el desarrollo de las técnicas de ingeniería genética, es decir, las técnicas orientadas a la manipulación intencionada del genoma de los organismos. Actualmente, el término biotecnología se reserva para aquellos procesos en los que se utiliza esta ingeniería. Son prácticas controvertidas que despiertan polémica: gracias a ellas se está avanzando en la cura de enfermedades genéticas o la producción de alimentos a gran escala, pero también son causa de conflictos de intereses e importantes dilemas éticos.

¿Cómo se puede manipular directamente el ADN? La técnica más utilizada es la tecnología del ADN recombinante. Consiste básicamente en aislar el fragmento de ADN de interés, insertarlo en un vector o transportador (generalmente un virus o un plásmido bacteriano) que lo introduce en el ADN de la célula hospedadora, que, a partir de ese momento, estará formado por una mezcla de fragmentos de ADN propio y ADN extraño. De esta manera se crean organismos modificados genéticamente (OMG), como por ejemplo patatas resistentes a insecticidas o bacterias productoras de insulina humana.

Esta técnica se puede llevar a cabo gracias a la acción de unas enzimas específicas, llamadas *endonucleasas de restricción*, capaces de cortar los filamentos de ADN en unas secuencias específicas (secuencias de reconocimiento), distintas para cada tipo de enzima. Además, el corte producido puede ser recto, pero generalmente se realiza de forma escalonada, dejando extremos «pegajosos» que, en presencia de hebras de ADN cortados por la misma enzima, se aparean de nuevo formando puentes de hidrógeno entre sus bases, gracias a la acción de la enzima ADN ligasa. Esto permite al investigador cortar el ADN en fragmentos específicos e insertarlos dentro de un ADN hospedador cortado previamente con la misma enzima.

El uso de enzimas de restricción también nos ha permitido secuenciar genes, es decir, determinar la secuencia de nucleótidos que lo componen. En 1975, Frederick Sanger desarrolló el método de terminación de la cadena, con el que por primera vez se secuenció un ácido nucleico (el genoma del virus bacteriófago ϕX174), y por el que obtuvo el Premio Nobel en 1980. Este sistema, conocido como el método Sanger, estaba basado en la replicación del ADN (elaboración de una copia a partir de una hebra molde). El científico ponía en un tubo de ensayo la hebra de ADN que secuenciar, la enzima encargada de la replicación (ADN polimerasa), y nucleótidos libres, con la peculiaridad de que algunos de esos nucleótidos eran sintéticos y «terminadores» (carecían de grupo hidroxilo en el carbono 3´, lo que impedía que la ADN polimerasa siguiera añadiendo nucleótidos tras ellos), por lo que, al incorporarlos, la replicación se frenaba. Realizó lo mismo en cuatro tubos de ensayo distintos (con cuatro tipos de nucleótidos manipulados diferentes), con lo que obtuvo fragmentos de ADN de distintas longitudes.

A continuación, esos fragmentos se separaban por electroforesis, deduciendo las secuencias de nucleótidos que los formaban. La electroforesis es una técnica de separación de moléculas sobre una superficie (en este caso, un gel de agarosa) sometida a una corriente eléctrica. Los fragmentos más pequeños se mueven con mayor facilidad, avanzando hacia el final de la placa, mientras que los fragmentos grandes se quedan más cerca de la zona de siembra.

El experimento de Sanger sirvió como base para el desarrollo, en la década de 1990, de máquinas de secuenciación de ADN. Actualmente, el proceso está totalmente automatizado y se pueden secuenciar más de 380 muestras marcadas de una sola vez.

Otro sistema para localizar fragmentos específicos de material genético es la hibridación del ADN, técnica basada en la capacidad de apareamiento que tienen las bases. El ADN es una molécula muy estable, pero puede desnaturalizarse (se rompen los puentes de hidrógeno entre sus bases) al someterlo a elevada temperatura o pH. Este es un proceso reversible, por lo que la molécula vuelve a recuperar su conformación original cuando las condiciones iniciales se restauran. Las bases forman puentes de hidrógeno y se aparean con sus complementarias.

Esta habilidad es utilizada en la hibridación para identificar secuencias de ADN. Se utilizan para ello sondas moleculares, fragmentos cortos de ADN o ARN de cadena simple, cuya secuencia

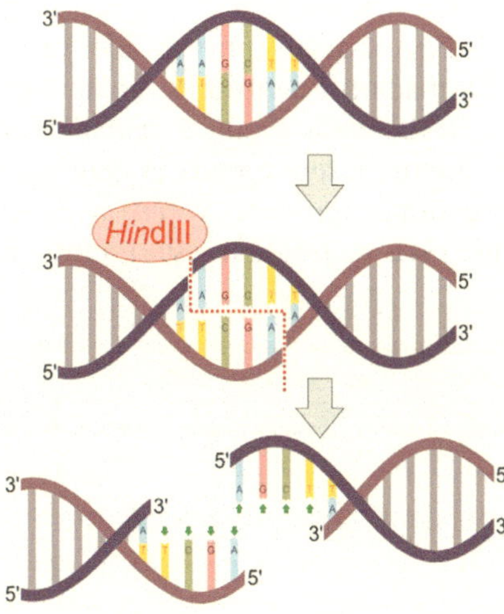

Acción de la enzima de restricción HindIII sobre un fragmento de ADN. Esta enzima reconoce la secuencia AAGCTT y provoca un corte entre las dos adeninas (A/A), dejando extremos «pegajosos» que se podrán unir a otros fragmentos de ADN cortados por la misma enzima. Foto: Helixitta, Wikimedia Commons

es conocida y complementaria a la del ADN que se quiere aislar, generalmente marcados de forma radiactiva para poder localizarlos después. Al mezclar estas sondas con el ADN que hay que analizar, cualquier par de secuencias, total o parcialmente complementarias, que se encuentren al azar se ensamblarán, formando una doble hélice híbrida. El grado y la velocidad con la que se reasocian indican la mayor o menor similitud entre las secuencias de nucleótidos de ADN y sonda.

Una vez identificados los genes que interesan, se pueden aislar e introducir, mediante vectores, en bacterias, de manera que estén disponibles cuando se necesiten. A la colección de fragmentos de ADN genómico aislados e identificados se la conoce como biblioteca genómica o genoteca.

Además de las bibliotecas genómicas, también se preparan bibliotecas de ADN complementario (ADNc). El ADNc se sintetiza gracias a la acción de la enzima transcriptasa inversa o retrotranscriptasa, presente en los retrovirus (que tienen ARN como material genético). Cuando el virus infecta a una célula, la retrotranscriptasa utiliza el ARN viral como molde para crear una molécula de ADN, que se inserta en el ADN de la célula infectada.

De forma artificial, por tanto, se pueden usar retrotranscriptasas para generar cadenas de ADNc, utilizando como molde moléculas de ARNm. Debemos tener en cuenta que este ADNc no será idéntico al ADN original, a partir del cual se generó el ARNm usado como molde, ya que este ARN ya ha sufrido la eliminación de intrones (secuencias no codificantes).

Todas estas técnicas han permitido al ser humano modificar de forma intencionada el genoma de distintos organismos. En las preguntas siguientes veremos algunas de las múltiples aplicaciones que estas tecnologías están teniendo en la actualidad.

19

¿Cómo puede un simple pelo en una escena de un crimen informar de quién fue el culpable?

Para responder a esta pregunta, debemos recordar que todas las células que componen nuestro cuerpo tienen copias exactas de la molécula de ADN, es decir, llevan el mismo libro de instrucciones, aunque cada una haya traducido de él unas páginas distintas, acorde con su función. Esto significa que, con la información de una célula de la piel, de la sangre, de la raíz del cabello, etc. podríamos identificar al portador, pues cada libro de instrucciones es único y personal, como la huella dactilar. Bastaría con desnaturalizar ese ADN e hibridarlo, de acuerdo con la técnica vista en la cuestión anterior, con distintas muestras de ADN de los posibles sospechosos.

En la práctica, esto es así, pero la cantidad de ADN encontrada en la escena de un crimen puede no ser suficiente para realizar todas las comparaciones que se requieren; además, si se consume la muestra en el primer análisis, el caso no se podrá revisar posteriormente. Por ello, el ADN recogido se tiene que amplificar, aumentar su cantidad. Una posible técnica de amplificación es la clonación bacteriana, que consiste en la introducción mediante un vector del fragmento de ADN en una célula, generalmente una bacteria, que se multiplica rápidamente, creando muchas copias de ese fragmento de ADN.

Actualmente, la técnica más usada en medicina forense es la reacción en cadena de la polimerasa (Polymerase Chain Reaction, o PCR). Desarrollado en 1986 por Kary B. Mullis, este método permite obtener en pocas horas millones de copias de una muestra ínfima de ADN. Para ello, se estimula in vitro la actuación de la enzima ADN polimerasa, encargada de replicar el ADN.

En primer lugar, se prepara una solución con el ADN que se debe amplificar, nucleótidos libres, un cebador o *primer* (fragmento corto de ARN necesario para comenzar la replicación) y la enzima ADN polimerasa. La muestra se calienta de manera que el ADN se desnaturalice y sus dos cadenas se separen. A continuación, se reduce la temperatura para que los cebadores puedan aparearse a los extremos del ADN molde. Y por último, actúa la ADN polimerasa, creando copias de cada hebra de ADN. Se utiliza en este caso una enzima especial, extraída de la bacteria termófila *Thermus aquaticus*, que soporta el incremento de temperatura de la primera parte del proceso sin degradarse.

Estas reacciones se suceden una y otra vez, de manera que, en cada ciclo, la cantidad de ADN se duplica exponencialmente. A una velocidad aproximada de quinientos pares de bases cada veinte segundos, esta técnica permite obtener del orden de mil millones de copias en poco más de treinta ciclos.

Una vez que el ADN se ha amplificado, se somete a la acción de enzimas de restricción, que lo cortan en fragmentos específicos. Estos fragmentos son separados por tamaños mediante electroforesis. Posteriormente, se desnaturalizan e identifican utilizando sondas radiactivas. Al final del proceso, obtenemos una serie de bandas (visibles gracias al marcaje radiactivo) similares a las de un código de barras, que permiten individualizar cada muestra.

Las muestras de ADN que analizar pueden ser obtenidas de sangre, saliva, semen, huesos, pelos con raíz u otro fragmento de tejido corporal. Los avances en genética forense han permitido reabrir múltiples casos judiciales e, incluso, poner en libertad a personas sentenciadas que, aplicadas las pruebas de ADN actuales, se han demostrado inocentes.

Además de la investigación forense, la PCR se utiliza en los estudios de evolución, la detección de enfermedades hereditarias (como la fibrosis quística, la espina bífida o la atrofia muscular espinal), el diagnóstico de infecciones (en momentos tempranos de las mismas, cuando la cantidad de antígenos en el cuerpo es muy reducida), las pruebas de paternidad, la identificación de huellas genéticas o la mutagénesis dirigida (provocar cambios artificiales en la secuencia de nucleótidos de un gen para ver su efecto, para determinar qué región está implicada en qué función). En todas ellas, la base es la misma: se consiguen múltiples copias del

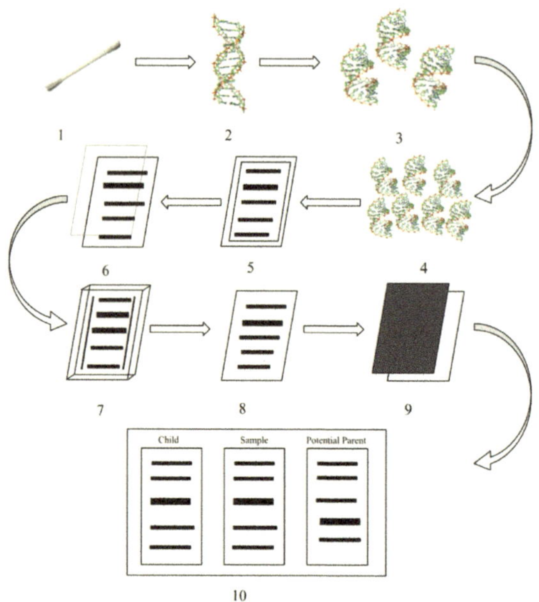

Prueba de paternidad realizada mediante técnicas de ingeniería genética. De la muestra de saliva recogida (1) se extrae el ADN (2) que, sometido a enzimas de restricción, es cortado en fragmentos (3). Los fragmentos son amplificados mediante la PCR (4) y separados por electroforesis (5). Colocados sobre un gel de agarosa (6), son marcados de forma radiactiva (7). La placa es después lavada (8) y se utiliza una película de rayos X (9) para poder visualizar las bandas radiactivas, que pueden así ser comparadas con las del posible padre (10). Foto: Sneptunebear16, Wikimedia Commons

ADN y posteriormente se comparan con las secuencias de ADN conocidas, secuencias que determinan una enfermedad genética, ADN de un agente infeccioso, del posible padre biológico o de las especies candidatas a estar emparentadas filogenéticamente con la muestra que hay que investigar.

La ingeniería genética ha supuesto una revolución a muchos niveles. Hemos visto algunos ejemplos en el campo de la ciencia forense y el diagnóstico clínico, pero esto sólo es la punta del iceberg. En las cuestiones sucesivas veremos más aplicaciones médicas y sus repercusiones sociales y económicas, con el fin de comprender los grandes conflictos de intereses que el avance en estas tecnologías está provocando.

20

¿Se han hecho clones de seres humanos?

Antes de responder a esta pregunta, expliquemos exactamente en qué consiste la clonación. De forma extendida, se entiende que clonar es generar una copia exacta de un individuo. Biológicamente hablando, ¿cómo se lleva a cabo esto?

De forma natural, todas nuestras células lo hacen. Como ya vimos, las células hijas resultantes de un proceso mitótico son idénticas entre sí, e idénticas a la célula madre. Son, por tanto, clones. Por lo que cada vez que las células de nuestro cuerpo se dividen para formar nuevos tejidos o reparar estructuras, están creando clones de sí mismas.

Ahora bien, la clonación artificial no es tan antigua. En plantas, esta técnica se viene utilizando desde hace décadas (y seguro que algún lector realiza clones en casa, aun sin saberlo). Por ejemplo, cortando esquejes o fragmentos de una planta, y plantándolos para generar una planta nueva que será genéticamente idéntica a la anterior.

En animales, la clonación comenzó a utilizarse en la década de 1950, cuando el equipo de John Gurdon consiguió clonar renacuajos. En la década de 1990 se avanzó en esta técnica clonando a partir de embriones y por fin, en 1996, se clonó el primer mamífero adulto: la mundialmente famosa oveja Dolly.

Más tarde hablaremos de las consecuencias que la clonación supuso en Dolly. Antes explicaremos las etapas que supone clonar un organismo adulto:

- En primer lugar, se extraen células somáticas del organismo que se quiere clonar y se cultivan en un medio con pocos nutrientes para evitar que se dividan.
- Por otro lado, se obtienen oocitos de otro individuo donante (un oocito es un precursor del óvulo, y es necesario porque es una célula indiferenciada, con la capacidad de dividirse para formar un nuevo organismo). A estos oocitos se les extrae el núcleo, por succión con micropipetas.
- A continuación, se fusionan ambas células, de manera que el oocito adquiera el ADN presente en la otra célula, y se activa su división mitótica mediante un shock eléctrico.

- La célula se divide y forma el embrión, que se implanta en un tercer individuo, la madre hospedadora. Cuando la cría nazca, será un clon del primer organismo.

Aunque así expresado parezca un proceso sencillo, la clonación en mamíferos en realidad es complicada, costosa y no está exenta de dificultades. El óvulo sufre tanto cuando se destruye su núcleo que en muchas ocasiones no sobrevive. Algunos de los que sí lo hacen formarán embriones viables (no todos), y serán implantados en la madre sustituta. Durante la gestación, muchos mueren o son abortados, pudiendo causar la muerte de la propia madre. Y una vez nacen, es bastante probable que tengan defectos.

Crear a Dolly supuso 227 intentos, y cuando nació, sus cromosomas eran similares a los de una oveja con más de tres años de edad, desarrolló artritis con cinco años y medio, y sufrió una grave enfermedad de pulmón que supuso su sacrificio un año después. Vivió menos de siete años, cuando la vida media de un cordero es de 11-16 años.

Hoy en día la tecnología por transferencia de cromatina, que permite rejuvenecer en cierta medida el ADN de la célula a clonar antes de ser fusionada con el oocito, reduce las posibilidades de tener clones defectuosos. En laboratorios de todo el mundo ya se han clonado ratones, vacas, ovejas, gatos, corderos, conejos, cerdos y otros mamíferos. En 2004, se crea el primer gato clonado por pedido de un cliente. Y el mercado de la clonación sigue en aumento.

Entre las aplicaciones de esta técnica, estarían el elaborar especies mejoradas con alguna característica deseable (vacas con una alta producción de carne al haberles insertado los genes que codifican la hormona del crecimiento, o vacas productoras de leche con antibióticos, por ejemplo), la reproducción de especies en peligro de extinción, o la controvertida clonación terapéutica (utilizar el ADN de una persona para crear un embrión clonado cuyas células podrían utilizarse para tratar una enfermedad o generar un órgano que pueda ser trasplantado sin temor a rechazos).

La clonación terapéutica permitiría tratar enfermedades como el infarto de miocardio, el Parkinson o la diabetes. A partir de experimentos en animales se han podido regenerar casi todos los tejidos del cuerpo a partir de células clonadas. Sin embargo, esta técnica sólo se permite en algunos países, y está sujeta a muchas restricciones éticas, ya que podría abrir las puertas a la clonación reproductiva (crear individuos enteros clonados).

A principios de 2003 se extendieron rumores (nunca confirmados) de que habían nacido dos niños clonados. Pero, aunque la ciencia ficción en general (y las películas de George Lucas en particular) se han encargado de plantear escenarios en los que los ejércitos de clones humanos son una realidad, la mayor parte de los científicos coinciden en que esta posibilidad, como la galaxia de Lucas, es todavía muy, muy lejana.

De hecho, en el hipotético caso de lograr superar las múltiples dificultades técnicas que la clonación humana supondría, el resultado difícilmente podría ser la creación de un ejército homogéneo de clones. Ya hablamos de las múltiples diferencias que podían surgir entre gemelos monocigóticos (que, al igual que estos clones, tienen el mismo ADN), diferencias durante el desarrollo embrionario (los llamados «ruidos» del desarrollo) y posteriormente (por interacción con el ambiente). Lo cual hace muy difícil conseguir dos individuos totalmente idénticos, cuanto menos un ejército de ellos.

La ingeniería genética, como vemos, implica tantos avances como riesgos. Esto llevó, en 1976, a un hecho sin precedentes en la historia de la ciencia: por primera vez los científicos establecían una moratoria sobre sus propias investigaciones. Nacía así la bioética, encargada de velar por que las investigaciones no incumplieran una serie de principios éticos y morales. En 1993 se funda el Comité Internacional de Bioética de la UNESCO, cuyo objetivo es evitar los aspectos del progreso que atenten contra la dignidad de la persona. Estableciendo para ello ciertos límites ecológicos, morales, sociales y políticos en el campo de las ciencias de la vida y de la salud.

21

¿Podemos crear organismos a la carta?

En 1932, Aldous Huxley ya hablaba de bebés a la carta, modificados genéticamente para pertenecer a determinadas clases sociales en un hipotético y futurista «mundo feliz», ideado por el autor.

Aunque ese momento aún no ha llegado, ya realizamos algunas prácticas que se acercan peligrosamente a la barrera ética que la eugenesia (mejora intencionada de rasgos hereditarios humanos) conlleva.

Una de estas prácticas es el diagnóstico prenatal. Todas las enfermedades cromosómicas y algunas enfermedades monogénicas (aquellas para las que se han identificado las secuencias de nucleótidos responsables) pueden diagnosticarse en un feto de pocas semanas. Basta con extraer una muestra de líquido amniótico (líquido que rodea y amortigua al embrión) o realizar una biopsia de vellosidades del corion (una de las membranas del feto) con el fin de conseguir células fetales para analizar.

Es una práctica invasiva, indicada exclusivamente en los casos en que existe un alto riesgo de ocurrencia de una enfermedad genética. Una vez se detecta el defecto genético, los padres deben tomar la complicada decisión de continuar con el embarazo o interrumpirlo de forma voluntaria (algo que, en función del país, estará o no permitido). Esto abre múltiples interrogantes: ¿con qué propósito se debe realizar un diagnóstico prenatal? ¿En qué casos está justificada la interrupción voluntaria del embarazo?

Otra praxis controvertida es la que realizó un matrimonio de Colorado en la década de 1990. Esta pareja tuvo una niña con anemia de Falconi, un defecto genético que es mortal, salvo que se realice una implantación de médula ósea. Para poder tratarla, acudieron a un instituto de genética donde, a partir gametos de ambos padres, se cultivaron in vitro muchos embriones, localizando entre ellos los que no portaban la enfermedad. Nació así el segundo hijo del matrimonio, cuyo cordón umbilical se utilizó para obtener células y trasplantarlas en la médula ósea de la hermana. De nuevo nos planteamos dudas: ¿es esto ético si así se salva la vida de otra persona? ¿En qué situaciones sería aceptable?

Con la tecnología actual, sería posible incluso la manipulación deliberada de los genes defectuosos en el embrión humano, de manera que el bebé naciera sano. Sin embargo, esta práctica está prohibida. No se puede alterar el genoma de células reproductivas humanas, aunque sí se permite su modificación en células somáticas.

Estamos hablando de la terapia génica. En ella, se intentan (luego hablaremos de las probabilidades de éxito) reparar defectos genéticos en el individuo mediante estrategias *ex vivo* e *in vivo*. Las primeras consisten en extraer células defectuosas del paciente, modificarlas in vitro y reimplantárselas de nuevo. En el segundo caso, se administra el gen «corrector» al paciente in vivo, mediante un aerosol o inyección.

Son técnicas criticadas porque no se conocen los efectos que, a largo plazo, la introducción de genes alterados podría tener en el organismo, y muchos de sus detractores alegan que nadie se ha curado aún con esta terapia.

La primera prueba de terapia génica se realizó en 1990 a una niña de cuatro años de edad afectada por el síndrome de inmunodeficiencia combinada severa (SCID), también conocido como el síndrome del «niño burbuja», trastorno en el que el sistema inmunitario de las personas que lo sufren es tan deficitario que la mínima exposición a patógenos puede causarles la muerte. La niña sobrevivió, aunque a lo largo de su vida ha tenido que realizar tratamientos continuos. Junto con ella, ha habido otros casos de niños SCID tratados con esta terapia, pero algunos de ellos desarrollaron leucemia, lo que hizo proliferar incertidumbres sobre esta práctica. Aun así, se sigue desarrollando en distintos laboratorios de investigación, y la mayor parte de los ensayos realizados actualmente están enfocados al tratamiento del cáncer.

Por lo tanto, y por el momento, no está permitido crear bebés a la carta. Lo que sí podemos hacer es generar microorganismos a la carta; estamos hablando de la biología sintética.

Esta ciencia busca la creación artificial de organismos utilizando material genético. Sería un paso más a la manipulación intencionada del genoma que veíamos con la ingeniería genética. La biología sintética pretende sintetizar genomas enteros, y puede incluso crear especies completamente nuevas.

Lo primero ya se ha logrado. En el año 2000 se construyó el primer genoma sintético (del virus de la hepatitis C), en 2002 se sintetizó el ADNc del virus de la polio, y en 2003 el genoma del virus bacteriófago ϕX174. En 2007 se consiguió sintetizar por primera vez el ADN de una bacteria (*Mycoplasma genitalium*). Pero lo más significativo es que los investigadores lograron extraer el genoma de una cepa de *Mycoplasma*, e introducirlo en otra cepa distinta. El resultado fue la creación de una especie nueva, ya que el genoma invasor actuó como un virus, controlando y transformando a la célula infectada.

La creación de organismos nuevos de forma sintética es, por tanto, posible, al menos en individuos microscópicos. De hecho, hoy en día se usan microorganismos producidos sintéticamente para la producción, por ejemplo, de combustibles alternativos (a base de etanol o hidrógeno). Cuando hablamos de seres más grandes, las posibilidades aún son remotas. El equipo de George Church, en la Universidad de Harvard, está trabajando en técnicas que permitirían, por ejemplo, volver a crear mamuts a partir del material genético obtenido de sus restos fósiles. Pero se enfrentan a dificultades como lograr células hospedadoras o sintetizar un genoma de esa dimensión.

Por todo lo expuesto, y respondiendo a la pregunta que nos atañe, podemos concluir que sí, es posible crear organismos a la carta. Aunque, por suerte o por desgracia, estos son microorganismos. Aún estamos lejos, tecnológicamente, de extender estas prácticas a organismos superiores; y más lejos aún, éticamente, de aplicarlas en seres humanos.

22

¿Es cierto que nuestro ADN es en un 99 % idéntico al de un chimpancé?

Los métodos automatizados de secuenciación del ADN, la creación de bancos de genes, y el desarrollo de herramientas de bioinformática han permitido conocer detalles sobre la composición del genoma de distintos organismos, permitiendo comparar secuencias homólogas de diferentes especies y establecer relaciones de parentesco entre ellas. Se usa con este fin la técnica del reloj molecular, que deduce el tiempo pasado desde que dos especies se separaron (evolutivamente hablando) a partir de las diferencias en sus secuencias de ADN (las especies más emparentadas tendrán genomas más similares).

En los últimos años se han secuenciado más de 1.700 especies de procariontes y 150 especies de eucariontes, entre ellos, el ser humano. Las peculiaridades de nuestro ADN se investigaron en el seno del Proyecto Genoma Humano, iniciado en 1990 con la finalidad de secuenciar los nucleótidos del ADN humano, identificando los genes que lo forman y ubicándolos en los cromosomas. Un proyecto que sin duda es ejemplo de los conflictos de intereses que la ingeniería genética suscita.

En el proyecto oficial estaban involucrados más de veinte laboratorios de Estados Unidos, Francia, Reino Unido, Alemania, Japón y China. Sin embargo, la empresa privada estadounidense Celera decidió afrontar el proyecto de forma paralela e independiente. Comenzó así una «carrera» por descifrar el genoma, que precipitó la fecha de finalización del mismo al año 2003 (en lugar del 2005 como estaba inicialmente programado). Los laboratorios responsables del proyecto oficial intentaron a toda costa adelantarse a su competidor privado; de hecho, publicaron una secuencia borrador incompleta en el año 2000 para evitar que Celera pudiera patentar los genes y usufructuar después el uso de esa información.

Y aquí conviene mencionar un dato curioso sobre el hecho de patentar genes. Acorde con las leyes internacionales de patentes, las formas de vida y sus componentes no se pueden patentar; no obstante, los organismos modificados genéticamente y los componentes biológicos que les permiten funcionar sí pueden patentarse, siempre que se demuestre su uso novedoso. Existe una parte de la comunidad científica que se opone al patentar genes, asumiendo que estos son fruto de millones de años de evolución natural, mientras que otra parte lo defiende, argumentando que, al ser modificados, estos genes dejan de ser «naturales». La polémica está servida.

Pero volviendo al proyecto de secuenciación del genoma, además de causar rivalidad, sus resultados causaron sorpresa. Por un lado se comprobó que el ADN humano está compuesto por alrededor de tres mil millones de pares de bases. Además, a pesar de que se pensaba que el genoma humano contenía unos cien mil genes, al secuenciarlo se descubrió que estaba formado por, aproximadamente, unos veinticinco mil. Esto supone menos del 2 % del total de ADN, el 98 % restante no codifica para formar proteínas; es ADN no codificante, durante muchos años mal llamado «ADN basura». Además, se averiguó que todos compartimos el 99,9 % de los genes, y ese 0,1 % restante es el que causa las diferencias entre las personas.

El Proyecto Genoma Humano se planteó como la clave para esclarecer el secreto de la vida, para comprender mejor el funcionamiento de los genes y encontrar soluciones a enfermedades hereditarias. Sin embargo, el conocimiento detallado de la estructura de nuestro ADN no daba información sobre su funcionalidad. Por ello, a partir de ese momento las investigaciones cambiaron el foco del estudio de la estructura al del funcionamiento del genoma.

Nace así, en el año 2003, el proyecto ENCODE (Enciclopedia de los Elementos del ADN), en el que participan 32 laboratorios de Estados Unidos, Reino Unido, España, Singapur, Japón y Suiza. El proyecto tiene como objetivo crear un catálogo con todos los elementos funcionales del genoma. Con esta información se está avanzando en la comprensión de los procesos de regulación de la expresión génica (los factores que determinan qué proteínas se forman, y en qué momento), en los que el ADN no codificante cumple un papel fundamental, pues estaría relacionado con funciones bioquímicas que inhiben o estimulan la expresión de distintos genes, actuando como regiones reguladoras.

El conocimiento profundo de nuestro genoma nos ha ayudado, además, a ser conscientes de nuestro lugar en el proceso evolutivo de la vida en el planeta. Gracias a esto sabemos que nuestro pariente más cercano (evolutivamente hablando) es el chimpancé. Ambos procedemos de un antepasado común y, hace entre 6 y 8 millones de años, comenzó nuestra evolución por separado. Las dos especies tenemos aproximadamente el mismo número de genes, y durante muchos años se ha pensado que nos diferenciábamos sólo en un 1,24 % del genoma. Un estudio publicado en *Nature* en 2009, no obstante, ponía en duda esta cifra, presentando la posibilidad de que esta diferencia sea hasta diez veces mayor, debido al descubrimiento de muchas duplicaciones segmentales, fragmentos grandes de ADN repetidos muchas veces a lo largo del genoma, que no fueron fácilmente distinguidos en el estudio del mismo.

Por lo tanto, y hasta que los avances en genética nos descubran algún dato innovador que nos ayude a descifrar aún más el libro de instrucciones que llevamos en nuestras células, podemos afirmar que sí, los chimpancés son nuestros parientes más cercanos, pero con ellos nos diferencia algo más del 1 % de nuestro ADN. En las preguntas siguientes veremos la influencia decisiva de la genética en la evolución, tanto de los primates como del resto de seres vivos.

III

Evolución

23

¿Cómo se crea una especie nueva?

Ahora que conocemos los secretos que esconden nuestros genes, entendemos cómo se producen cambios en las secuencias de nucleótidos que los componen y somos conscientes de que cada individuo tiene un ADN único y personal, nos será fácil comprender los procesos que dan lugar a la creación de una especie nueva.

Comencemos definiendo qué se entiende por especie. El concepto biológico de especie la define como «un grupo de poblaciones naturales cuyos miembros pueden reproducirse entre sí, producir descendencia fértil, y que se encuentra reproductivamente aislado de otros grupos similares» (Curtis *et al.*, 2016, p. 282).

En esta definición se enfatiza el aislamiento reproductivo, porque esa es la base del proceso de especiación. ¿Cómo se produce? Toda especie procede de otra preexistente (no abriremos el dilema de qué fue antes, el huevo o la gallina porque, evolutivamente hablando, la respuesta es sencilla: los huevos aparecen mucho antes que las aves). Como decíamos, la especiación sucede cuando, en una población (organismos de la misma especie que comparten hábitat e interactúan entre sí), se produce algún mecanismo de aislamiento reproductivo (MAR) que deja aparte de esa población desconectada del resto.

Estos MAR imposibilitan el flujo génico entre las dos poblaciones, cuyos individuos dejan de intercambiar genes. De esta manera, cada subpoblación se desarrollará al margen de la otra, acumulando mutaciones en su ADN a lo largo de generaciones, más cuanto mayor sea el tiempo de separación. Los cambios en el genotipo poco a poco se irán reflejando en cambios fenotípicos, hasta que llegue un momento en que las dos poblaciones sean tan distintas que sea imposible que sus individuos se apareen y tengan descendencia fértil. Llegado este punto, consideraremos que la subpoblación es ya una especie nueva.

No existe un consenso general entre científicos a la hora de establecer si los procesos de aislamiento se producen de forma gradual o rápida, pero sí se han definido cómo pueden ser estos mecanismos. En primer lugar, conviene distinguir entre los mecanismos de aislamiento precigótico, que se producen antes del apareamiento, impidiéndolo; y los mecanismos de aislamiento poscigótico, que se producen tras la formación del cigoto, impidiendo su desarrollo, viabilidad o fertilidad.

Entre los MAR precigóticos se encuentran el aislamiento geográfico (las poblaciones se separan físicamente), el aislamiento ecológico (si las poblaciones ocupan distintos subambientes dentro del mismo territorio), el aislamiento etológico o sexual (si comparten territorio pero no se atraen, o incluso se rechazan sexualmente), el aislamiento estacional o temporal (poblaciones que se reproducen en distintas épocas del año), o el aislamiento mecánico (por incompatibilidad en la estructura de los órganos sexuales).

En cuanto al aislamiento poscigótico, se pueden producir mecanismos de incompatibilidad gamética, por ejemplo, si los espermatozoides no llegan a fecundar a los óvulos de la hembra porque son degradados por los fluidos de esta; inviabilidad o infertilidad del híbrido, como el caso de la mula, híbrido entre asno y yegua, viable pero estéril al no tener desarrolladas las gónadas.

Dependiendo de la velocidad con la que se produzca la especie nueva, hablamos de especiación por divergencia o especiación instantánea. El primero es un proceso gradual, y las nuevas

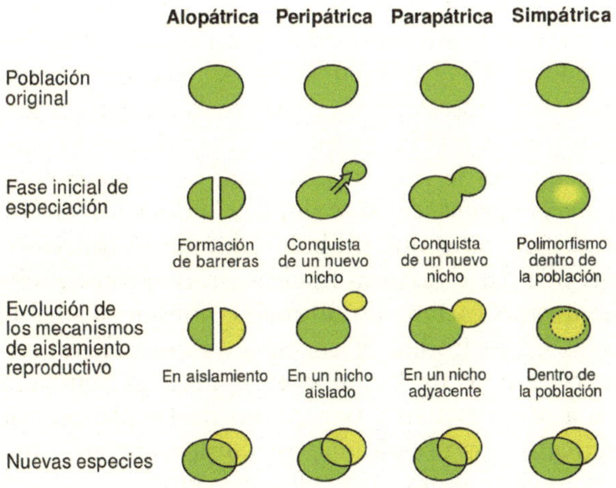

Modelos de especiación. En todos ellos, un fragmento de la población original queda aislado reproductivamente, bien por separación geográfica (alopátrica), o por la ocupación de distintos subespacios dentro del mismo hábitat (simpátrica). La diferencia principal entre el segundo y el tercer modelo es la velocidad a la que suceden: la especiación peripátrica ocurre rápidamente (una parte muy reducida de la población migra, incluso podría ser una única hembra preñada, y dado su pequeño tamaño, es fácil que se establezcan nuevas variantes genéticas). El resultado en todos los casos son dos especies distintas. Foto: Karonen, I.,Wikimedia Commons

especies pueden establecerse tras miles de generaciones. Existen tres modelos: *especiación alopátrica*, si las dos poblaciones están separadas físicamente, como en el caso de aislamiento geográfico; *especiación parapátrica*, si comparten hábitat pero presentan diferencias ecológicas; y *especiación simpátrica*, cuando comparten hábitat, pero ocupan distintos subespacios.

En ocasiones, la especie de partida da lugar a muchas especies nuevas en un tiempo relativamente rápido, este proceso se denomina radiación adaptativa, y se produce generalmente cuando varias subpoblaciones de una misma especie invaden hábitats sin ocupar y se adaptan a ellos. Es común en archipiélagos como Hawái o las islas Galápagos, donde pueden encontrarse especies distintas en cada isla, todas con un antecesor común (sería un claro ejemplo de especiación alopátrida).

Respecto a la especiación instantánea, también llamada cuántica, aparece repentinamente, generalmente como consecuencia de modificaciones en unos pocos genes, cuya repercusión fenotípica es relevante. Mediante este mecanismo, se pueden formar especies nuevas en el transcurso de decenas o centenas de generaciones, algo «instantáneo» en la escala de tiempo geológico.

Sus dos modelos principales son la *especiación peripátrica*, si un número pequeño de organismos funda una nueva población; y la *especiación por poliploidía*, si se duplica la dotación cromosómica, al unirse dos gametos que no han reducido su dotación durante la meiosis o al darse división nuclear sin división del citoplasma. Este mecanismo es raro en animales, aunque ha habido casos en especies hermafroditas y en especies cuyas hembras pueden reproducirse sin fecundación previa, pero es muy común en plantas: más del cincuenta por ciento de las plantas con flor se han originado por poliploidía, así como muchas especies importantes en agricultura, entre ellas, el trigo.

Como hemos visto, por tanto, la genética es la clave para entender la aparición de nuevas especies. El conjunto de genes que nos forma no sólo determina quiénes somos y de dónde venimos, también es decisivo a la hora de pronosticar quiénes seremos… pero eso lo dejaremos para próximas preguntas.

24

Y la anterior especie, ¿desaparece?

En numerosas ocasiones se habla del surgimiento de especies nuevas, pero no se menciona lo que ocurre con las especies originales de las cuales estas derivan. En la pregunta anterior veíamos como, a partir de una población inicial, se creaba una subpoblación que terminaba convirtiéndose en una especie distinta, sin afectar a la especie original. Este proceso evolutivo se denomina *cladogénesis* y, si dibujáramos un árbol filogenético (aquel que muestra las relaciones de parentesco evolutivo entre los distintos organismos), sería equivalente al punto donde se bifurcan dos ramas, a partir de ese momento, la especie se divide en dos linajes que evolucionan de forman independiente. Un ejemplo de ello sería la aparición del oso polar (*Ursus maritimus*) a partir de una parte de la población inicial de osos pardos (*Ursus arctos*) que hace 1,5 millones de años se separó del resto, evolucionando independientemente a partir de entonces.

Pero este proceso, si bien muy extendido, no es la única opción posible. En muchos casos, se produce la llamada *anagénesis*, transformación filética o extinción filética. Esta modalidad implica que una especie mutaciones de forma gradual, hasta que da origen a otra, de modo que la especie original, denominada cronoespecie, desaparece. Un ejemplo de esto serían las cronoespecies del linajes de los cetáceos, un grupo de mamíferos ungulados ancestral se adaptaría al ambiente marino, evolucionando hasta los cetáceos actuales.

Algunos críticos con el término «extinción filética», como Alan Charig (Museo de Historia Natural de Londres) afirman que, acorde con esto, todas las especies pasadas estarían extintas, a excepción de los fósiles vivientes (de los que hablaremos en posteriores preguntas). Este autor defiende que el término extinción se debería limitar a las extinciones terminales.

Una extinción terminal sería aquella que finaliza con todos los miembros de una especie, sin que esta deje descendencia. En el ejemplo del árbol evolutivo que poníamos anteriormente, equivaldría a la punta final de una de las ramas. Es el tipo de extinción más común, y dentro de ella podemos hablar de *extinción de fondo*, una tasa de extinción constante en el planeta que provoca entre ciento ochenta y trescientas especies extinguidas cada millón de años, o *extinción masiva* si las cifras de especies desaparecidas son superiores.

A lo largo de la historia del planeta se han producido numerosas extinciones, los científicos calculan que estas se dan en ciclos de aproximadamente veintiséis millones de años. Entre ellas, cinco extinciones masivas. Se calcula que las especies actuales representan menos del 0,1 % del conjunto de especies que ha habitado la Tierra.

La extinción de mayor envergadura sucedió hace unos 250 millones de años, en el límite Pérmico-Triásico. Fue tan relevante, que es el acontecimiento utilizado para marcar el final de la era Paleozoica y comienzo del Mesozoico. Conocida como «The Great Dying» (la gran mortandad), causó la desaparición del 95 % de las especies marinas y el 75 % de las terrestres. Un vulcanismo severo, la explosión de una supernova cercana, el movimiento de las placas tectónicas, o el impacto de un enorme asteroide en la Antártida, se barajan entre las posibles causas, y algunos autores defienden que fue un cúmulo de todo ello.

La segunda extinción masiva por magnitud (aunque en realidad fue la primera, cronológicamente hablando) es la del Ordovícico-Silúrico, ocurrida hace 444 millones de años. En ese momento, la mayor parte de la vida estaba en el agua, por lo que fue ahí donde más se notó la desaparición de una cuarta parte de las especies que se habían formado en el planeta. Se piensa que sucedió debido a un enfriamiento de los océanos al expandirse masivamente los glaciares.

Por otro lado, la extinción masiva a finales del Devónico (hace entre 408 y 359 millones de años) pudo deberse una serie de acontecimientos a lo largo de varios millones de años, más que a un evento único. Las formas de vida más afectadas fueron las que habitaban los mares poco profundos y templados, como los corales.

Hace doscientos millones de años, en el paso del Triásico al Jurásico, se produjo la cuarta gran extinción, que afectó a muchos grupos de la fauna marina, grandes anfibios y grandes reptiles herbívoros, parece que esto facilitó la adopción del rol dominante de los dinosaurios durante los siguientes períodos.

Aunque su papel no duraría mucho, hace aproximadamente sesenta y cinco millones de años se producía la quinta extinción masiva, la más pequeña en magnitud, pero sin duda la más conocida, que provocaba la desaparición de la mayoría de los dinosaurios, reptiles acuáticos y ammonites. Aunque se acepta de forma mayoritaria el impacto de un meteorito como la razón de esta desaparición, se han propuesto más de ochenta teorías distintas para explicarlo, desde agentes extraterrestres, geológicos, hídricos, atmosféricos, climáticos, nutricionales o patológicos. Un artículo publicado en *Science* en 2012 mostraba evidencias en el fondo oceánico antártico que reforzaban la idea de que unas enormes erupciones volcánicas en India causaron la extinción de los grandes reptiles.

Y es que, como vemos, las extinciones son parte inherente al proceso evolutivo que ha conducido a la innumerable cantidad de especies que compartimos escenario actualmente. Sus causas son variadas y no siempre claras, aunque la competencia con otras especies y la destrucción de hábitats se postulan como las principales razones en la mayor parte de los casos. Lo que sí parece claro es que la desaparición de grupos enteros de individuos abrió nuevas posibilidades a los supervivientes, que se diversificaron y extendieron de distintas maneras. En el bloque dedicado a la biodiversidad retomaremos esta cuestión, y veremos las repercusiones de estas grandes extinciones sobre los grupos biológicos hoy existentes.

25

¿Es verdad que con el tiempo perderemos órganos que no usamos, como los dedos de los pies?

Como hemos visto, el surgimiento de especies nuevas está fundamentado por la aparición de barreras que impiden el intercambio de genes entre individuos. Durante muchos años, la genética fue una ciencia desconocida para los científicos, pero aun así muchos de ellos intentaron buscar explicación a la diversidad de formas biológicas que tenían a su alrededor.

Surgen así diversas teorías, las primeras en la Grecia antigua, donde el filósofo Anaximandro (611-547 a. C.) ya consideraba la transformación de las formas de vida por procesos naturales. Aristóteles (384-322 a. C.), por otro lado, afirmaba que los organismos habían existido siempre bajo la misma forma, pero reconocía en la naturaleza un orden, desde los seres más sencillos (materia inanimada) hasta los más complejos (para él, el ser humano), así lo recoge en su *Scala naturae*.

Al otro lado del planeta, la cultura tradicional china nunca creyó en la inmutabilidad de las especies propuesta por Aristóteles, concepto que sí imperó en Occidente durante varios siglos. Las ideas fijistas, difundidas especialmente durante la Edad Media, concebían las especies como grupos estáticos e invariables desde su creación divina.

Pero en el siglo XVII empiezan a surgir evidencias que ponen en duda esta concepción. Las grandes expediciones y la colonización de nuevos territorios en África, Asia y América revelan la inmensa diversidad de organismos existentes, entre los que se empiezan a encontrar patrones, especies muy similares en un determinado hábitat, y otras especies muy distintas en zonas alejadas geográficamente. En el siglo xviii, el naturalista Georges Louis LeClerc, conde de Buffon, propone por primera vez que, a partir de un número pequeño de especies creadas por Dios, habrían surgido otros muchos grupos de organismos por procesos naturales.

En esa época, los geólogos cumplieron un papel esencial en el avance hacia las modernas teorías evolutivas. Por un lado, James Hutton propone el uniformismo: la Tierra habría sido modelada por procesos lentos y graduales, lo que implicaba una edad del planeta mayor a la que en ese momento se pensaba (6.000 años). Además, se comienzan a estudiar los fósiles, que arrojan una información sin duda definitiva para evidenciar los procesos de evolución.

En el siglo xix, Georges Cuvier, considerado el padre de la paleontología y creacionista convencido, propone la teoría del catastrofismo para explicar la cantidad y variedad de fósiles encontrados en todo el mundo. Según esta teoría, multitud de especies habrían sido creadas en un principio, pero distintas catástrofes naturales (entre ellas, el diluvio universal), habrían destruido y fosilizado a muchas de ellas. Paradójicamente, los fósiles de Cuvier contribuyeron decisivamente al desarrollo de las teorías evolucionistas.

A la vista de la evidencia fósil y los avances en geología, en 1809 Jean Baptiste Lamarck publica su obra *Philosophie Zoologique*, en la que presenta la primera teoría evolutiva moderna y coherente afirmando que las especies evolucionan de forma gradual y continua a lo largo de toda su existencia, proceso que él denominó transformismo. A partir de un exhaustivo estudio en invertebrados vivos y fosilizados, Lamarck dedujo que unas especies descenderían de otras más antiguas y sencillas, con lo que elaboró una hipótesis basada en tres principios:

- Una tendencia a la complejidad innata en los organismos. Estos realizan, de forma inconsciente, un esfuerzo por convertirse en formas más perfectas y complejas, siguiendo lo que Lamarck denominaba un «sentimiento interior».
- El ambiente cambia constantemente, planteando nuevas necesidades a los individuos, que se adaptan a él modificando sus estructuras corporales. Principio conocido como «la función crea al órgano» o «ley del uso y desuso».

- Los caracteres adquiridos por los adultos son transmitidos a la descendencia. Una idea muy arraigada entre científicos de la época y en la cultura popular, que costó muchos años desmentir.

En el clásico ejemplo del crecimiento del cuello de la jirafa, la explicación acorde con Lamarck sería que, al agotarse las hojas de las ramas más bajas (modificación en el ambiente), las jirafas tendrían que extender el cuello, lo que produciría que este se alargara un poco (la función crea al órgano), esta característica sería después transmitida a la descendencia, de manera que en la generación siguiente las jirafas tendrían el cuello un poco más largo, y así sucesivamente.

La teoría de Lamarck acertaba en que la evolución se basa en la adaptación, pero erraba en la afirmación de la herencia de los rasgos adquiridos (recordemos que la genética aún no había nacido como ciencia cuando Lamarck postuló su teoría, por lo que los mecanismos de herencia se desconocían). Además, los científicos de la época ponían en duda que el motor de la evolución fuera una tendencia innata a la complejidad.

A pesar de estas incertidumbres, la teoría de Lamarck fue bastante bien aceptada, ¿por qué? La razón principal podríamos encontrarla en que muchos de los aspectos que proponía eran fáciles de localizar en ejemplos cotidianos. Ver a una jirafa comiendo de las ramas más altas de un árbol y relacionarlo con el logro de un cuello largo era sencillo. Pero más aún lo era ver como los hijos del herrero «heredaban» su capacidad para forjar el metal, o los hijos del panadero adquirían sus dotes para amasar. Además, no debemos olvidar que esta idea no se enfrentaba al creacionismo: Dios habría creado a la naturaleza y el «sentimiento interior» habría producido la aparición de diversas especies.

Incluso hasta el día de hoy, seguimos utilizando esta teoría para explicar algunos aspectos comunes sobre órganos del cuerpo. En alguna ocasión he escuchado afirmar que en el futuro perderemos los dedos de los pies o que nuestros pulgares crecerán por el uso de la tecnología. En realidad, la base de estos razonamientos es totalmente lamarckiana: al dejar de usar un órgano, este se atrofia y termina desapareciendo.

Pero hoy sabemos que los cambios en el fenotipo no dependen de un mayor o menor uso de las estructuras, sino de cambios en los genes que las producen. No obstante, existen los llamados órganos vestigiales, estructuras heredadas de nuestros antepasados que actualmente carecen de función, como las muelas del juicio (necesarias cuando teníamos que masticar carne cruda), el apéndice (útil para digerir la celulosa de una dieta vegetariana pasada), o el coxis (resto de una cola que nuestros antecesores tenían). Al igual que los dedos de los pies, terminar o no perdiendo estas estructuras no dependerá de su uso, sino de las ventajas que su pérdida pueda tener para el organismo.

Por ahora, perder los dedos de los pies no nos supone una gran ventaja, sí lo fue para las ballenas perder las patas traseras, ya que ahora ahorran mucha energía que hubieran desperdiciado moviéndolas. Así que por el momento, y sin saber a ciencia cierta hacia dónde nos llevará el proceso evolutivo, podemos sostener que esta afirmación es un mito, con un fuerte componente lamarckiano.

26

¿Qué tiene que ver Darwin con el Anís del Mono?

Las ideas evolucionistas de Lamarck fueron rebatidas por sus detractores, fieles aún a las teorías fijistas. El propio Charles Darwin (1809-1882) creía en el fijismo cuando, con veintidós años, embarcó en el *Beagle* para dar la vuelta al mundo (1831-1836). Llevaba consigo el libro *Principios de geología*, en el que Charles Lyell (retomando las ideas de Hutton) se oponía al catastrofismo, aportando pruebas a favor de cambios lentos y graduales en la Tierra, ¿habrían sufrido los seres vivos cambios similares? En su viaje, Darwin encontró fósiles de animales extintos, descubrió trece especies distintas de pinzones en las islas Galápagos, cuando en el continente sólo hay una especie, comprobó sorprendido la singularidad de la fauna en Australia. Estos descubrimientos se unieron a la lectura del ensayo del economista Thomas Malthus sobre como el crecimiento exponencial de la población y el crecimiento lineal de los recursos provocaría escasez de los mismos, ¿ocurriría lo mismo en los sistemas naturales?

Darwin trabajó durante los años siguientes esbozando una teoría, que escribió en 1842 sin llegar a publicarla, posiblemente por temor a la polémica que generaría. Algunos historiadores se cuestionan el que Darwin se hubiera decidido a publicar su teoría si no hubiera recibido, en 1858, un manuscrito que contenía ideas muy parecidas a las suyas.

Ese documento era obra de Alfred R. Wallace (1823-1913) quien, contemporáneamente a Darwin, estudiaba aves y mariposas por el archipiélago malayo, llegando a conclusiones similares sobre la selección natural.

Ambos compartieron descubrimientos y presentaron, en 1858, una comunicación conjunta a la Sociedad Linneana de Londres («Sobre la tendencia de las especies a crear variedades y sobre la perpetuación de las variedades y de las especies por medio de la selección natural»).

Un año más tarde, en 1859, Darwin publicaba su obra *On the origin of the species by means of natural selection* (*Sobre el origen de las especies por medio de la selección natural*) o *The preservation of favoured races in the struggle for life* (*La conservación de las razas favorecidas en la lucha por la vida*), un libro que cambiaría para siempre el pensamiento científico del mundo occidental.

La teoría de Darwin-Wallace se sustenta en cuatro postulados:

- Las especies suelen tener más descendencia de la que sobrevive y llega a adulta, por lo que los individuos deben «luchar por la supervivencia» ante los recursos limitados (idea posiblemente tomada de los trabajos de Malthus).
- Existe una gran variabilidad entre los individuos de una población.
- Algunas de estas variaciones suponen ventajas que permiten a los individuos adaptarse mejor al ambiente y, por tanto, dejar mayor descendencia. Proceso denominado «selección natural».
- La descendencia hereda esos rasgos ventajosos, que generación a generación se hacen más frecuentes. Pasado el tiempo suficiente, los cambios habrán generado una especie nueva.

Esta teoría coincide con el planteamiento de Lamarck en establecer que las especies evolucionan, y que ese cambio es continuo y lento. Sin embargo, Darwin desestima la idea de que el motor evolutivo es el deseo innato por avanzar, los cambios no serían

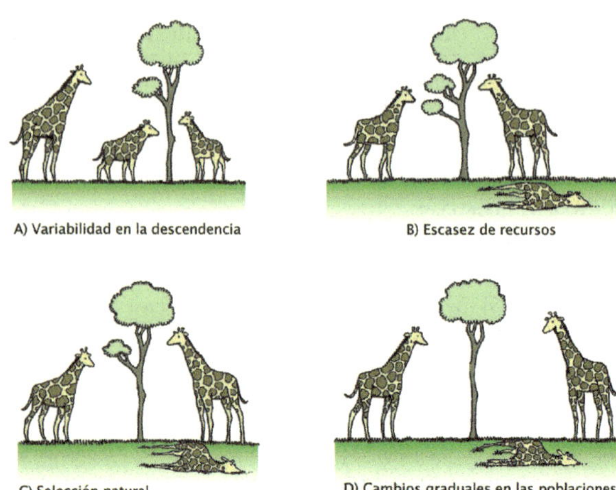

Interpretación darwinista del crecimiento del cuello de la jirafa. A diferencia de Lamarck, que ponía el foco en el uso del cuello para explicar su elongación, Darwin argumenta un proceso de selección natural. Todas las jirafas hijas son distintas entre sí; al escasear el recurso (si se agotan las hojas de las ramas más bajas), aquellas jirafas que, por azar, hubieran nacido con el cuello más largo, serían más «aptas» y podrían sobrevivir, mientras que las que tuvieran el cuello más corto morirían (proceso de selección natural). Con el tiempo, las jirafas de cuello largo irían dejando descendencia, que con gran probabilidad mantendría ese rasgo. Al cabo de muchas generaciones, todas las jirafas nacerían con el cuello largo. Foto: modificada de Lur thematic enciclopedia

voluntarios y dirigidos, sino producidos al azar. Aunque Darwin desconocía los mecanismos genéticos que se escondían detrás de la variabilidad observada en los organismos, fue consciente de que esta era la materia prima clave para el cambio evolutivo.

A pesar de aportar numerosas pruebas que apoyaban sus afirmaciones, la teoría de Darwin no fue comprendida durante varias décadas. Se le criticaba el no establecer el origen existencial de las especies (más de 150 años después, esto sigue siendo un misterio); tampoco podía explicar la razón de la variabilidad (hoy sabemos que son los genes, pero Darwin moriría sin saber la causa); y se ponía en duda los beneficios de las formas intermedias, antes de desarrollarse del todo estructuras como los ojos o las alas, las formas intermedias tendrían que haber supuesto alguna ventaja adaptativa que las hiciera mantenerse y seguir desarrollándose.

Aunque las mayores críticas llegaron de los partidarios de las teorías fijistas, que no admitían otro mecanismo que no fuera la creación divina. Se realizaron caricaturas satíricas del científico, mostrándole con cuerpo de orangután para criticar la idea de que ambos procedemos de antecesores comunes. Incluso se le dedicó la etiqueta de un conocido licor español: el Anís del Mono. La empresa fue fundada en 1870, en pleno debate sobre la teoría evolutiva, los dueños quisieron parodiar las ideas de Darwin, y en la etiqueta se puede ver un mono con rasgos faciales humanos, incluida la barba, que sostiene un documento en que está escrito «Es el mejor. La ciencia lo dijo y yo no miento».

Anécdotas aparte, en la actualidad sigue habiendo científicos que no comparten las ideas darwinistas. Muchos de ellos afirman que sus ideas finalmente triunfaron porque de alguna manera defendían desde la ciencia el estatus social de las clases poderosas. Estas pertenecerían a la «razas favorecidas» que Darwin mencionaba en el subtítulo de su obra, razas más aptas para sobrevivir en una sociedad donde, acorde con los cálculos de Malthus, los recursos escaseaban.

27

¿Y cómo asumió, finalmente, la comunidad científica la teoría de la evolución?

Tuvo que pasar más de medio siglo para que algunas de las incertidumbres suscitadas por la teoría de Darwin se despejaran. Y esto ocurrió gracias a las aportaciones de la genética. Surge así, de la mano del trabajo de múltiples científicos como Dobzhansky, Simpson, Mayr, Stebbins o Huxley, la *teoría sintética de la evolución* o teoría neodarwinista.

La genética mendeliana ayudó a entender los patrones de transmisión de caracteres de los progenitores a la descendencia. Y la teoría cromosómica de la herencia explicó el origen de la variabilidad genética entre los individuos de una población, fruto de las mutaciones (alteraciones en el ADN) y la recombinación durante la meiosis (proceso de división celular que da lugar a los gametos, en el que los cromosomas intercambian material genético).

Además, con la genética se establece la idea biológica de especie, entendida como el conjunto de poblaciones que real o potencialmente pueden intercambiar material genético. De esta manera se puede comprender la aparición de especies nuevas como consecuencia de procesos de aislamiento reproductivo entre subpoblaciones de una especie inicial.

En 1930, con el trabajo de S. Wright, J. B. S. Haldane y R. Fisher, aparece la genética de poblaciones, que explica el proceso evolutivo en términos genéticos. Se demuestra así que las variaciones se dan en genotipos, no en fenotipos como Darwin pensaba; y se establece que los cambios evolutivos se producen a nivel de población, en lugar de en organismos individuales.

La genética de poblaciones estudia las frecuencias alélicas en una población, entendida esta como el conjunto de individuos de una misma especie que comparten espacio y se reproducen entre sí. Se entiende a la población como un reservorio de genes, cuya cantidad de alelos distintos supone una fuente de variabilidad genotípica que no siempre se aprecia al ver los fenotipos, sólo se manifiesta al realizar cruzamientos que exponen las variantes alélicas que se expresan exclusivamente en homocigosis. Los organismos diploides (con dos cromosomas de cada tipo) favorecen esta variabilidad, ya que suponen reservas de alelos recesivos, aunque estos no siempre se manifiesten fenotípicamente.

El tratamiento estadístico de esa variabilidad facilita la detección de cambios en la distribución de las frecuencias alélicas a través del tiempo, o la comparación de distintas poblaciones, lo cual permite identificar procesos de cambio evolutivo.

Desde el punto de vista de la genética de poblaciones, la evolución consiste en el cambio intergeneracional de las frecuencias alélicas en las poblaciones. La cuestión es: ¿cómo se modifican esas frecuencias? Además de las mutaciones y la recombinación ya mencionadas, se han identificado varios mecanismos: la selección natural, las migraciones, la deriva genética y el patrón de apareamiento.

En cuanto a la selección natural, veíamos que era un mecanismo evolutivo fundamental. La combinación de alelos que confiere al individuo que los porta mayores ventajas (por ejemplo, por permitirle camuflarse en el ambiente) tendrá más probabilidades de incrementarse en la población. De este modo se habla de «aptitud» (*fitness*, en inglés) para designar al éxito

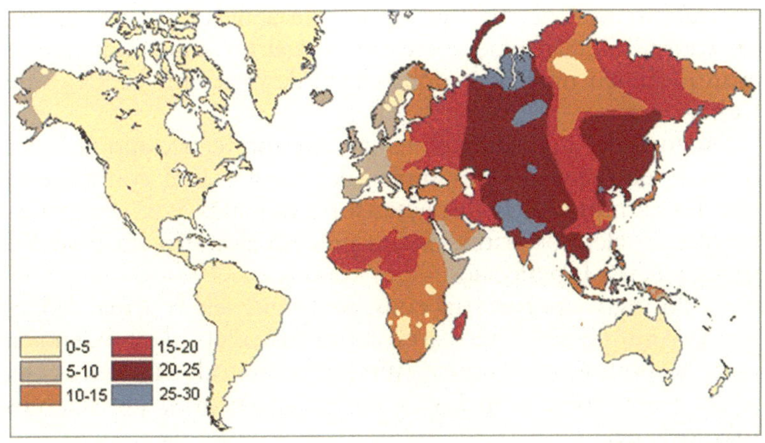

Mapa mundial de distribución del alelo B. Este alelo en homocigosis (BB) y en combinación con el alelo 0 (B0) produce el grupo sanguíneo B; en combinación con el alelo A, produce el grupo AB. Como se observa en la figura, su mayor frecuencia está en el norte y centro de Asia, y va decreciendo a medida que nos alejamos. Se piensa que este alelo no existía en los nativos americanos ni en los aborígenes australianos hasta que los europeos llegaron a esas zonas. Foto: Muntuwandi, Wikimedia Commons

evolutivo de un individuo: mide las probabilidades de que sus genes estén presentes en la siguiente generación.

Las migraciones, por otro lado, provocan intercambio de genes (flujo génico) entre poblaciones. Esto puede introducir alelos nuevos o cambiar la frecuencia de los que ya estaban.

En poblaciones pequeñas se pueden dar cambios del equilibrio génico sin intervención de mutaciones ni selección natural, sino por mecanismos de deriva genética. Ocurre, por ejemplo, en poblaciones de pocos individuos formadas por emigración a partir de una población más numerosa, esto es conocido como *efecto fundador*. Un proceso que ocurrió en la población Amish, quienes presentan una alta frecuencia de un alelo recesivo que, en homocigosis, causa enanismo y polidactilia.

Otro mecanismo de deriva genética es el llamado *cuello de botella*, que sucede si se reduce el tamaño de la población de forma drástica. Ha ocurrido en poblaciones de animales sometidas a una caza excesiva, e incluso en poblaciones humanas perseguidas, como los judíos asquenazíes durante la Edad Media.

Por último, otro proceso que aporta variabilidad es la exogamia, un patrón de apareamiento según el cual los individuos que se aparean tienen muy baja probabilidad de estar emparentados de forma cercana.

Además de la genética, el neodarwinismo recoge aportaciones de la Paleontología. Los estudios del registro fósil confirmaron que los cambios en las especies son graduales, y se comprueba que la selección natural es un proceso aleatorio, sin finalidad ni tendencia a la perfección.

Todos estos aportes han conseguido que, en la actualidad, el neodarwinismo sea la teoría evolutiva más aceptada y extendida entre la comunidad científica. Aunque, como todo en ciencia, está sujeta a objeciones e, incluso, a teorías alternativas, que veremos más adelante.

28

¿La evolución avanza siempre hacia formas de vida mejores?

Como ya anticipaba Aristóteles con su escala de la naturaleza, es por todos conocido que las formas de vida más antiguas son también las más simples a nivel morfológico y estructural. De hecho, recordemos que Lamarck defendía un impulso involuntario en los organismos que les llevaba a evolucionar hacia formas más complejas y mejores.

Darwin, por su parte, también entendía que la selección natural favorecía a los organismos más aptos, que eran los que seguían adelante, por lo que se entendía que la evolución progresaba hacia formas cada vez superiores.

Pero no debemos olvidar que las características que son positivas para un organismo en un lugar y un momento determinado, pueden no serlo para otro grupo de individuos, o en una época distinta. Todo ello considerando que el proceso evolutivo se base exclusivamente en la supervivencia en un entorno, lo cual no siempre es así.

Aunque las teorías darwinista y neodarwinista daban un peso importante al ambiente en que un individuo se desarrollaba, el cual influiría irremediablemente en que unas estructuras se mantuvieran y otras se fueran atrofiando, al no ser útiles para la supervivencia, hoy sabemos que existen otras razones que pueden provocar el desarrollo o desaparición de órganos corporales.

El propio Darwin reconocía que ciertos rasgos no convertían a los individuos en «más aptos» para sobrevivir en el ambiente: hablamos de estructuras como la cornamenta del ciervo o los colores brillantes en las aves, que suponen una desventaja frente a posibles depredadores. Estos caracteres, no obstante, les ayudaban en los procesos de cortejo y obtención de pareja, lo que Darwin denominó *selección sexual* (concepto que separó del de selección natural, aunque actualmente se considera un caso de selección natural). La selección sexual explica la evolución de los caracteres sexuales secundarios (aquellos que no forman parte de los órganos sexuales, pero influyen en la reproducción), y es la principal causa del polimorfismo sexual, el hecho de que el macho y la hembra de la misma especie sean diferentes.

Antes de seguir, recordemos que la especie evoluciona cuando cambian las frecuencias alélicas de la población. Recuperemos también el concepto de *fitness* o aptitud, entendido como el éxito reproductivo de un genotipo. Una mayor capacidad de apareamiento supondrá una mejor aptitud, y una mayor frecuencia de los alelos de esos individuos en las generaciones posteriores.

Retomando el ejemplo de los dedos de los pies que comentábamos en preguntas anteriores, si imagináramos una hipotética población de seres humanos, en la que el atractivo físico se basara en la presencia de grandes dedos en los pies, no cabría duda de que aquellas personas con este rasgo en su fenotipo tendrían más posibilidades de aparearse y tener descendencia, lo cual incrementaría poco a poco en la población la presencia del alelo que codifica para los dedos de los pies. De esta manera, nunca perderíamos este carácter, salvo que dejase de ser un atrayente para el sexo opuesto, claro.

En el ejemplo expuesto, el desarrollo de la estructura corporal no tendría tanto que ver con el ambiente, entendido como el entorno natural que rodea al organismo, los seres vivos y las condiciones físicas a las que está expuesto (según lo definía Darwin), sino con un componente más social, si apuramos, incluso cultural en el caso de las personas.

Pero busquemos el componente biológico que se esconde detrás de esa atracción entre individuos. Normalmente, son las hembras las que gastan más energía en el proceso reproductivo: tras la fecundación, son las responsables de la gestación y, en muchas ocasiones, el cuidado de las crías. Esto implica que son ellas las más interesadas en «elegir» a una pareja acorde. La cuestión entonces sería: ¿qué impulsa a la hembra a elegir a un individuo u otro?

Los argumentos propuestas para dar respuesta a esto se pueden agrupar en dos modelos: los *fisherianos* y los del *hándicap*. La hipótesis de Fisher, desarrollada por Ronald Fisher en 1930, postula que algunos caracteres resultan en principio atractivos para las hembras porque reflejan de algún modo una mayor viabilidad del macho, lo que es sinónimo de genotipos superiores. Aunque una vez producida la elección, se desencadenaría una retroalimentación positiva (denominada por Fisher «runaway») por la que los machos con ese rasgo serían los más elegidos, lo cual haría real el beneficio de portar esa característica. La hembra, por tanto, elige a los machos con ese rasgo porque así asegura que estén presentes en sus crías, que serán más escogidas cuando lleguen a adultas.

La hipótesis del hándicap, propuesta en 1975 por Amotz Zahavi, propone que la hembra elegiría al macho con el rasgo más costoso (en términos de supervivencia) porque es señal de que tiene una gran aptitud.

En el ejemplo del ciervo, las hembras prefieren a los machos con la cornamenta de mayor tamaño. Según Fisher, porque esto sería reflejo de unos mejores genes; Zahavi lo explicaría porque, si el macho ha sobrevivido a pesar del inconveniente que supone llevar una estructura tan grande, significa que es un ejemplar con gran eficacia biológica.

Además de la selección sexual, existe otro supuesto en que el ambiente poco tiene que ver con el desarrollo corporal en una dirección u otra. Se trataría del caso de una población pequeña cuyos individuos tengan unas posibilidades de apareamiento muy reducidas. En ella, los miembros tenderán a buscar pareja y perpetuar su herencia genética, sin invertir energía en la elección de ejemplares específicos. Aquellos que consigan reproducirse más, transmitirían sus alelos a la población, independientemente de las condiciones del ambiente.

Por todo lo visto podemos concluir que la evolución, entendida como un proceso continuo en el tiempo, irreversible y unidireccional, genera diversidad y niveles cada vez más altos de organización, pero no podemos afirmar que avance hacia formas mejores o superiores. A pesar de las corrientes seudocientíficas (como la hipótesis del diseño inteligente) que afirman que la complejidad de algunas formas de vida sólo se explica si existe un diseñador detrás, postura muy criticada desde la comunidad científica, lo que hoy sabemos es que la evolución no es un proceso dirigido ni diseñado, sino aleatorio y variable.

29

¿Qué son los fósiles vivientes?

Para responder a esta pregunta, y establecer si es posible que un fósil esté vivo, debemos primero conocer qué es un fósil. Los fósiles (del latín *fodere*, «excavación») son restos de organismos que vivieron en el pasado y se han conservado mineralizados en rocas, generalmente sedimentarias (poco expuestas al calor y la temperatura del interior terrestre, que desintegraría los fósiles) y en ocasiones metamórficas poco transformadas, por ejemplo, las pizarras.

Los fósiles se forman mediante un proceso de fosilización, que se basa en la sustitución de la materia orgánica del individuo por compuestos minerales, manteniendo sus características morfológicas o anatómicas. La fosilización implica, además, un incremento en la densidad, la incorporación de nuevos compuestos químicos (por ejemplo, el flúor) y habitualmente un cambio en la coloración.

No cualquier ser vivo que muera se fosiliza, este proceso es complejo e implica unas condiciones muy específicas. En primer lugar, un enterramiento rápido que proteja al organismo de la descomposición por bacterias, hongos, y demás individuos descomponedores del subsuelo; tras lo cual los componentes blandos suelen desintegrarse; y se produce la mineralización de las estructuras más duras como esqueletos, caparazones o dentaduras.

En ocasiones, las partes duras actúan como moldes corporales que se rellenan con minerales. También puede ocurrir que estos minerales rellenen las huellas dejadas por el organismo en vida (pisadas, marcas de reptación, excrementos, etc.). En este caso los denominamos *ignofósiles*, y son útiles como reflejo del patrón de comportamiento de los individuos que los produjeron. Es el caso de las cruzianas, ignofósiles formados a partir de las huellas de reptación de los trilobites.

Los procesos de mineralización son variados, pero principalmente se produce por carbonatación (proceso más frecuente; los restos orgánicos se sustituyen por carbonato cálcico en su forma más estable, la calcita); por silicificación (si el agente fosilizante es el sílice); por piritización (se produce en ambientes marinos carentes de oxígeno; las bacterias del azufre generan ácido sulfhídrico que, en reacción con las sales de hierro del agua, produce sulfuros de hierro como la pirita); por fosfatación (la materia orgánica es reemplazada por fosfato cálcico, muy común en huesos y dientes de vertebrados); y por último por carbonificación (muy frecuente en vegetales fosilizados en ambientes sin oxígeno; los componentes orgánicos se sustituyen por carbono, así es como se originaron los yacimientos de carbón).

Estas condiciones específicas han hecho que, a día de hoy, tan sólo tengamos fósiles de un porcentaje mínimo de todas las especies que habitaron el planeta. Todos ellos forman parte del llamado registro fósil, con el que los paleontólogos estudian e interpretan el pasado de la Tierra.

El geólogo inglés William Smith (1769-1839) fue el primero en utilizar estos restos como método de datación. Conociendo la edad de los organismos presentes en un determinado estrato de sedimentos, se podría deducir la edad de dichas rocas, hipótesis conocida como el «Principio de sucesión faunística».

Para poder aplicarlo, es importante saber con seguridad la edad de los fósiles, y no de todos se conoce. Por ello en bioestratigrafía sólo se utilizan los llamados *fósiles guía* o característicos (*index fossils*). Corresponden a especies abundantes, localizadas en épocas muy concretas (se extinguieron o pasaron a ser otra especie rápidamente), con una amplia dispersión geográfica y gran facilidad de fosilización. Estos indicadores nos permiten saber el tipo de ambiente, marino o terrestre, que existía en ese momento y lugar.

Algunos fósiles guía conocidos son los trilobites (marcan el Paleozoico, única era en la que vivieron), los ammonites y dinosaurios (del Mesozoico), los nummulites y restos humanos (del Cenozoico).

El registro fósil, además, ha constituido una pieza clave que ayudó a desvelar el misterio de la transformación de las especies a lo largo de la historia del planeta. Los fósiles evidenciaron la

Fósil de *Archaeopterix lithographica*. Museo de Historia Natural de Viena. Estas aves primitivas, con dientes en el pico, dedos con garras en las alas y largas colas óseas, son consideradas formas de transición entre reptiles y aves. Foto: Sauber, W., Wikimedia Commons

inmensa cantidad de formas de vida pasadas, y permitieron encontrar conexiones entre distintos grupos de organismos.

En su viaje en el *Beagle*, Darwin encontró fósiles de mamíferos extintos, que se asemejaban a mamíferos vivos (por ejemplo, restos de armadillos gigantes o marsupiales extinguidos). Sin embargo, nunca encontró pruebas de la transición gradual de una especie a otra. De hecho, todavía hay científicos que lo ponen en duda.

Una de las pruebas de este cambio gradual lo constituiría el hallazgo de una larga serie de caballos extintos, en la que se apreciaba una sucesión de cambios: desde el *Eohippus* (un herbívoro de 20-50 centímetros, con tres dedos y almohadillas en las patas), que aumentó de tamaño, cambió los dientes y redujo el número de dedos, hasta el género *Equus* actual. No obstante, se ha comprobado que estas especies no se sucedieron linealmente unas a otras, sino que algunas de ellas, con características muy distintas, convivieron; otras se extinguieron; otras se diversificaron.

No obstante, el linaje del caballo ha supuesto uno de los ejemplos más utilizados a favor del darwinismo. Y no es el único caso en que se han encontrado formas intermedias, de hecho, la anatomía comparada de los distintos grupos de vertebrados refleja un orden evolutivo que coincide con el orden en que aparecieron estos animales en la Tierra, de acuerdo con el registro fósil: primero los peces, seguidos por anfibios, reptiles, aves y mamíferos.

Ahora sí, recuperemos la pregunta inicial: ¿existen los fósiles vivientes? la respuesta es que sí, sí que existen. Algo complicado de entender ahora que sabemos que los fósiles, por definición, son restos de formas de vida pasadas.

La solución a esta aparente contradicción es sencilla: los fósiles vivientes en realidad no son fósiles. Llamamos así a los últimos representantes de grupos de seres vivos que habitan la Tierra desde hace millones de años. Los ginkgos, los equisetos, el okapi, los cocodrilos, el tiburón anguila, el cangrejo herradura o el nautilus son algunos ejemplos de fósiles vivientes.

30

¿POR QUÉ LOS CANGUROS SÓLO SE ENCUENTRAN EN AUSTRALIA?

Uno de los aspectos que más llamó la atención de Darwin durante su viaje fue la asombrosa y singular fauna encontrada en Australia. Una isla sin mamíferos placentarios nativos y con una gran cantidad de mamíferos marsupiales (como el canguro o el koala), difíciles de encontrar en otro lugar del planeta.

Lo que Darwin observó fue sólo una pequeña parte de la realidad. Hoy sabemos que el 45 % de las aves; el 83 % de mamíferos; el 85 % de las plantas vasculares; el 90 % de los hongos, moluscos, insectos, peces y reptiles; y el 93 % de los anfibios en Australia son endémicos (se localizan solamente en esta isla).

Para entender la razón de tanta singularidad, debemos viajar atrás en el tiempo doscientos treinta millones de años. Sobre la superficie de la Tierra hay un único océano (Panthalassa) y un único supercontinente (Pangea). Ya habían aparecido los peces, anfibios y reptiles, y estaban a punto de entrar en juego los mamíferos y las aves. Pangea se rompe en dos, formando Laurasia (al norte) y Gondwana (al sur). Hace unos ciento cuarenta o ciento cincuenta millones de años, Gondwana se divide en cuatro continentes (África, Sudamérica, India y Antártida/Australia). A finales del mesozoico (65 millones de años) el movimiento de las placas provoca que las dos Américas se unan, así como África, Euroasia e India. Australia se separa de la Antártida hace treinta y cinco millones de años, y se mueve hacia el norte, pero siempre permanece como isla.

Durante todo este período de aislamiento, Australia sufre grandes cambios en el clima y paisaje, dando como resultado una biodiversidad única. Salvo pequeños intercambios con las islas de Nueva Guinea e Indonesia, la fauna y flora australiana ha estado al margen del intercambio genético que sí se produjo en el resto de continentes por muchísimos años.

¿Y qué pasó con el canguro? Pues se calcula que este animal, tal y como lo conocemos actualmente, empieza a evolucionar a partir de su antecesor hace unos diez o quince millones de años. Esto significa que cuando el canguro aparece hacía ya mucho tiempo que Australia se había separado del resto de continentes y había comenzado su evolución independiente.

La historia de Australia nos ayuda a entender la íntima relación que existe entre la historia de la Tierra y la historia de los seres vivos que en ella habitan. Intuiciones que Lyell, Darwin y Wallace comprendieron muy bien. Hoy en día, la biogeografía se encarga del estudio de la distribución geográfica de las especies, analizando sus causas y detectando patrones: cuanto más alejadas están dos zonas, más distintas son sus especies, al igual que existen semejanzas entre áreas que estuvieron unidas en el pasado.

La presencia de estas peculiaridades faunísticas suscitaron, como vimos, las primeras dudas sobre la inmutabilidad de las especies. Estas observaciones, unidas a los hallazgos del registro fósil, supusieron pruebas de peso a favor de las teorías evolucionistas. Pero no fueron las únicas evidencias.

La anatomía comparada de formas y estructuras en distintos organismos también permitió establecer relaciones de parentesco. Por ejemplo, se encontraron estructuras homólogas en especies diferentes (órganos con un mismo origen embriológico pero diferente forma externa), reflejo de una evolución divergente desde un antecesor común.

Y también se ha encontrado el caso opuesto, órganos que se parecen externamente (porque realizan funciones similares) pero interiormente son distintos. Se denominan órganos análogos, y algunos ejemplos serían las alas de un insecto o un ave, o la aleta del delfín y del tiburón. Estas estructuras probarían cómo distintos animales que se adaptan a vivir en el mismo medio evolucionan convergentemente.

La última evidencia anatómica la aporta el estudio de los órganos vestigiales. Ya hablamos de ellos cuando refutábamos el mito de los dedos de los pies, porque no podemos predecir la posible

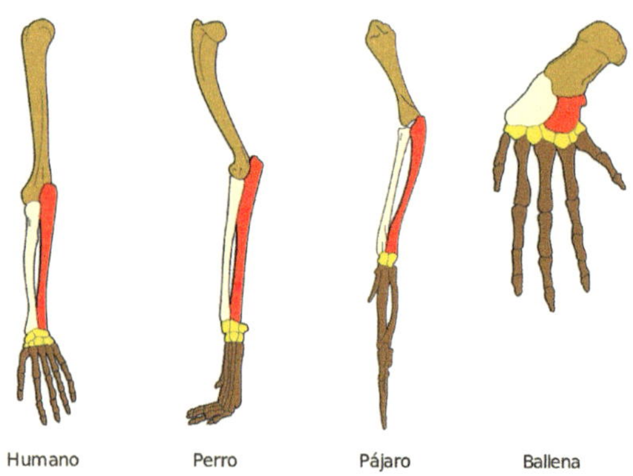

Órganos homólogos en las extremidades delanteras de cuatro vertebrados. En la imagen se aprecia una estructura interna similar que evidencia un origen común, tras el cual cada especie ha modificado su extremidad para adaptarse a un modo de vida diferente, lo que ha dado como resultado cuatro morfologías externas distintas. Foto: Vladlen666, Angelito7, Wikimedia Commons

desaparición de un órgano. Lo que sí podemos hacer es deducir las causas de una pérdida ya sucedida, y la presencia de vestigios de estructuras que ya no son de utilidad es clara muestra de esta evolución biológica. Por ejemplo, los esqueletos de la ballena y la serpiente cuentan con algunos huesos, actualmente inútiles para el animal, que debieron de formar parte de las patas de su antepasado común.

Otro aspecto que los científicos no pasaron por alto fue el hecho de que todos los embriones de vertebrados posean cola y hendiduras branquiales en las primeras fases del desarrollo. Podría ser una coincidencia, pero si se comparan los embriones de un pollo, un conejo, un ratón, un cerdo, una vaca o un humano en sus primeros momentos de gestación, costará diferenciarlos. Lo que refleja, de nuevo, un origen común a todos ellos.

A las pruebas surgidas a lo largo del siglo xix, hemos de sumar las derivadas de los avances en el campo de la biología molecular. Comparando las secuencias de ADN de distintos organismos se puede deducir la distancia evolutiva que los separa: si evolucionar implica cambios en el ADN, cuanto mayor sea este cambio, más alejadas estarán las especies que se comparan. Vimos que gracias a estos análisis sabemos que el chimpancé es nuestro pariente más cercano. Los análisis moleculares se realizan con las distintas especies que se conocen y permiten encontrar relaciones de parentesco evolutivo, incluso entre dos organismos muy distintos morfológicamente.

Como hemos visto, la presencia de canguros en Australia no es sólo un reflejo de la gran biodiversidad de ese país, lleva implícito un significado mucho mayor. Supone una relación estrecha entre los fenómenos geológicos que experimenta la Tierra y la modificación de las formas de vida que en ella existen. Supone, además, una de las múltiples pruebas que apoyaron a las teorías evolutivas, y les permitieron enfrentarse al creacionismo imperante y demostrar científicamente el cambio de las especies por procesos naturales.

31

¿En qué se basa la teoría del gen egoísta?

Aunque existe un amplio consenso en la aceptación de la teoría sintética o neodarwinista como explicación al proceso evolutivo, a lo largo de las últimas décadas han surgido otras teorías que, si bien coinciden en la existencia de un proceso evolutivo basado en la variabilidad genética, matizan de un modo u otro los mecanismos en que esta diversidad origina cambios en las especies.

Una de ellas es la teoría del gen egoísta, propuesta en 1976 por el zoólogo Richard Dawkins. Esta idea afirma que es el gen, y no el individuo o la población, la unidad fundamental de selección natural. Es decir, la evolución y sus mecanismos actúan directamente sobre el genotipo, y los cuerpos de los organismos se conciben como las «máquinas de supervivencia» contenedoras de esos genes.

Acorde con Dawkins, la selección natural implica la existencia de muchos seres en forma de copias, entre los que algunos pueden, potencialmente, sobrevivir. Estas propiedades están presentes en las unidades genéticas pequeñas, no así en los individuos, grupos o especies (Dawkins, 1993, p. 42).

El gen, por tanto, es considerado como una unidad que sobrevive a través de un gran número de cuerpos (vehículos temporales), convirtiéndose de esta manera en potencialmente inmortal (las sucesivas copias de una molécula de ADN podrían existir durante 100 millones de años). Los individuos y las poblaciones, sin embargo, no son tan estables a través del tiempo evolutivo. Esto implica que los organismos son máquinas transportadoras, que viven un tiempo efímero, pero se aseguran de que los genes permanezcan en la Tierra. Debemos mencionar que Dawkins era consciente de que muchos genes actúan de forma conjunta, y también de la influencia del ambiente en su expresión.

¿Y por qué utiliza el término *egoísta*? En el contexto de esta teoría, los alelos de un gen compiten entre sí por la supervivencia. La capacidad que demuestre para incrementar sus propias oportunidades de sobrevivir (en otras palabras, su egoísmo) es lo que le asegurará, finalmente, su presencia en los cromosomas de futuras generaciones. El egoísmo de los genes es el motor de la lucha por la supervivencia.

Numerosos sociobiólogos defienden esta hipótesis, y argumentan que con ella se explicarían muchos comportamientos de los seres vivos, como la conducta sexual o el sentido maternal. Además, como el propio Dawkins admite, se trata de una forma distinta de ver, no es una teoría distinta al neodarwinismo.

El gen egoísta no ha sido la única propuesta que matiza al neodarwinismo. En 1968, el biólogo japonés Motoo Kimura establecía la teoría neutralista de la evolución molecular. En esta ocasión, se ponía el foco en la deriva genética como mecanismo de especiación.

Esta teoría acepta los mecanismos neodarwinistas evolutivos (mutaciones y actuación de la selección natural) pero postula que la mayoría de estas mutaciones serían «neutras», ni favorables ni perjudiciales, frente a la selección natural (que perdería peso como motor evolutivo).

Kimura estudió la frecuencia de aparición de mutaciones en una proteína, comprobando que estas aparecían de manera similar en distintas variedades de la proteína estudiada, lo cual contradecía la idea de que el rasgo más «apto» era el que más sobrevivía. Además, observó que esas mutaciones se producían al azar, y que la tasa de modificación global del ADN no variaba, lo que se explicaría si ambas tasas, de mutación y de eliminación de alelos, fueran aleatorias y se contrarrestaran la una a la otra.

Teniendo en cuenta esto, la teoría neutralista defiende que un gen se puede extender en una población sin necesidad de tener una ventaja selectiva frente a otros, simplemente por azar. Si esto se une al aislamiento reproductivo de la población que lo porte, con el tiempo se produciría la aparición de una especie nueva.

Otro biólogo más crítico con la idea neodarwinista ha sido Máximo Sandín, quien asigna a los virus un papel fundamental en la evolución. De acuerdo con este científico, los seres pluricelulares provenimos de bacterias transformadas, y por lo tanto nuestro ADN está formado por un conjunto de fragmentos de origen bacteriano y virus insertados en el genoma bacteriano originario. El estudio del ADN no codificante (que, como habíamos visto, supone el 98 % de nuestro genoma) revela que está formado por intrones, pero también contiene retrovirus, virus ADN y elementos móviles con capacidad para introducir modificaciones en el genoma. Como el proyecto ENCODE confirmó, estas regiones del genoma no codificantes son fundamentales en la regulación de la expresión del 2 % que sí codifica. Por lo tanto, los virus cumplirían un papel fundamental en dicha regulación.

A la vista de estos datos, Sandín propone el término *transformación* en lugar de *evolución*, y afirma que muchos de los virus presentes en el genoma, ante cambios ambientales, pueden activarse y estimular la expresión de genes. Esto provocaría unas modificaciones en los genotipos que, a largo plazo, darían lugar a especies nuevas.

Las tres teorías expuestas surgieron como respuesta a la visión sintética de la evolución. Y es que toda teoría científica es correcta, hasta que se refuta. Por lo que es normal, e incluso sano, encontrarse con reinterpretaciones y teorías alternativas que nos hagan reflexionar y extraer nuestras propias conclusiones sobre los mecanismos que ponen en marcha un proceso tan asombroso y complejo como es la evolución.

32

¿SOMOS «LA ESPECIE ELEGIDA»?

Entre todas las especies conocidas hasta ahora en el planeta, la que más nos llama la atención, por su habilidad para modificar el ambiente, su poder de colonización de distintos hábitats, y su capacidad para competir y desplazar a otras especies, es sin duda la humana. Antes de resolver si somos o no la especie elegida, viajemos a nuestros orígenes.

Los humanos pertenecemos al orden Primates, grupo que compartimos con prosimios (como los lémures), monos, simios menores (como los gibones) y grandes simios (como los gorilas o chimpancés). Todos tenemos en común la pentadactilia (cinco dedos), el patrón dental y una posición de los ojos que nos permite la visión en profundidad.

El fósil de primate más antiguo conocido hasta el momento tiene cincuenta y cinco millones de años, pero se cree que el origen de nuestro grupo se encuentra diez millones de años antes, a partir de un conjunto de pequeños animales trepadores parecidos a las musarañas. La adaptación de estos seres a la vida arbórea originaría cambios en la estructura anatómica de manos y brazos, incremento en la agudeza visual, prolongación del cuidado de las crías y postura vertical de la espalda.

El primer grupo que comenzó su evolución independiente, hace cuarenta millones de años, fueron los prosimios (lémures, tarseros, loris y galagos). Más tarde lo harían los llamados monos del Nuevo Mundo o *platirrinos* (tití, mono aullador, mono capuchino, etc.) que evolucionaron en América del Sur; y los monos del Viejo Mundo o *catarrinos* (babuino, mandril, etc.), que lo hicieron en África.

A partir de este último grupo, se diferenciaron los hominoides, conjunto formado por los simios antropomorfos (gibón, orangután, gorila, chimpancé) y los homínidos. El gibón y posteriormente el orangután ramificaron su evolución. Y un antepasado común dio lugar primeramente a gorilas, y después a chimpancés y homínidos. La técnica del reloj molecular ha permitido estimar que el linaje de los humanos se separó finalmente del de los chimpancés hace aproximadamente 5-7 millones de años.

El bipedismo, la postura erecta, los rasgos dentarios característicos y una mayor capacidad craneal son características que definen a los homínidos, y les diferencian del resto de los primates. La cuestión es: ¿cómo adquirieron estos rasgos? Lo cierto es que el cambio fue gradual, y existe una forma intermedia entre los simios antropomorfos y el género Homo: el llamado *Australopithecus* o «simio del sur».

Los primeros fósiles de estos simios, encontrados por Raymond Dart en Sudáfrica en 1924, no fueron muy considerados en una sociedad convencida de que el origen de la humanidad se tenía que situar en Europa o Asia. Sin embargo, el tiempo le dio la razón, y múltiples excavaciones en el valle del Rif (África oriental) aportaron numerosos fósiles del género *Australopithecus*. Uno de los más relevantes fue el hallazgo del esqueleto completo de una hembra adulta de más de tres millones de años de antigüedad, a la que llamaron Lucy (por la canción de los Beatles *Lucy in the sky with diamonds*, que los antropólogos escuchaban cuando la encontraron). La anatomía ósea revelaba una apariencia redondeada del cráneo, aunque el tamaño del cerebro era aún similar a la de los simios, y una postura erecta.

La cuna de la humanidad, por tanto, se encontraba en África. A partir de los *Australopithecus* se derivarían dos ramas evolutivas: una daría lugar al *Paranthropus*, caracterizado por una mandíbula y molares robustos (cabe mencionar que algunos paleontólogos le consideran un australopitecino); la otra, escindida hace unos 2-2,5 millones de años, originaría el género *Homo*.

La especie de *Homo* más antigua que se conoce es el *Homo habilis*, con un cerebro relativamente mayor a los australopitecinos y con capacidad, por primera vez, de construir herramientas. Los fósiles encontrados revelan que esta especie convivió con una especie hermana que se extinguió rápidamente, el *Homo rudolfensis* (por su parecido, algunos autores dudan de que sean dos especies distintas, teoría aceptada de forma generalizada).

Los siguientes restos en orden de antigüedad que se han encontrado pertenecen a una especie que apareció hace dos millones de años, extinguiéndose hace unos setenta mil años. Algunos autores consideran que entre estos fósiles se pueden identificar dos especies: *Homo ergaster* (fósiles encontrados en África y oeste asiático) y *Homo erectus* (fósiles asiáticos), aunque en un principio todos los fósiles se consideraron parte de esta segunda especie.

Se piensa que *Homo ergaster* abandona África por vez primera, originando en esta dispersión a *Homo erectus*, que se extiende por el continente asiático, viviendo durante un tiempo muy prolongado. Este homínido aumenta la talla y la capacidad craneal respecto a *Homo habilis*, pero la clave de su éxito parece esconderse en un aspecto aún más interesante: consigue el control del fuego. Este hecho, que demuestra el desarrollo de su capacidad mental, le permitiría calentarse, cocinar y ahuyentar a los animales salvajes.

Continuando con el árbol evolutivo, en 1994 se descubre en Atapuerca (Burgos) los restos de una especie humana que vivió

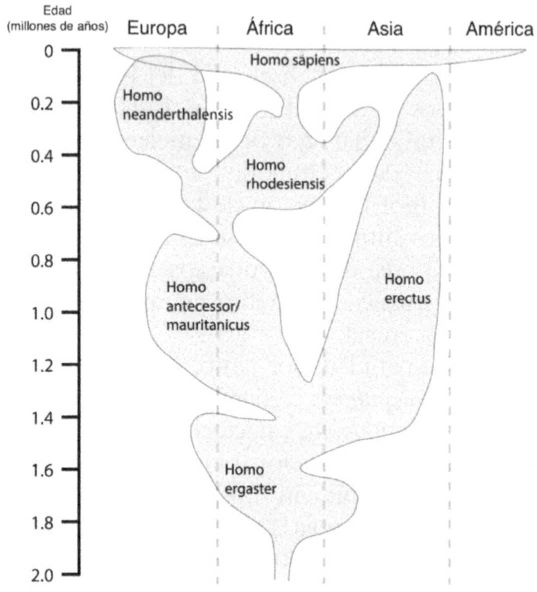

Árbol filogenético del género *Homo*. En la imagen no aparece *Homo habilis* porque diversos autores lo consideran un antecesor de este género (más cercano al *Australopithecus*) dada su pequeña capacidad craneal. Como puede verse, la humanidad surge en África y se va extendiendo por Asia y Europa. Sólo el *Homo sapiens*, única especie que ha sobrevivido hasta la actualidad, coloniza América. Foto: modificado de Reed y S. L., Smith V. S. y Rogers A. R., Wikimedia Commons

hace 850.000 años. Medía 1,70 metros, tenía una cara, pies y manos similares a los hombres modernos, un cuerpo ancho como los neandertales, y presentaba signos de practicar el canibalismo. Se bautizó como *Homo antecessor* porque se pensaba que era el ancestro común a humanos y neandertales.

Hoy conocemos que esto no es exactamente así, y el mayor candidato a ese puesto (también estudiado ampliamente en Atapuerca) es *Homo heidelbergensis*, especie que vivió hace aproximadamente 600.000 años. Anatómicamente, estos homínidos tenían una estatura media de 1,80 metros, cráneos grandes y aplanados, y mandíbulas salientes. Además, es el primer grupo en el que se detectan indicios de una mentalidad simbólica. Sus restos encontrados en Alemania denotan que alcanzó el centro y norte de Eurasia.

Un grupo de *H. heidelbergensis* se quedaría en África (se les ha denominado *Homo rhodesiensis*), donde darían lugar al *Homo sapiens*, y otro grupo emigraría a Europa, donde originarían al *Homo neanderthalensis*.

Homo neanderthalensis vivió en Europa y Oriente Medio desde 250.000-300.000 años hasta su extinción, hace aproximadamente 28.000 años. Por el aspecto de su cráneo, de un tamaño algo mayor al de los humanos modernos, pero con arcos supraorbitales prominentes, frente baja e inclinada y ausencia de mentón, al comienzo se creyó que eran hombres que habían sufrido enfermedades óseas. Los neandertales fueron los primeros homínidos en celebrar rituales funerarios, lo que refleja una estructura social compleja.

Neandertales y *Homo sapiens* convivieron durante cierto tiempo, posiblemente como especies hermanas. Hay estudios que defienden, de hecho, que se produjeron cruces entre poblaciones de ambos grupos en Oriente Medio. El Proyecto del Genoma del Neandertal (2006-2010) encontró que humanos modernos de Eurasia comparten entre el uno y el cuatro por ciento del genoma con los neandertales, se encontró un flujo génico desde ellos a los *Homo sapiens*, pero no se hallaron evidencias de flujo en el sentido inverso. Lo que sí está claro es que, en un proceso que duró varios miles de años, el *Homo sapiens* terminó desplazando al *Homo neanderthalensis*, convirtiéndose en la única especie que sobrevivió hasta nuestros días.

Quizá esa es la razón por la que, a los humanos modernos, se nos denomina «la especie elegida». La razón del desplazamiento de los neandertales sigue siendo un enigma para los paleontólogos, entre los que no existe consenso al respecto. Se sabe que los neandertales eran más fuertes y menos numerosos, por lo que no se debió de dar una competición directa, pero sí una competencia por el uso de recursos. Se plantea además cierta superioridad cultural del *Homo sapiens*, reflejada en el uso del lenguaje o la cooperación. También se ha achacado la causa a los cambios climáticos, que habrían debilitado a los neandertales y otras especies que habían salido de África, lo que le daría al *Homo sapiens* cierta ventaja para colonizar nuevos territorios.

La supervivencia de *Homo sapiens* lo ha situado durante muchos años en lo alto del árbol evolutivo. Hoy sabemos que ese árbol se parece más a un arbusto, con múltiples ramificaciones, que crece a medida que aumentan los yacimientos paleontológicos por todo el mundo. Aparecimos hace bien poco en la escala de tiempo geológico y no somos el final del proceso evolutivo. Sencillamente somos una rama más en este arbusto filogenético. Contamos con unas características que, en este momento, nos permiten adaptarnos al entorno que nos rodea. Pero, como la evolución nos ha demostrado, el ambiente y las especies están en continua modificación, aunque a nuestros ojos ese cambio sea inapreciable, y nada asegura que nuestros rasgos sean los idóneos en el entorno del futuro.

33

¿Y cómo llegamos a conquistar todo el planeta?

Los logros evolutivos de nuestra especie y sus antepasados se basan en dos aspectos fundamentales: el proceso de hominización, y una amplia dispersión geográfica por todo el planeta (que, posiblemente, fuera consecuencia del primero).

Empecemos definiendo el proceso de hominización, entendido como el conjunto de acontecimientos biológicos que experimentó nuestro linaje para conseguir la transformación gradual desde el ancestro común con los simios antropomorfos hasta el ser humano.

Un cambio significativo fue la adquisición de la postura corporal erguida, ya presente en *Australopithecus*, cuya causa se achaca a la ventaja que supondría a la hora de recolectar y transportar el alimento en el hábitat boscoso en que vivían. Esta postura permitió usar las manos al caminar, lo que supondría posteriormente el uso de armas, herramientas, etc. De hecho, se cree que fue la marcha bípeda, y no la mayor capacidad craneal, lo que nos puso en el camino hacia la humanidad.

El incremento de la capacidad craneal también forma parte de nuestro desarrollo como homínidos, pasando desde los 438 centímetros cúbicos del *Australopithecus afarensis*, hasta triplicarse en los humanos modernos. Este rasgo, no obstante, tardó en desarrollarse. Los homínidos llevaban varios millones de años caminando erguidos antes de aumentar su volumen cerebral. Y lo hicieron por causas que aún no están claras, aunque se ha postulado que podría haber sido consecuencia de unas relaciones sociales cada vez más complejas, o resultado del aporte energético proporcionado por el consumo de carne.

En el proceso de hominización también fue importante la aparición del lenguaje simbólico. Aunque no se ha descartado que biológicamente los neandertales (e incluso el *Homo antecessor*) pudieran usar un lenguaje lo suficientemente articulado para considerarse simbólico, por ahora las evidencias nos muestran que fueron los *Homo sapiens* los primeros en utilizarlo.

La adquisición paulatina de estas características posibilitó, como vamos a ver, una distribución geográfica de los homínidos que abarcó todo el planeta. Gracias al uso de la técnica del reloj mitocondrial, se ha podido seguir el rastro de las migraciones humanas a lo largo de la historia.

Esta técnica consiste en comparar el ADN presente en las mitocondrias de distintos individuos en diferentes partes del mundo. Recordemos que las mitocondrias son orgánulos celulares que cuentan con material genético propio. Las ventajas de este ADN frente al ADN del núcleo son principalmente dos: las mitocondrias se heredan a través de la línea materna (ya que la copia «original» es la presente en el óvulo), por lo que su secuencia de nucleótidos no se ve afectada por la recombinación sexual, únicamente por mutaciones; además, la tasa de aparición de estas mutaciones es mayor que en el ADN nuclear, al carecer de enzimas de reparación del ADN.

A partir del análisis de este ADN se ha podido establecer un único antecesor común a las distintas especies de homínidos, comúnmente conocido como «Eva mitocondrial», aunque no se trataría de un solo individuo, sino de un grupo reducido de estos, que habrían vivido en África hace aproximadamente doscientos mil años, comenzando a migrar de este continente hace poco más de cien mil años.

Como hemos visto, en menos de cien mil años, un parpadeo en la escala geológica, los homínidos salieron del valle del Rif y se extendieron por todo el planeta. Aunque nos ha quedado claro que no somos la especie «elegida», ni la cúspide del evolucionismo, nadie puede negar que el *Homo sapiens* logró algo que ninguna otra especie de homínidos había hecho hasta el momento: colonizar el planeta entero.

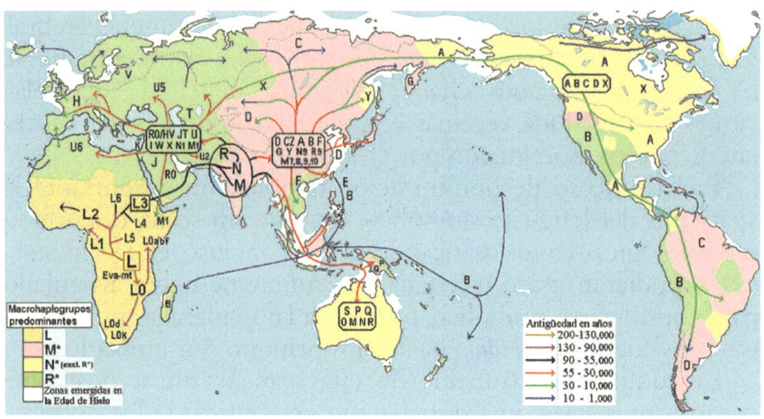

Mapa de las migraciones humanas creado a partir del análisis del ADN mitocondrial de las poblaciones actuales. Los macrohalogrupos (señalados con letras) son grandes series de alelos en lugares específicos de un cromosoma. Como se aprecia en la imagen, los grupos más antiguos aparecen en África, y se extienden por Eurasia y Australia. Las migraciones más recientes se realizaron a América, el norte de Europa, Madagascar y las islas del Pacífico. Foto: Maulucioni, Wikimedia Commons

Recientes investigaciones del equipo del profesor Curtis W. Marean (Universidad de Arizona) postulan que la clave de esta conquista se halla en la aparición dentro del proceso de hominización de un nuevo comportamiento social: una tendencia a cooperar con individuos no emparentados. Esto, unido a un mayor intelecto, permitiría la adaptación veloz a nuevos ambientes.

Acorde con Marean, el comportamiento cooperativo no sería un rasgo aprendido, sino determinado genéticamente, solamente en *Homo sapiens*. Ante el enfriamiento global producido poco después de originarse la especie, los individuos debieron competir entre ellos por el uso de los recursos escasos. Los que formaran grupos y tuvieran conductas prosociales tendrían más posibilidades de vencer, conseguir y defender su comida y, por tanto, sobrevivir. Lo que explicaría la extensión de este comportamiento a toda la población.

Al comportamiento cooperativo se unió la utilización por primera vez de armas de proyectil y veneno como técnica de caza. De hecho, la diáspora del hombre moderno supuso grandes extinciones de especies animales, especialmente en las zonas donde no había habido humanos antes: se acabó con muchos tipos de marsupiales en Australia, y con los mastodontes y perezosos gigantes en América del Sur. Además, se produjo la desaparición del único homínido con el que compartió escenario, los neandertales.

Hemos sido una especie invasora, cuya distribución ha tenido las mayores consecuencias medioambientales de la historia de la vida en la Tierra. Sin opinar sobre las ventajas o desventajas de esto (que dejaremos para la reflexión del lector), lo cierto es que, evolutivamente hablando, es un éxito que irá unido a la definición de *Homo sapiens*. Pero no todo es mérito nuestro, los rasgos que nos diferencian del resto de primates han aparecido a lo largo de un extenso proceso de hominización, y las especies precedentes tuvieron logros evolutivos sin los cuales no seríamos lo que somos.

34

¿Cuánto tiempo pasará para que a partir del ser humano se forme otra especie distinta?

Si queremos hacer este cálculo (que, ya adelanto, será complejo), tenemos que posicionarnos en alguna de las teorías evolutivas aceptadas actualmente. Tanto el neodarwinismo como el neutralismo o la teoría del gen egoísta proponen cambios graduales en las poblaciones, por lo que el tiempo transcurrido hasta la formación de una nueva especie sería muy extenso. Sin embargo, ya dijimos que una serie de científicos cuestionaron esta transformación gradual.

Las múltiples lagunas en el registro fósil hicieron pensar que las formas intermedias no se encontraban porque sencillamente no existían. Según esto, Niles Eldredge y Stephen Jay Gould proponen, en 1972, el modelo del equilibrio puntuado o discontinuo (Punctuated Equilibrium).

Acorde con esta teoría, el proceso evolutivo no sería continuo, sino que ocurriría a «saltos», es decir, habría momentos de cambios bruscos en los que aparecerían muchas especies nuevas, seguidos de largos períodos sin cambio evolutivo (que los autores denominaron períodos de *estasis*). Después, las especies desaparecían o darían lugar a otras, de nuevo de forma súbita.

La cuestión era: ¿cómo podría una especie evolucionar tan rápido? Estos autores lo explicaron a través del mecanismo de especiación peripátrica (que, recordemos, consiste en que un número pequeño de individuos se separa del resto, fundando una nueva población que modifica rápidamente sus frecuencias génicas).

El patrón fósil encontrado hasta el momento coincide con esta hipótesis. Incluso en la serie filogenética del caballo que ya comentamos (restos fósiles de antepasados de este animal que muestran cambios continuos con el tiempo) se veía que especies distintas convivían durante épocas. Esto se podría explicar según el modelo de Gould y Eldredge, ya que el ancestro daría lugar, de forma repentina, a varias especies diferentes. Algunas de las cuales sobrevivían, dando lugar a su vez a otras especies. No sería un cambio gradual dentro de cada especie, sino la supervivencia diferencial de unos grupos frente a otros, el origen de los fósiles que ahora vemos. Una evolución más ramificada que gradual.

Esta teoría, de hecho, no se opone del todo a la teoría sintética, admite la existencia de un proceso evolutivo gradual, pero cuestiona que el ritmo sea uniforme. Existirían, por tanto, formas intermedias, pero su presencia en la Tierra habría sido breve, dificultando así la formación de fósiles. En la actualidad, muchos científicos admiten ambas teorías, aplicadas a distintos grupos de organismos.

El ritmo evolutivo, por tanto, puede variar de miles de años, desde el punto de vista de la teoría del equilibrio puntuado; hasta millones, desde la teoría sintética. Lo cual dificulta enormemente el cálculo del tiempo que pasará para que una especie evolucione en otra, y el caso del *Homo sapiens* no es una excepción.

Ni siquiera sabemos de qué manera va a evolucionar. Una hipótesis futurista recurrente ha sido la que propone el desarrollo de un cerebro enorme que nos aseguraría un mayor intelecto, idea descartada científicamente si tenemos en cuenta que nuestro volumen cerebral hace mucho tiempo que dejó de aumentar. También ha habido opiniones sobre el momento de estabilidad evolutiva que vive el ser humano actual, debido a que nuestra capacidad de modificación del ambiente estaría frenando mucha de la presión selectiva que otras especies sí sufren.

Lo que es cierto es que, como en todos los organismos, los cambios más innovadores y llamativos se producen en los comienzos de la especie, a partir de ahí el ritmo parece descender, por lo que pudiera coincidir con los períodos de estasis que

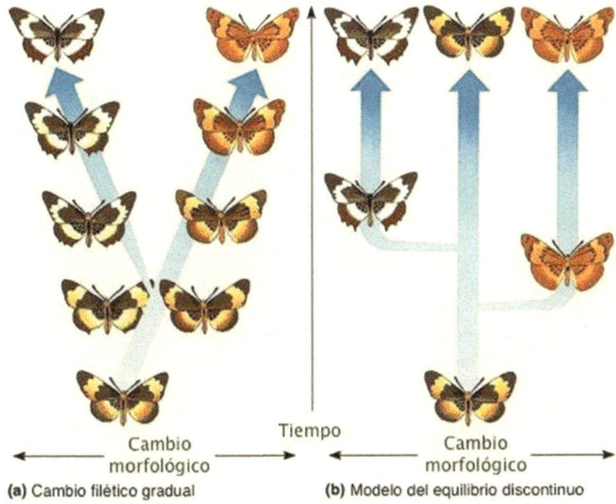

Comparación entre el modelo gradual y el del equilibrio puntuado. El primer modelo admite cambios continuos en las especies, con múltiples formas intermedias. En el segundo caso, los cambios serían bruscos, produciendo múltiples ramificaciones, y mantendrían después las especies las mismas características genotípicas y fenotípicas durante largos períodos de estasis evolutiva. Foto: ©Pearson Education, Inc., publishing as Benjamin Cummings

Gould y Eldredge proponían. Puede que nos encontremos en un momento similar en la actualidad, aunque interiormente seguimos experimentando cambios genéticos, que irremediablemente afectan, y afectarán, a nuestra fisionomía.

Observando el árbol evolutivo de los homínidos (fig. 34), podemos ver que hay especies que han vivido más de un millón de años, mientras que otras se extinguieron en una quinta parte de ese tiempo. Adelantar un dato sobre el tiempo que pasará para la llegada de una especie tras el *Homo sapiens* es algo que supera, por ahora, los límites de la ciencia. Por lo que esta pregunta, por el momento, se tiene que quedar sin respuesta.

IV

BIODIVERSIDAD

35

¿CUÁNTAS ESPECIES DISTINTAS EXISTEN?

Hemos comprobado cómo, a través de un complejo mecanismo evolutivo de millones de años, el planeta ha pasado de tener unas minúsculas moléculas orgánicas en el caldo primordial, hasta tener distintos organismos colonizando cada rincón del mismo. Hablamos de biodiversidad o diversidad biológica para referirnos a variedad de seres vivos presentes en un medio.

Desde su formación, hace aproximadamente cuatro mil quinientos millones de años, la superficie de la Tierra no ha cesado de cambiar: transformaciones provocadas por procesos geológicos internos (movimiento de las placas, volcanes, terremotos, formación de cordilleras, etc.) y externos (fenómenos atmosféricos, erosión, etc.). Esto ha permitido la aparición de distintos y variados ambientes, entornos indispensables para el desarrollo de mecanismos de especiación.

Las nuevas especies formadas, a su vez, han introducido modificaciones en el paisaje, en la atmósfera, en la hidrosfera, etc., influyendo de esta manera en la evolución de otros grupos de organismos. De esta forma, todo se ha interrelacionado, la biosfera

GRUPO DE ORGANISMOS	CANTIDAD DE ESPECIES	GRUPO DE ORGANISMOS	CANTIDAD DE ESPECIES
Insectos y miriápodos	960.000	**Peces**	20.000
Plantas	270.000	**Anfibios y reptiles**	11.000
Hongos y líquenes	100.000	**Esponjas**	10.000
Protozoos y algas	80.000	**Corales, medusas y anémonas**	10.000
Arañas y escorpiones	75.000	**Aves**	10.000
Moluscos (caracoles, mejillones, ostras)	70.000	**Mamíferos**	4.500
Lombrices de tierra, planarias, tenias	57.000	**Bacterias**	4.000
Crustáceos (cangrejos, langostas)	40.000	**Otros grupos**	10.000

Número aproximado de especies conocidas de cada tipo de organismo. Como puede observarse, más de la mitad de las mismas serían insectos y miriápodos (entre los que encontramos a los ciempiés y milpiés). Foto: Ministerio de Educación, Ciencia y Tecnología de la Nación, Buenos Aires

es un macroecosistema complejo, con tantas especies distintas que, a día de hoy, y con toda la tecnología que tenemos (y todos los espacios del planeta que hemos explorado), sólo conocemos una ínfima parte de la misma.

Y es que los últimos datos sobre biodiversidad a nivel mundial establecen que se han descrito cerca de 1,7 millones de especies distintas, de un total de especies existentes estimado entre 5 y 14 (o 30, dependiendo de la fuente) millones.

La biodiversidad planetaria ha cambiado a lo largo de la historia de la Tierra. Tras un estudio de 2005 sobre la diversidad fósil, Robert Rohde y Richard Muller encontraron ciclos de aparición de aproximadamente 62 millones de años. Puede observarse en la figura de la página siguiente cierto patrón ondulatorio en el área verde, que identifica la cantidad de géneros conocidos, los valles se suceden con cierta periodicidad.

La causa de estos ciclos sigue siendo un misterio, pero los autores proponen posibles factores: el paso periódico del sistema solar a través de estructuras que perturbaran la nube de Oort, región de donde provienen la mayoría de los cometas, aumentando el impacto de estos sobre la Tierra. Otra posible causa podría ser la salida periódica de plumas de calor del interior terrestre, que

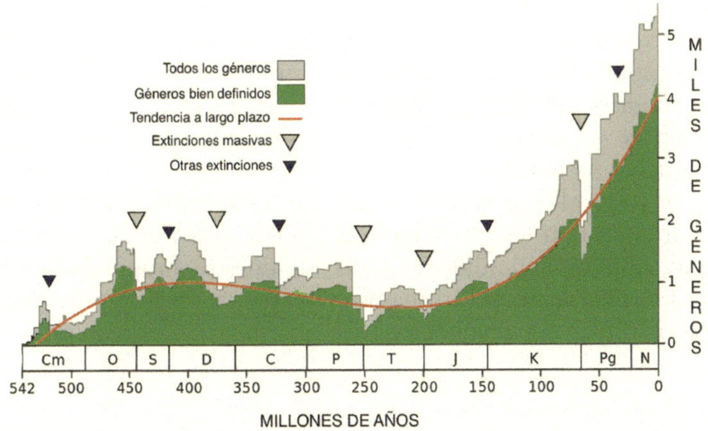

Evolución de la biodiversidad del planeta durante el Eón Fanerozoico (división temporal que abarca los últimos 542 millones de años); previamente ya existía vida en el planeta, pero se reducía a especies muy sencillas y no estaba diversificada. Los triángulos más grandes marcan las cinco extinciones masivas y los más pequeños otras extinciones menores. El número de géneros bien definidos ha aumentado hasta más de 4.000. Foto: modificado de Mestre, A., Wikimedia Commons, basado en Rohde, R. y Muller, R., 2005

provocarían vulcanismo en superficie. Y también se postula la posibilidad de que la oscilación del Sol en su movimiento dentro de la galaxia haya provocado cambios climáticos con cierta cadencia.

Vimos con anterioridad que las especies actuales representan una mínima parte de todas las que han existido, debido a los procesos de extinción. Aun teniendo este dato en mente, el número de especies a largo plazo ha ido en aumento, es decir, actualmente contamos con la mayor biodiversidad que ha habido en nuestro planeta en un mismo momento. Una biodiversidad compuesta por más de cuatro mil géneros distintos, y más de cinco millones de especies (incluso hay autores que ponen el límite en los cien millones). Muchos investigadores están haciendo grandes esfuerzos en estudiar las distintas formas de vida, que manera que nos ayude a entender el pasado y el presente de la Tierra.

Además del enfoque puramente científico, hace mucho tiempo que la biodiversidad del planeta se comenzó a interpretar desde la perspectiva de los «servicios» que los ecosistemas aportan a la economía, los modos de vida y otros aspectos del bienestar humano. La biodiversidad nos aporta un sinfín de recursos y productos tangibles: comida, medicina, madera y otros materiales, combustible, etc.; pero también nos supone servicios de regulación: control del clima, purificación de agua y aire, etc.; y servicios culturales: recreación o el valor espiritual que la naturaleza tiene en muchas sociedades.

Por todo ello, se considera uno de los recursos naturales más importantes con los que cuenta el planeta y, por ende, el ser humano. Hemos aprendido a usarla en nuestro propio beneficio, ahora es necesario que asumamos el papel de asegurar su conservación con la misma vehemencia.

36

¿Cuál es el sitio con mayor biodiversidad del planeta?

A nivel global, la biodiversidad disminuye a medida que nos alejamos del ecuador y nos acercamos a los polos. Esto se puede explicar si tenemos en cuenta que la mayoría de las ramas del árbol de la vida se originaron en ambientes tropicales, y de ahí fueron moviéndose a zonas más templadas y frías.

Si lo estudiamos por regiones concretas, el Centro de Monitoreo de la Conservación Mundial (UNEP-WCMC) estableció en el año 2000 los diecisiete países con mayor biodiversidad del planeta, estos eran (por orden de especies endémicas): Brasil, Indonesia, Sudáfrica, Colombia, Australia, Papúa Nueva Guinea, México, China, Filipinas, Madagascar, India, Malasia, Venezuela, Perú, Ecuador, Estados Unidos y República Democrática del Congo.

Como podemos observar, muchas de estas zonas son islas. Lo cual es lógico ahora que conocemos los mecanismos de especiación y cómo el aislamiento geográfico favorece la adaptación de los individuos a ese espacio nuevo (la isla), con los consiguientes cambios genéticos que darán lugar a especies nuevas.

Si lo que mirásemos fueran ecosistemas específicos, a la cabeza de los más biodiversos estarían las selvas tropicales, que contienen más del 50 % de las especies animales y vegetales del mundo, a

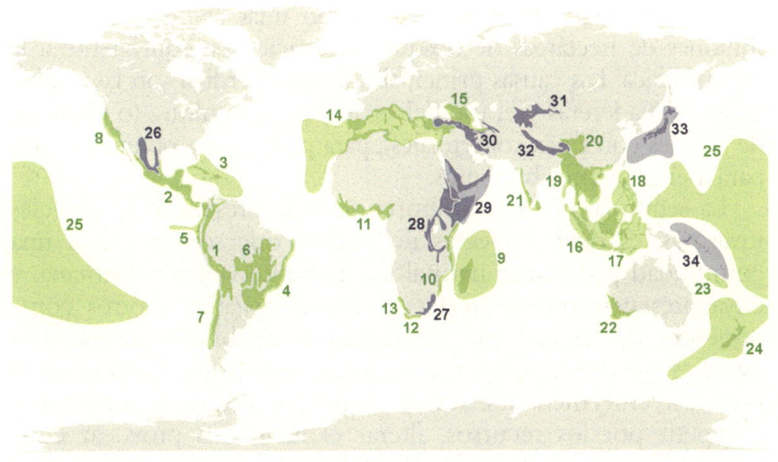

Mapa mundial de los *hotspots* de biodiversidad. Las veinticinco áreas marcadas en verde fueron establecidas en el año 2000, desde entonces se han añadido nueve zonas (numeración del 26 al 34). La mayor parte de ellas se encuentran en regiones tropicales (recordemos que para valorarlos se han utilizado criterios basados en la vegetación presente) y en zonas costeras. Foto: Ninjatacoshell, Wikimedia Commons

pesar de ocupar menos del 7 % de la superficie del planeta; y los arrecifes de coral que, pese a ocupar menos del 0,1 % de la superficie de los océanos, albergan el 25 % de las especies marinas.

Son áreas de gran biodiversidad, en muchas ocasiones amenazadas. Acorde con la Unión Internacional para la Conservación de la Naturaleza (IUCN), el 41 % de los anfibios, el 33 % de los corales en arrecifes, el 13 % de las aves, y el 25 % de los mamíferos del planeta están en peligro de extinción.

Llamamos punto crítico de biodiversidad (*hotspot*) a las zonas ricas en diversidad biológica que se enfrentan a amenazas serias debido al impacto humano. Los *hotspots* cumplen dos criterios: tienen que haber perdido al menos el 70 % de su vegetación original, y más de 1.500 de sus especies de plantas vasculares deben ser endemismos (encontrarse sólo ahí). En el mundo existen 34 áreas con estas características.

La amenaza más grave que afecta a la biodiversidad en el planeta es la pérdida de hábitats derivada de la deforestación masiva de grandes regiones del globo. Según datos de la Organización de las Naciones Unidas para la Alimentación y la Agricultura (FAO), desde 1990 hasta 2015 se han perdido unas ciento veintinueve millones de hectáreas de bosque, superficie casi equivalente a la de Sudáfrica. Las causas principales de esta pérdida son las explotaciones madereras y el uso del suelo para agricultura (o plantado de árboles con fines comerciales), para pastos, para obtener leña o para asentamientos humanos.

La segunda amenaza importante es la presencia de especies invasoras, es decir, especies no nativas que se agregan a una comunidad por causas naturales o por intervención humana, y cuya presencia puede afectar de forma negativa a otros componentes del ecosistema. En términos de biodiversidad, estas especies pueden desplazar a los grupos autóctonos, bien sea al provocar enfermedades, actuar como depredadores o parásitos, competir por los recursos, alterar el hábitat, o provocar contaminación genética mediante su hibridación con las especies nativas.

Otra amenaza a la biodiversidad, esta vez inevitablemente vinculada a la mano humana, es la derivada de la contaminación de los hábitats. Una de las fuentes de contaminación principal es la agricultura, una práctica que implica el uso de pesticidas y agroquímicos, de los que sólo un pequeño porcentaje se queda en la planta, el resto contamina el suelo; la introducción de especies cultivadas con características distintas a las autóctonas; la deforestación para el uso del suelo como terreno de cultivo, o la utilización de agua para regadíos, que provoca pérdida de recursos hídricos en el subsuelo.

Otro riesgo inminente son los efectos del cambio climático global. Se estima que las plantas, reptiles y, especialmente, los anfibios, serán los grupos más amenazados. Se ha estudiado que, en el último período de la historia del planeta, la temperatura ha cambiado menos de un grado centígrado por millón de años, un ritmo entre 10.000 y 100.000 veces más lento de lo que se estima cambiará entre 2000 y 2100. Muchas especies no serán capaces de acomodarse a ese cambio de temperatura a gran escala, lo cual implicará inevitablemente migraciones hacia los polos y, en otros casos, extinciones.

Con todo esto hemos demostrado que, si bien la biodiversidad en el planeta es inmensa, su continuación se enfrenta a desafíos y retos, la mayor parte de ellos por causa humana. Teniendo en cuenta todos los recursos que la diversidad de especies nos ofrece, no deberíamos dejar que esta se redujera. Aunque ya se han puesto en marcha a nivel internacional programas de conservación de la naturaleza, es importante que todos, en nuestro día a día, seamos conscientes de que el cuidado de las especies que nos rodea no sólo es bueno, es totalmente necesario.

37

¿Por qué las especies se nombran en latín?

Teniendo en cuenta que existen casi dos millones de especies conocidas, a las que debemos añadir las que cada día son descubiertas por científicos de todo el mundo, es fácil entender que el estudio de los seres vivos requiere de cierta organización. Así nace la sistemática, disciplina encargada de ordenar en grupos las distintas formas de vida conocidas.

Las clasificaciones de seres vivos se han modificado a lo largo de la historia. Aristóteles (384-322 a. C.) fue pionero en el ordenamiento de los organismos, ya vimos que en su obra *Scala Naturae* organizaba la materia acorde con su complejidad. El filósofo, además, fue el primero en dividir a los seres vivos de acuerdo con criterios dicotómicos (dos opciones). Por ejemplo, organizaba a los animales en dos grupos: los que tenían sangre y los que no tenían. Teofrasto (371-287 a. C.), discípulo de Aristóteles, clasificaba las plantas según su tamaño en árboles, arbustos y hierbas; Dioscórides (40-90) las dividió acorde con su utilidad en alimenticias, venenosas y medicinales; y San Agustín (354-430) hizo lo propio con los animales, separándolos en útiles, peligrosos y superfluos.

Estos sistemas de clasificación, con ligeras modificaciones, se utilizaron hasta el siglo XVII cuando John Ray (1628-1705) propone una subdivisión en grupos según la presencia o ausencia de algunas características externas. Este sistema es perfeccionado posteriormente por Carl von Linneo (1707-1778), considerado padre de la clasificación jerárquica. Linneo establecía una jerarquía en siete niveles: imperio, reino, clase, orden, género, especie y variedad.

En 1813, el botánico Agustín-Pyramus de Candolle acuña la palabra *taxonomía* para designar a las reglas de una clasificación, y se recuperan, con modificaciones, los niveles (a partir de ahora, llamados *taxones*) establecidos por Linneo.

En un principio, sólo se reconocían dos reinos: animales y plantas. El desarrollo de los microscopios trajo consigo la creación de un tercer reino, Protistas, por el evolucionista Ernst Haeckel, quien comprobó que algunos microorganismos carecían de núcleo, a los que denominó Monera. Posteriormente, Herbert Copeland propuso que este reino se separara de los Protistas. Finalmente, en 1959, Robert Whittaker propone el reino Fungi para incorporar a los hongos.

En 1978, Whittaker y Margulis incorporan las algas a los Protistas, formando el reino Protoctista, de esta manera se establecía una clasificación en cinco reinos (Monera, Protoctista, Fungi, Animalia y Plantae). Poco después, los avances en biología molecular hicieron que Carl Woese y su equipo añadieran una categoría superior al reino: el dominio. Plantearon tres dominios: Bacteria, Archaea y Eukarya. Acorde con los cuales, el reino Monera podría descartarse, clasificándose sus organismos en los dominios Bacteria o Archaea (en función de sus lípidos de membrana y la forma de sus ribosomas), y el resto de los reinos pertenecerían al dominio Eukarya.

La taxonomía moderna reconoce por lo tanto ocho categorías taxonómicas, ordenadas de mayor a menor como: dominio, reino, división (en plantas y hongos) o filo (en animales y protoctistas), clase, orden, familia, género y especie. Generalmente, existen subniveles entre estas ocho grandes categorías (subfilo, subclase, suborden, etc.). Cada nivel incluye a los inferiores, de manera que un dominio está formado por varios reinos, cada reino incluye a diversos filos, estos a su vez tienen varias clases, y así sucesivamente.

Además de clasificar a los seres vivos, dado que la misma especie se puede encontrar en muchos lugares distintos, era importante asignarles nombres de uso universal. Sin embargo, durante siglos, los naturalistas asignaron nombres vulgares a las nuevas especies que encontraban, añadiéndoles una breve descripción en latín (nomenclatura polinominal).

Y es en 1753 cuando Linneo publica su obra *Species Plantarum,* en la que describe cada especie de planta conocida hasta esa fecha, en la que diseña un método de nomenclatura denominado sistema binomial, porque el nombre científico de un organismo constaría de dos partes: el nombre genérico y un epíteto

CATEGORÍA	TAXÓN	CARACTERÍSTICAS
Dominio	Eukarya	Células con ADN lineal, citoesqueleto y membranas internas.
Reino	Animalia	Organismos pluricelulares, células sin clorofila ni pared celular.
Filo (o phylum)	Chordata (cordados)	Presencia de notocordio (estructura de fibras nerviosas que recorren longitudinalmente el cuerpo).
Subfilo	Vertebrata	Notocordio protegido por una placa ósea (columna vertebral).
Superclase	Tetrapoda	Vertebrados terrestres con cuatro extremidades.
Clase	Mammalia	Presencia de pelo en la piel y glándulas mamarias.
Orden	Primates	Cinco dedos, pulgar oponible, visión en profundidad.
Familia	Hominidae	Cara plana, visión en colores, locomoción erguida y bípeda.
Género	Homo	Encéfalo grande, verticalización del cráneo, pies no prensiles y primer dedo alineado con los demás.
Especie	Homo sapiens	Mentón prominente, frente alta, pelo corporal escaso.

Clasificación jerárquica del ser humano (*Homo sapiens*). Cada taxón (por ejemplo, *Homo*) tiene asociada una categoría (en este caso, género) y cuenta con un conjunto de atributos que determina la pertenencia de ciertos organismos a ese grupo. Nuestra especie comparte género con otras especies como *Homo neanderthalensis* u *Homo habilis*, comparte familia con los *Australopithecus*, y comparte orden con chimpancés o gorilas, por ejemplo.

específico. Se ha acordado que ambos se escriben en cursiva (o subrayados, si se escribe a mano), comenzando con mayúscula el nombre del género, por ejemplo: *Homo sapiens*.

En ocasiones, dentro de una especie encontramos distintas poblaciones con características genéticas, morfológicas o comportamentales distintas, se denominan entonces subespecies y se nombran con una nomenclatura trinomial: nombre genérico, epíteto específico y subespecífico. Por ejemplo, el nombre científico del perro es *Canis lupus familiaris*, comparte género y especie con el lobo (*Canis lupus*) pero es una subespecie de este. Durante bastante tiempo, al ser humano también se le llamó *Homo sapiens*, para diferenciarlo de la otra subespecie *Homo sapiens neanderthalensis*. Ahora sabemos que son dos especies diferentes, aunque el debate no está completamente cerrado.

¿Y quién decide los nombres de las especies? La primera persona en describir un ser vivo puede ponerle el nombre que desee. Aunque a veces se nombran aludiendo al descubridor o a algún colega, generalmente se basan en características del organismo. Por ejemplo, *sapiens* significa 'sabio' porque Linneo (responsable del nombre de nuestra especie) lo identificaba como el único animal racional.

¿Y por qué en latín? En realidad, no todos los nombres científicos se escriben en latín, algunos están latinizados. La razón es doble: en primer lugar, se escoge una sola lengua para que todos los investigadores, independientemente del lugar de origen, puedan estudiar y compartir descubrimientos sobre los mismos organismos. Y la razón de la elección del latín posiblemente haya estado más relacionada con el momento histórico en que surgen las primeras clasificaciones. La mayor parte de las publicaciones botánicas de esa época (ss. XVI y XVII) se escribían en esa lengua.

Si la sistemática y nomenclatura hubieran nacido en nuestros tiempos, es probable que la lengua utilizada para designar a las especies fuera el inglés, quién sabe. Lo que es innegable es que el legado de Linneo ha sido fundamental en la clasificación de las especies, y ha permitido un consenso generalizado poco común en otras áreas de las ciencias.

38

El antepasado directo de las termitas, ¿es la hormiga o la cucaracha?

El lector puede, por un momento, responder mentalmente a esta pregunta. Comprobaremos si ha acertado al final de la respuesta, antes debemos acercarnos al campo de la ciencia que nos pueda ayudar a solucionar esta duda.

A pesar de la revolución que supuso en otros ámbitos, la publicación de la teoría de la evolución de Darwin no se vio igualmente reflejada en la sistemática, y tendría que llegar la teoría sintética de la evolución, en la década de 1940, para que los sistemas de clasificación se reajustaran y, por primera vez, se hicieran compatibles con los datos aportados por las relaciones evolutivas entre organismos.

De este modo, en la década de 1950, el entomólogo Willi Hennig presentó su libro *Sistemática filogenética*, un método que actualmente también se conoce como *cladismo* (del griego *clados*, «rama»). Este método agrupa a los organismos en función de su antecesor más inmediato. Para ello, reconoce rasgos únicos y derivados de ese ancestro común, características denominadas *sinapomorfias*. Estas son, generalmente, estructuras homólogas, como los huesos de las extremidades anteriores de los vertebrados (que vimos en la pregunta 30): todos ellos reflejan una estructura interna similar, heredada de un ancestro compartido. Las *simplesiomorfias*, por otro lado, son características que se mantienen desde ancestros remotos (como la columna vertebral, presente en mamíferos, pero también en peces, anfibios, reptiles o aves).

El cladismo utiliza la información obtenida del análisis de sinapomorfias y simplesiomorfias para elaborar árboles filogenéticos o cladogramas. Durante muchos años se utilizaron características morfológicas y de anatomía externa, llamados criterios artificiales, para el establecimiento de las ramas de estos árboles. De hecho, *especie* en latín significa «aspecto», ya que era la apariencia lo que primaba a la hora de clasificar grupos de seres vivos.

En la actualidad se utilizan criterios naturales, basados en características celulares, genéticas, bioquímicas, fisiológicas, ecológicas, morfológicas, comportamentales y reproductivas, que permiten establecer relaciones de parentesco evolutivo entre las distintas especies de organismos.

De manera que, analizando estas características, se conectan unas especies con otras a través de ramas, formando un árbol filogenético, comúnmente llamado árbol de la vida. El punto de bifurcación entre dos ramas correspondería a un *evento cladogenético* o de separación de dos linajes evolutivos. Y cada nodo, junto con las especies derivadas de él, se considera un *grupo monofilético*. En ocasiones se obtienen varios árboles filogenéticos distintos a partir de las mismas especies, en cuyo caso se escoge el más *parsimonioso*, es decir, el que menos pasos contenga a lo largo de sus ramas.

El cladismo, de este modo, establece relaciones entre especies que, además de servir para su clasificación, nos permiten analizar el pasado evolutivo de los distintos grupos. La cladista, pese a ser la escuela sistemática más generalizada, no es la única. Existen

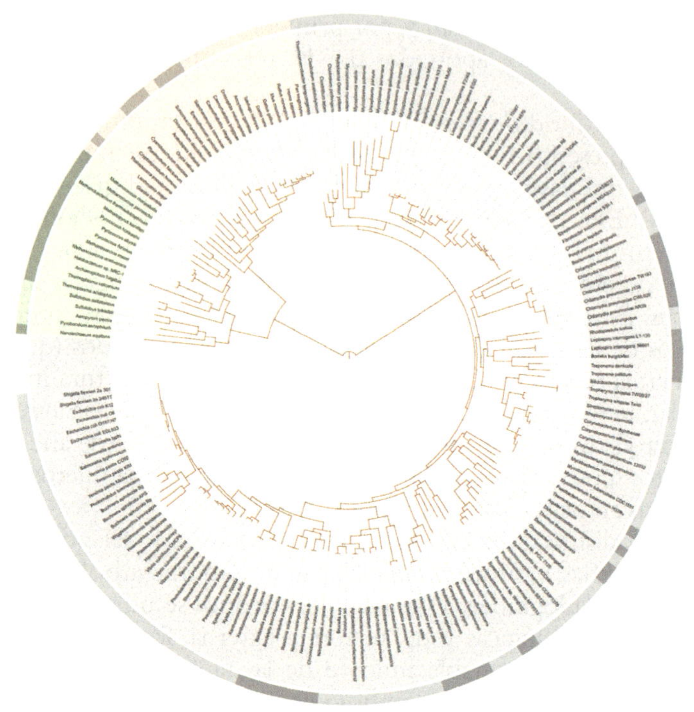

Árbol filogenético circular de las especies con genomas secuenciados hasta 2006. El punto central sería el ancestro común a todas las especies y a partir de él, el árbol se ramifica mostrando las relaciones de parentesco evolutivo entre organismos. Foto: Letunic, I., Wikimedia Commons

también la escuela feneticista, en la que la similitud global de un grupo de organismos prima sobre su filogenia; y la escuela evolucionista, que separa a dos grupos que presentan divergencias morfológicas extremas, aunque tengan un antepasado común, como aves y reptiles.

La sistemática sufrió un gran avance con el desarrollo de las técnicas de biología molecular que permitían secuenciar el ADN, esto es, conocer el orden de las subunidades que lo componen, e hibridarlo, lo que significa compararlo con las secuencias de ADN de otro individuo y hallar diferencias y similitudes. Había nacido la sistemática molecular.

Asumiendo que, con el paso del tiempo y a un ritmo constante, el ADN acumula mutaciones (cambios en su secuencia), se planteó el uso de esa tasa de mutaciones para averiguar el tiempo pasado desde que un ancestro común originó dos linajes (cuantas más mutaciones, más tiempo). Esta técnica es conocida como reloj molecular.

La secuenciación de genomas completos, cada vez más habitual, y el uso de los relojes moleculares han permitido establecer muchas relaciones que se desconocían, y modificar algunas que ya se habían establecido. Uno de esos cambios lo ha experimentado el grupo de las termitas. Por su aspecto externo y su comportamiento social, se les podría considerar emparentadas con las hormigas. Pero, en realidad, la genética nos dice otra cosa. Algunos investigadores establecen que, tanto el orden Isoptera (termitas), como Blattodea (cucarachas) y Mantodea (mantis) forman parte de un superorden denominado Dictyoptera. Otros han recalificado el orden Isoptera como infraorden dentro del orden Blattodea. Aunque el debate no está cerrado, lo que sí ha quedado claro es que los parientes más cercanos a las termitas son, efectivamente, las cucarachas. ¿Había el lector acertado en su respuesta?

Actualmente, sigue habiendo dificultades a la hora de organizar a los seres vivos, y existen diversas teorías, fundamentos y métodos de clasificación. La forma del árbol de la vida ha ido modificándose, se han revisado las relaciones, se han agregado nuevas ramas, otras han cambiado de posición, etc. y lo seguirán haciendo. Ejemplos como el de las termitas nos permiten apreciar lo efímero que puede llegar a ser el conocimiento humano, y cómo la ciencia está poniendo a prueba constantemente las teorías anteriores, creciendo a cada momento gracias al esfuerzo conjunto de muchos científicos en todo el mundo.

39

¿Cuántas bacterias viven dentro de nuestro cuerpo?

Comenzamos el recorrido por los seres vivos que habitan la Tierra analizando aquellos más sencillos: las bacterias. Para comprender la cantidad de bacterias que habitan en nuestro organismo, comentaremos primero algunas características que capacitan a estos organismos para vivir en cráteres volcánicos, bajo el hielo polar, o dentro de nuestro intestino.

Como ya vimos, estos organismos, de organización procariota (sus células carecen de núcleo diferenciado) son los seres más antiguos del planeta. De hecho, durante dos tercios de la historia de la vida en la Tierra, sólo existieron los procariontes. Los primeros debían ser bacterias termófilas, soportadoras de las altas temperaturas reinantes en la Tierra primitiva. Pasados más de 1.000 millones de años, aparecerían las primeras bacterias fotosintéticas (cianobacterias), que transformaron la atmósfera terrestre, aportándole un oxígeno necesario para el desarrollo de microorganismos aerobios.

Recordemos que, acorde con la clasificación de Whittaker y Margulis, las bacterias se clasifican en el reino Monera. Más tarde, el equipo de Woese, mediante análisis biomoleculares, las dividía en dos dominios: Bacteria y Archaea. En el dominio Bacteria encontraríamos a organismos anaerobios e hipertermófilos, bacterias grampositivas, cianobacterias y bacterias rojas. El dominio Archaea estaría formado por bacterias hipertermófilas, halófilas (soportan altas concentraciones de sal) y bacterias productoras de metano (metanógenas). Filogenéticamente, Archaea podría estar más relacionada con el dominio Eukarya (al que pertenecen el resto de seres vivos) que con Bacteria.

Ambos dominios, no obstante, comparten características morfológicas (ver estructura procariota en la página 36 para más detalles). Su tamaño promedio es muy pequeño, de 1-10 micras. Esto implica una alta relación superficie-volumen, que le permite intercambiar productos con el exterior sin necesidad de orgánulos. De hecho, procesos como la respiración o la fotosíntesis suceden sobre su membrana plasmática o en sus invaginaciones.

Su forma es variable y viene determinada por la pared celular, estructura rígida que rodea a la membrana plasmática. En el dominio Bacteria, esta pared está constituida por peptidoglucano o mureína (sustancia exclusiva de procariontes), mientras que las Archaea pueden tener paredes celulares diversas, incluso, como en el caso de los termoplasmas, carecer de ella. En función del grosor de la pared diferenciamos dos tipos de bacterias: grampositivas, con una pared más gruesa; y gramnegativas, de pared más fina.

Otro logro evolutivo de algunas especies del dominio Bacteria ha sido su capacidad para formar estructuras de resistencia cuando las condiciones le son desfavorables, se llaman endosporas y pueden permanecer muchos años con el metabolismo en estado de latencia, hasta que las condiciones vuelven a ser apropiadas y se reactivan.

Las bacterias se reproducen muy rápidamente, por división celular simple, también llamada fisión binaria. Una célula duplica su material genético y se divide en dos, formando dos copias iguales. A pesar de esto, hemos visto que los grupos bacterianos han evolucionado y se han diversificado, ¿cómo es posible? La fuente de variabilidad genética principal la debemos buscar en las mutaciones espontáneas producidas por errores de lectura o radiaciones naturales.

También debemos considerar que el material genético bacteriano es una única molécula circular de ADN, que constituye un cromosoma único y, por tanto, un único alelo. Cualquier cambio en el genotipo se expresará inmediatamente en el fenotipo. Además de las mutaciones, se pueden producir procesos de intercambio de material genético entre células de una misma especie, mediante mecanismos de conjugación, transformación y transducción.

Durante tantos años de evolución, los procariontes se han diversificado y adaptado a las distintas condiciones ambientales, de forma que son los organismos más abundantes en la actualidad, del orden de millones por gramo de arena o agua, y se encuentran casi en cualquier ambiente.

Aunque tienen muy mala fama, y nadie niega que muchas enfermedades son transmitidas por estos seres, lo cierto es que las bacterias son imprescindibles para nosotros, y no sólo por formar parte de los ciclos biogeoquímicos esenciales para la vida (son descomponedoras, cierran el ciclo de la materia en los ecosistemas, ayudan a enriquecer de nutrientes el suelo, etc.). También porque muchas de ellas, literalmente, viven dentro de nosotros.

Aunque hasta hace una década se pensaba que la relación con nuestra microbiota estaba basada en el comensalismo, viviendo juntos sin hacernos daño, ahora sabemos que en la relación simbiótica ambos sacamos beneficio de la misma.

Se estima que, sólo en el intestino, tenemos del orden de 10^{13} células bacterianas, tantas como células en todo el cuerpo. Experimentos llevados a cabo en ratones mostraron que aquellos libres de microorganismos en el tracto digestivo requerían un treinta por ciento más de calorías para mantener su masa corporal, algunas conclusiones del estudio demuestran que los microorganismos intestinales contribuyen a la absorción de carbohidratos y lípidos, al contar con enzimas que nosotros no tenemos.

Esta microbiota también parece ayudar en la síntesis de vitaminas (vitamina K y algunas del complejo B). Además, podría estar relacionada asimismo con la mejora de las defensas, por un lado induciendo la producción de inmunoglobulinas A (principal tipo de anticuerpo presente en saliva, lágrimas, leche y secreciones gastrointestinales) y, por otro lado, compitiendo con las bacterias patógenas que penetren en el organismo.

Con lo que, resumiendo, si bien es cierto que tenemos tantas bacterias en el cuerpo como células propias, también es correcto admitir que estas son muy importantes para procesos imprescindibles como la digestión y la defensa del organismo. Esto no implica, no obstante, que tengamos que incluir los alimentos probióticos (como lactobacilus o bifidobacterias que se comercializan actualmente) en nuestra dieta diaria, o abusar de ellos. Su eficacia aún no ha sido demostrada científicamente, y algunos especialistas los consideran incluso perjudiciales en individuos sanos.

40

¿Es cierto que hay más microorganismos en el teclado de un ordenador que en un cuarto de baño?

La respuesta rápida es sí, si lo acotamos a las oficinas de la redacción de la revista *Which? Computer Magazine*, donde se llevó a cabo este estudio en 2008. La respuesta larga es que no podemos generalizar esta afirmación, obviamente dependerá del ordenador y del servicio. No obstante, cada vez se publican más datos sobre la cantidad de bacterias y otros microorganismos que se encuentran en artilugios de uso cotidiano que no se suelen limpiar con regularidad, como el teléfono móvil o el ordenador.

Pero este dato no debería asustarnos demasiado (quizá sólo lo suficiente para concienciarnos sobre la necesidad de desinfectar de vez en cuando nuestras tecnologías), ya que vivimos rodeados de estos microorganismos. Por suerte, las bacterias patógenas representan una proporción pequeña en el conjunto de procariontes a los que estamos expuestos.

La capacidad patógena de las bacterias reside en las toxinas que producen, que pueden ser de dos tipos: endotoxinas y exotoxinas. Las bacterias gramnegativas producen endotoxinas, lipopolisacáridos dispuestos sobre su membrana que, cuando la bacteria muere, se liberan y adhieren a las células del sistema inmunitario infectado. Las infecciones por este tipo de toxinas causan fiebre, vómitos y diarrea. Ejemplos de ello serían la salmonelosis o la fiebre tifoidea, producidas por bacterias del género *Salmonella*; las enfermedades derivadas de la infección de *Escherichia coli* (aunque es fácil encontrarla en nuestra microbiota, algunas cepas de esta bacteria son perjudiciales); o la meningitis, que generalmente es causada por virus, pero también puede tener origen bacteriano.

Las bacterias grampositivas, por otro lado, producen exotoxinas, proteínas secretadas o liberadas al morir la bacteria. A pesar de no causar fiebre, son tan tóxicas que en ocasiones tienen efectos fatales antes de que el sistema inmunitario del organismo infectado pueda actuar contra ellas. Ejemplos de enfermedades causadas por exotoxinas son: el tétanos (provocado por *Clostridium tetani*); el botulismo (*Clostridium botulinum*); la difteria (*Corynebacterium diphtheriae*); y el cólera (*Vibrio cholerae*).

Las bacterias causantes del tétanos y el botulismo son anaerobias, en ambientes normales sobreviven de forma latente como esporas, pero al encontrarse de nuevo en lugares sin oxígeno pueden reactivarse y liberar toxinas. Ambientes anóxicos como el interior de un tejido al hacernos una herida profunda con un instrumento infectado (en el caso del tétanos), o como el interior de una lata de alimento mal esterilizada (en el botulismo). En este último caso, la presencia de alimento puede hacer prosperar tanto a la bacteria que un solo gramo de su toxina podría matar a quince millones de personas.

Algunas enfermedades no son consecuencia directa del efecto nocivo de las toxinas, sino de la reacción del cuerpo contra el patógeno. Por ejemplo, la bacteria grampositiva *Streptococcus pneumoniae* provoca neumonía, estimulando una sobreproducción de líquido y de células en los alvéolos pulmonares que dificulta el proceso respiratorio.

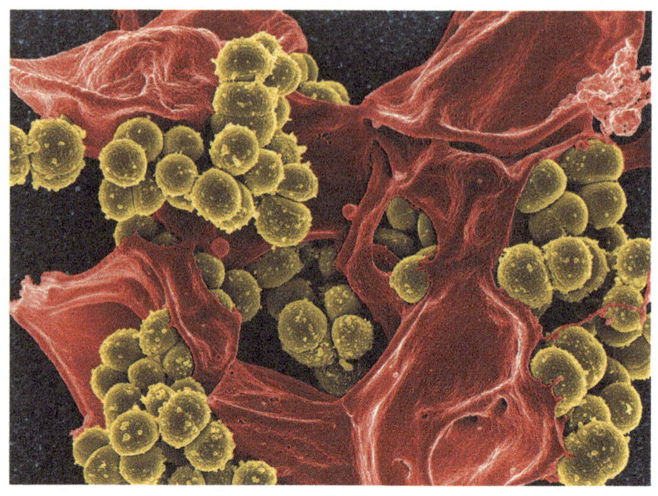

Muestra de *Staphylococcus aureus* en un glóbulo blanco humano muerto. Esta bacteria anaerobia y grampositiva se encuentra muy extendida, se estima que entre el treinta y el cincuenta por ciento de los adultos sanos están colonizados por ella. Es habitual en pacientes hospitalizados o usuarios de drogas intravenosas. Aunque es considerada parte de la microbiota normal del cuerpo, cuando el sistema inmunitario está debilitado, puede causar enfermedades: desde infecciones cutáneas o gastrointestinales hasta meningitis o neumonía. Foto: National Institute of Health, vía Wikimedia Commons

Este poder tóxico de las bacterias ha sido negativamente aprovechado para la fabricación de armas biológicas. Práctica que ya se utilizaba en la Edad Media cuando los distintos bandos colocaban cadáveres de personas infectadas en los depósitos de agua del enemigo.

Otros ejemplos más modernos son las esporas de la grampositiva *Bacillus anthracis*, utilizadas para provocar carbunco en 2001 en miembros del gobierno y los medios de comunicación de Estados Unidos. O el bacilo *Burkholderia mallei*, causante del muermo y utilizado por los rusos en la guerra de Afganistán.

Como hemos visto, vivimos rodeados de microorganismos, muchos de ellos son bacterias. A pesar de que la mayoría son inocuas o incluso beneficiosas, existe una pequeña cantidad de ellas que nos pueden causar enfermedades, ante las que debemos estar prevenidos. En el bloque dedicado a salud y enfermedad hablaremos más sobre la forma de hacer frente a estas infecciones.

41

¿ESTÁN VIVOS LOS VIRUS?

Al hablar de microorganismos patógenos productores de enfermedades, como los que veíamos en la pregunta anterior, se nos vienen a la cabeza, además de las bacterias, los virus. Así que haremos una pequeña parada aquí para observar un poco más de cerca qué son los virus, y deducir si pueden ser considerados seres vivos.

De acuerdo con la definición de ser vivo que vimos al comienzo del libro y las aportaciones que hemos hecho a lo largo del mismo, podemos establecer que todos los seres vivos comparten una serie de características: están formados por células, intercambian materia y energía con el exterior, se reproducen, interactúan con el ambiente, mantienen un equilibrio interno y tienen capacidad de evolucionar. Ahora veamos qué es un virus y comprobemos si esta partícula cumple con los requisitos que la materia viva exige.

Los virus se descubrieron por primera vez en la década de 1880, cuando Adolf Mayer detectó una enfermedad en las plantas de tabaco con las que trabajaba. Se determinó entonces que un virus era cualquier agente capaz de producir una enfermedad infecciosa. A principios del siglo XX se propuso que eran una clase de microorganismos. En 1953, Wendell Stanley descubre que es una molécula proteica, y posteriormente se detecta que también contiene una molécula de ácido nucleico. Ahora sabemos que un virus es una partícula submicroscópica (0,02-0,3 micras) formada por un fragmento de ácido nucleico, ADN o ARN, rodeado de una cápsula proteica.

Todos los virus son parásitos intracelulares obligados, ya que carecen de metabolismo propio. Para interactuar y reproducirse necesitan las enzimas y los orgánulos de la célula a la que infectan. De esta manera, los virus tienen dos fases: una extracelular inerte, en la que se les denomina *viriones*; y una intracelular viva, en la que utilizan la maquinaria celular del hospedador para reproducirse.

La clasificación de los virus es compleja. Para unificarla, en el año 1971 el Comité Internacional para la Taxonomía de los Virus estableció varios criterios, por lo que podemos dividir a estas partículas en función de varios aspectos:

- Según el tipo de ácido nucleico: encontramos virus ARN (como el de la polio, rabia, sarampión, VIH o gripe) y virus ADN (como el de la viruela o el herpes).
- Según el huésped al que parasitan: hablamos de virus animales, vegetales o bacteriófagos, si infectan a bacterias.
- Según su morfología: podemos encontrar *virus desnudos*. Si sólo están formados por ácido nucleico y cápsula proteica, esta puede ser helicoidal (como en el virus del mosaico del tabaco) o icosaédrica (como el rinovirus, responsable del resfriado común); si además de la cápsula cuentan con una membrana externa, se denominan *virus con envoltura* (como el ortomixovirus, responsable de la gripe); y si los virus cuentan con más elementos estructurales, se trata de *virus complejos* (un clásico ejemplo es el bacteriófago T4; ver ilustración en esta misma página).

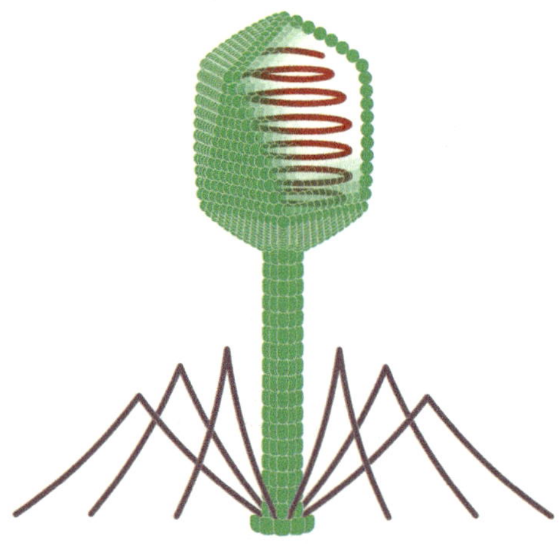

Estructura de un virus bacteriófago T-par. Tiene una cápsida proteica icosaédrica que envuelve el material genético, seguida de una cola helicoidal contráctil, al final de la cual se sitúa una placa basal con seis fibras proteicas responsables de la unión a la célula a infectar. Los bacteriófagos son muy utilizados en ingeniería genética como vectores de clonación por su capacidad para inyectar ADN dentro de las bacterias. Foto: Brito, A., Wikimedia Commons

Recapitulando, hemos visto que los virus, pese a ser capaces de reproducirse, interactuar con el ambiente y evolucionar, necesitan una estructura celular para llevarlo a cabo. Fuera de una célula, un virus es inerte. Además, carece de organización celular, y ya vimos en la teoría celular que toda la materia viva está formada por células. Por todo ello, podemos afirmar que los virus no se consideran organismos vivos, y no encajan en ninguno de los cinco reinos de clasificación de seres vivos. Para ellos se ha propuesto el dominio informal Acytota («acelular»), en el que también estarían plásmidos, transposones, viroides y priones.

Los plásmidos son pequeñas moléculas de ADN, frecuentemente circulares, que no forman parte del cromosoma bacteriano, aunque pueden integrarse en él (por lo que son usados como vectores en ingeniería genética). Los transposones, por su parte, son secuencias de ADN que pueden moverse por diferentes partes del genoma, originando mutaciones. Son muy abundantes en el ADN no codificante. Los viroides son moléculas pequeñas de ARN circular que causan enfermedades importantes en las plantas (en la patata, los cítricos, el tomate, el tabaco, etc.). Por último, los priones son partículas proteicas infecciosas presentes en la membrana de las neuronas, responsables de enfermedades neurodegenerativas como la encefalopatía espongiforme bovina («enfermedad de las vacas locas») o la enfermedad de Creutzfeldt-Jakob en humanos.

42

¿Es cierto que las algas no son plantas?

Comprobado que los virus no son seres vivos, retomemos el análisis de los organismos que ya empezamos con el dominio Archaea y Bacteria. A partir de ahora, hablaremos de los grupos pertenecientes al dominio Eukarya.

En mis clases como docente de biología, siempre intento romper con preconceptos erróneos que mis alumnos traen consigo, fruto de las creencias populares o de las deducciones aparentemente lógicas que realiza nuestro cerebro. Cuando hablamos de biodiversidad, el error conceptual que sin duda más encuentro en ellos es el que ha dado pie a esta pregunta: ¿de verdad las algas no son plantas?

Pero no les culpo, durante muchos años los propios científicos han clasificado a las algas dentro del reino de las plantas. Fue en 1978 cuando Whittaker y Margulis las separaron de estas, uniéndolas a los protistas para formar el reino Protoctista (v. preg. 37). A pesar de recibir este nombre desde entonces, parte de la literatura científica sigue utilizando el término protista para designar a este reino.

Los protoctistas son un grupo tan heterogéneo que la propia Margulis los definió por exclusión: «todos aquellos eucariontes que no son ni animales, ni vegetales, ni hongos». Es probable que la explicación pase por la presencia de más de un ancestro común para este grupo. En la práctica, los únicos aspectos que comparten todos los miembros de este reino son el estar formados por células eucariotas (células con núcleo diferenciado) y carecer de tejidos u órganos.

La clasificación clásica agrupaba a los individuos de este reino en tres conjuntos: protozoos, algas y protoctistas con carácter fúngico. Los protozoos son individuos unicelulares, microscópicos, heterótrofos, cuyas células carecen de pared celular, al igual que las de los animales (de ahí el nombre protozoos, «animales primigenios»). Viven en ambientes húmedos, de forma libre o como parásitos de otros seres vivos. Se clasifican en función de su forma de desplazamiento, de manera que existen flagelados (como los del género *Leishmania*); ciliados (se mueven por cilios, estructuras de movilidad más cortos que los flagelos, como *Paramecium*); rizópodos o sarcodinos (si utilizan seudópodos para moverse, como los del género *Amoeba*); o esporozoos o apicomplejos (si son inmóviles, como *Plasmodium*, causante de la malaria).

Las algas, por su parte, son organismos unicelulares, que en ocasiones forman colonias. Las colonias están compuestas por muchas células unidas, por lo que las algas que las forman presentan un cuerpo vegetativo, llamado talo («tejido falso»). No obstante, a diferencia de las plantas, no crean órganos ni tejidos verdaderos, nunca veríamos conductos con savia atravesando un alga. Pueden ser de vida libre, como las que forman parte del fitoplancton, o pueden vivir fijas a un sustrato, como rocas o árboles, sobre los que en ocasiones forman líquenes (resultado de una asociación simbiótica con hongos).

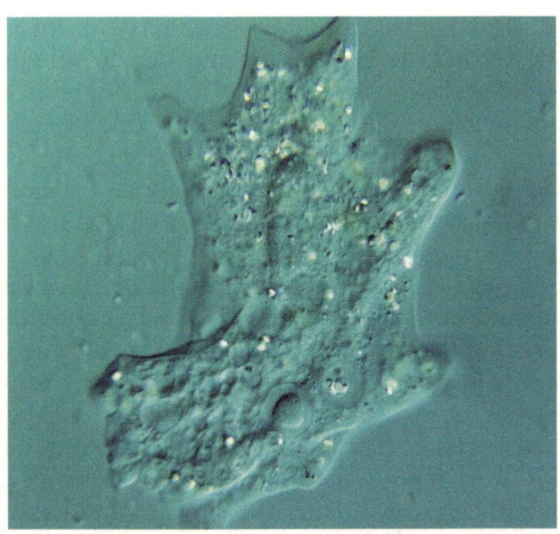

Los protozoos del género *Amoeba* son rizópodos, no tienen forma definida. Deforman su membrana plasmática formando prolongaciones temporales denominadas seudópodos, con los que se mueven y se alimentan (por fagocitosis). Muchos de ellos viven libres y algunos son parásitos de vertebrados, como *Entamoeba histolytica*, que causa amebiosis en el ser humano al ingerir agua contaminada. Foto: Nina-marta, Wikimedia Commons

Los principales grupos de algas microscópicas son los dinoflagelados, crisofitos, euglenoides, diatomeas y algas conjugadas. En cuanto a las algas macroscópicas, estas son todas fotosintéticas, y se han nombrado acorde con su pigmento predominante, así encontramos: clorofitos o algas verdes, feofitas o algas pardas, y rodofitos o algas rojas. Todas presentan clorofila pero, mientras en las primeras este es el pigmento más abundante, en las algas pardas predominan los carotenos, y en las algas rojas las ficobilinas. Esta diversidad les ha permitido vivir a distintas profundidades, recibiendo y captando distintas intensidades de luz.

Por último, los protoctistas con carácter fúngico son seres heterótrofos similares a los hongos. Entre ellos encontramos a los mixomicetos o mohos mucilaginosos y los oomicetos.

La clasificación moderna, basada en análisis moleculares, establece algunas relaciones filogenéticas entre estos grupos de protoctistas. Todas ellas hipotéticas y sometidas a revisión constante. De esta manera, tendríamos distintos clados: los stramenopilos (como las algas pardas, diatomeas y oomicetos); los alveolados (presentan vesículas de almacenamiento de calcio), que son los ciliados, dinoflagelados y los esporozoos; los rizópodos; los euglenozoos; los metanonadinos; micetozoarios (mohos mucilaginosos); foraminíferos (tienen una cubierta calcárea que da el color blanco a los acantilados de Dover, y el color rosa a algunas playas caribeñas); algas rojas (importantes en la formación de arrecifes de coral); y algas verdes.

Esta compleja clasificación demuestra la enorme variabilidad presente dentro de este reino, que puede ser el que más desafíos supone a los sistematistas en la actualidad. A medida que mejoren las técnicas de análisis genéticos y se descubran nuevos rasgos en los organismos, se irán descifrando y confirmando algunas de las relaciones ahora propuestas. Por ahora, nos tendremos que quedar con la idea de la gran diversidad y, sobre todo, el concepto claro de que las algas, por mucho que se parezcan morfológica y metabólicamente, no son plantas.

43

¿Quién aporta la mayor cantidad de oxígeno a la atmósfera?

Para dar respuesta a esta pregunta (que el lector puede, de nuevo, intentar responder mentalmente antes de seguir leyendo), veamos qué es la fotosíntesis y qué organismos la llevan a cabo.

La vida en la Tierra depende de la fotosíntesis, mediante la cual se genera tanto oxígeno como compuestos orgánicos ricos en energía, básicos en la nutrición de los organismos heterótrofos como animales, hongos y protoctistas no fotosintéticos.

La ecuación general de la fotosíntesis se puede sintetizar de la siguiente manera:

$$CO_2 + 2\,H_2A + \text{luz} \rightarrow (CH_2O) + H_2O + A_2$$

Donde la letra «A» representa azufre (S) en las bacterias púrpuras del azufre, o hidrógeno (H) en cianobacterias, algas y plantas.

Los organismos fotosintéticos (algunas bacterias, algunos protoctistas y las plantas) se denominan autótrofos porque son capaces de generar materia orgánica de forma autónoma. Para ello, utilizan la energía de la luz y moléculas de carbono procedentes del dióxido de carbono (CO_2) para sintetizar compuestos orgánicos (glúcidos, CH_2O). En este proceso es necesaria la intervención de una molécula como dador de hidrógeno, que puede ser agua (H_2O), liberándose oxígeno (O_2) al aire; o sulfuro de hidrógeno (H_2S), acumulándose gránulos de azufre (S_2) como resultado del proceso.

En organismos eucariotas, este proceso tiene lugar en un orgánulo citoplasmático denominado cloroplasto. Los procariontes carecen de ellos, pero tienen estructuras denominadas tilacoides en la membrana celular o aislados en el citoplasma.

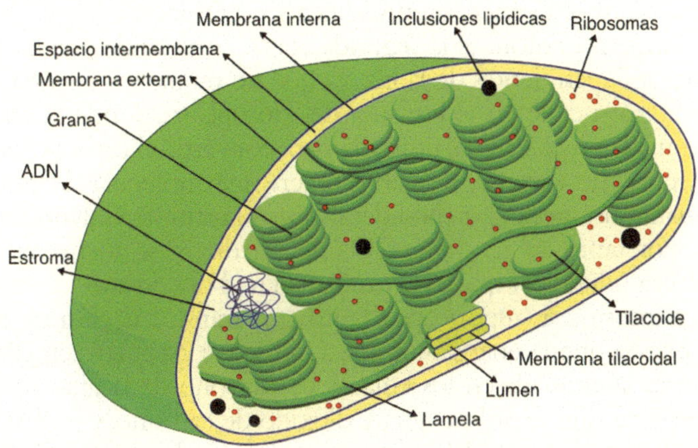

El cloroplasto es un orgánulo con doble membrana, en cuyo medio interno, llamado estroma, podemos encontrar estructuras membranosas en forma de discos que contienen clorofila, los tilacoides. A veces están agrupados en pilas, denominadas grana, otras veces extendidos a lo largo del cloroplasto, formando la lamela. El espacio interno de cada tilacoide (lumen) está interconectado con el de los demás. Foto: Miguelsierra, Wikimedia Commons

La fotosíntesis sucede en dos etapas, una primera dependiente de la luz, seguida de una serie de reacciones independientes de la luz. Para que pueda producirse, unas sustancias denominadas pigmentos deben absorber la energía lumínica del sol. La clorofila es el pigmento principal, aunque no el único. Todos los organismos fotosintéticos contienen además otros pigmentos llamados carotenoides, de colores rojo, anaranjado o amarillo. A veces están enmascarados por el verde de la clorofila, pero si las células dejan de sintetizarla, como sucede en otoño, se puede apreciar el color de estas sustancias.

Las reacciones dependientes de la luz suceden en las membranas de los tilacoides. En ellas, unos sistemas de proteínas y pigmentos, llamados fotosistemas, captan la energía de la luz y la usan para excitar a los electrones (presentes en la clorofila), que son enviados a un nivel de energía superior. La clorofila remplaza esos electrones perdidos con los que le aporta la rotura de una molécula de agua (proceso que libera oxígeno). Los electrones que habían sido excitados van pasando, a través de una cadena de transporte, a niveles de energía cada vez menores. La energía liberada se usa para sintetizar ATP, una molécula intermediaria que acumula esta energía en sus enlaces químicos.

Comienza entonces la segunda etapa, constituida por las reacciones independientes de la luz, ya que no requieren energía solar. Esta etapa sucede en el estroma del cloroplasto, donde la energía acumulada en el ATP es utilizada para convertir el carbono de seis moléculas de dióxido de carbono en una molécula de glucosa, mediante un proceso cíclico denominado ciclo de Calvin. En esta fase, por tanto, se requiere CO_2 del medio, y se forma materia orgánica (glúcidos) que es acumulada en el organismo.

La fotosíntesis supone, por tanto, una transformación de energía, puesto que la energía lumínica del sol se convierte en energía química acumulada en los enlaces de carbono de la glucosa; y de materia, ya que se utiliza agua y dióxido de carbono, y se desprende oxígeno, agua e hidrógeno. Las moléculas de glucosa formadas pueden luego dar lugar a otros compuestos, como otros carbohidratos, lípidos, aminoácidos o bases nitrogenadas. Todos ellos, como vemos, ladrillos estructurales básicos en la materia viva. Además, no olvidemos que los seres heterótrofos (nosotros, entre otros) sólo somos capaces de obtener energía a partir de la rotura de los enlaces de estas moléculas, y respiramos gracias al oxígeno que nos aporta este proceso.

Los «inventores» de este mecanismo probablemente fueran una serie de bacterias que utilizaban el sulfuro de hidrógeno (proveniente principalmente de la actividad volcánica) como sustrato dador de electrones, de forma similar a lo que hoy hacen las bacterias púrpuras fotosintéticas. Pero la disminución de este compuesto debió de posibilitar la aparición de organismos capaces de usar el agua como sustrato: nacía así la fotosíntesis oxigénica, a cargo de las cianobacterias. Esto propició que, hace tres mil quinientos millones de años, la atmósfera comenzara a enriquecerse en oxígeno.

Hace mil quinientos millones de años aparecerían las algas fotosintéticas, posiblemente como consecuencia de un proceso endosimbiótico (definido con detalle en la pregunta 3) por el que ciertos procariontes fotosintéticos se introdujeron en células eucariotas de mayor tamaño, que ya contenían mitocondrias y núcleo, transformándose en cloroplastos. Se cree que un mismo ancestro dio origen a las algas verdes por un lado, y a organismos fotosintéticos con tejidos diferenciados, antecesores de las plantas, por otro.

Actualmente, las algas y las plantas suponen el 99 % de la materia viva que existe sobre el planeta. Las algas unicelulares constituyen el fitoplancton, responsable del 40 % de la producción primaria de materia orgánica en el planeta, y de prácticamente el 100 % de la producción primaria en los sistemas marinos. Por otro lado, de los 400.000 millones de toneladas de oxígeno que se liberan anualmente a la atmósfera, el 80 % es producido por organismos marinos. De hecho, sólo las algas producen entre un 50 y un 70 %.

Con lo que podemos concluir que, respondiendo a la pregunta inicial, y una vez vista la importancia biológica de la fotosíntesis, las algas liberan a la atmósfera una cantidad de oxígeno ligeramente superior a la aportada por las plantas.

44

Entonces, ¿se podría vivir sin plantas?

Dado que las algas tienen un aporte de oxígeno ligeramente superior al de las plantas, como hemos visto, podríamos plantearnos si la vida en la tierra sería posible sin la existencia de las plantas. Analizaremos las características de estos organismos antes de sacar conclusiones.

Los vegetales constituyen el tercer reino que veremos (Plantae), perteneciente al dominio Eukarya, ya que poseen células eucariotas. Son organismos autótrofos, por lo que realizan la fotosíntesis para fabricar su propia materia orgánica.

A diferencia de las algas, la mayoría de las plantas viven en tierra firme, este paso evolutivo supuso el desarrollo de estructuras de sostén, medios para captar y conservar el agua, así como sistemas independientes del agua para la difusión de los gametos. Por ello, aparecen raíces, cutículas de cera sobre las hojas, poros (llamados estomas) en hojas y tallos, que se abren para el intercambio de gases y se cierran para evitar la pérdida de vapor de agua. Posteriormente, aparecen vasos conductores que transportan la savia, y se desarrolla una sustancia que los endurece llamada lignina. Además, los gametos quedan protegidos en forma de polen, y los embriones dentro de semillas.

Las plantas se clasifican en dos grandes grupos: briofitas y traqueofitas. Las primeras son plantas no vasculares, carecen de verdaderos vasos conductores, mientras que las segundas son plantas vasculares.

Las briofitas son más primitivas, en este filo encontramos a los musgos y las hepáticas. Estos organismos tienen una organización corporal de tipo talo, sin tejidos ni órganos especializados: cuentan con pequeñas «hojas» agudas, unas falsas raíces llamadas rizoides y, a pesar de no tener vasos conductores, están provistos de unas células transportadoras de azúcares llamadas hidroides. Las briofitas se reproducen por esporas, y requieren la presencia de una película de agua para que el espermatozoide nade hasta la oosfera y la fecunde. Por este motivo, los musgos siempre se encuentran en ambientes húmedos.

Las traqueofitas o plantas vasculares, por otro lado, aparecieron más tarde. Tienen una organización de tipo cormo, con tejidos y órganos diferenciados. Presentan vasos conductores de sustancias: el xilema, que transporta agua y sales (la llamada savia bruta) desde la raíz de la planta hasta los órganos responsables de la fotosíntesis; y el floema, que recoge la materia orgánica procedente del proceso fotosintético y lo distribuye al resto de la planta, dentro de un líquido conocido como savia elaborada. Estos vasos, además, suponen estructuras de sostén de la planta, lo que les permitió crecer en altura.

Las plantas vasculares se clasifican a su vez en dos grupos, en función de que produzcan o no semillas. Dentro del grupo de plantas sin semillas se incluyen los helechos y colas de caballo o equisetos (esfenofitas). En algún momento del pasado terrestre eran las plantas dominantes, y tenían mayores dimensiones de las que tienen ahora. Pero fueron perdiendo terreno frente a las plantas con semilla, más versátiles.

Las cícadas aparecen en el Carbonífero, y sirven como alimento a los dinosaurios. Son consideradas, al igual que el *Gingko biloba*, fósiles vivientes. Aunque ahora no son muy abundantes, se localizan en ambientes tropicales y subtropicales de lugares muy diversos, reflejo de su amplia distribución pasada. Se parecen a las palmeras, con las que no están emparentadas. De hecho, se piensa que evolucionaron a partir de helechos.

Y es que la semilla supuso uno de los mayores logros evolutivos de las plantas vasculares, ya que constituyó una estructura que daba protección y nutrientes al embrión, permitiéndole mantenerse en estado latente hasta que las condiciones fueran favorables. Las plantas vasculares con semilla se denominan espermatofitas. La aparición del polen, además, supuso la independencia del agua para la reproducción, permitiendo a estas plantas su dispersión y amplia colonización del medio terrestre.

Las espermatofitas se han clasificado, de manera tradicional, en dos grupos: gimnospermas (con semillas desnudas) y angiospermas (con semillas protegidas). Filogenéticamente hablando, podemos identificar cinco clados: las coníferas (árboles y arbustos que producen conos, como el pino, abeto, cedro, enebro, ciprés, secuoya); gingkofitas (de las que sólo ha sobrevivido una especie, el *Gingko biloba*); cícadas; gnétidas (*Ephedra*, tiene caracteres de gimnospermas y angiospermas, por lo que se le ha considerado una forma intermedia); y las antofitas (plantas con flor y fruto, angiospermas, últimas en aparecer, hace unos ciento veinte millones de años).

Como hemos visto, el camino evolutivo recorrido por las plantas ha sido largo y complejo, pero ha dado sus frutos. En la actualidad, estos organismos constituyen el primer eslabón en las cadenas tróficas, transformando la energía lumínica del sol en energía química utilizable por los organismos no fotosintéticos, como nosotros. Junto con las algas, suponen las principales fuentes de oxígeno atmosférico, sin el cual no podríamos vivir.

Además, absorben grandes cantidades de dióxido de carbono de la atmósfera, proceso importante para evitar el incremento de este gas, que conlleva un aumento de efecto invernadero y, por tanto, del calentamiento global.

Los árboles son fuente de materias primas para la construcción y como combustible, y más del cuarenta por ciento de las medicinas derivan de las plantas. Todas las frutas, hortalizas, hierbas, cereales y demás componentes básicos de la dieta humana provienen de plantas. Según datos de la FAO, la mitad de los alimentos que consume el ser humano proceden sólo de tres especies: el trigo, el arroz y el maíz. Por todo ello, podemos deducir sin temor a equivocarnos que la respuesta a esta pregunta es un sencillo «no». Los seres humanos (y una gran parte del resto de especies vivas) no podemos vivir sin la presencia de las plantas.

45

¿Son sinónimos «seta» y «hongo»?

Continuemos nuestro repaso a los cinco reinos de seres vivos, esta vez hablando del reino de los hongos, conocido como reino Fungi. Al igual que los protoctistas y las plantas, este reino pertenece al dominio Eukarya, cuyos individuos están formados por células eucariotas. Los hongos forman un grupo muy extendido, del que se conocen más de 80.000 especies, pero se estima que podría haber más de un millón y medio de especies por descubrir.

Aunque no es tan habitual como ocurría con las algas, existen ciertas ideas erróneas en torno a las setas, que por ser inmóviles se atribuyen al reino de las plantas, pero nada más lejos de la realidad. De hecho, y por extraño que parezca, los hongos son parientes más cercanos de los animales que de las plantas. Estudios filogenéticos han encontrado un antecesor común a animales, hongos y protozoos. Todos ellos son heterótrofos, no son capaces de fabricar materia orgánica sino que la tienen que conseguir consumiendo a otros seres vivos.

Y unida a esta concepción también aparece la confusión en torno a las setas y los hongos, ¿son lo mismo? La verdad es que no, ni una seta es lo mismo que un hongo, ni un hongo es lo mismo que una seta. Veamos la razón.

Aunque existen hongos unicelulares, como las levaduras, la mayoría de ellos tienen un cuerpo multicelular, aunque no forman tejidos verdaderos. Su cuerpo es una masa entretejida de filamentos parecidos a hilos llamados hifas, que en conjunto forman un micelio. Las hifas están generalmente divididas interiormente por tabiques denominados septos, comunicados por una serie de poros. Las células de los hongos tienen una pared celular externa, similar a la de los vegetales, pero con quitina en lugar de celulosa.

Por lo general, el micelio vive enterrado en el suelo (o sobre comida en mal estado, en el caso del moho) alimentándose de materia orgánica en descomposición. Otros hongos son parásitos, como los dermatofitos que se alimentan de queratina, causantes del pie de atleta; o viven en simbiosis con otros organismos, como el caso del liquen, asociación simbiótica de un hongo (proporciona protección) y un alga (proporciona alimento).

Aunque animales y hongos sean heterótrofos, ambos adquieren la comida de formas diversas. Mientras los animales degluten el alimento, los hongos secretan unas enzimas que degradan las moléculas fuera de su cuerpo y luego son absorbidas. Casi cualquier material biológico puede ser degradado por alguna especie de hongo, por lo que se han convertido en descomponedores imprescindibles en las redes tróficas de los ecosistemas.

Normalmente, los hongos tienen reproducción asexual y sexual. En ambos casos se reproducen mediante esporas, diminutos paquetes reproductores que se producen por millones y se dispersan por el aire o a bordo de algún animal que haya estado en contacto con el hongo. Si la reproducción es asexual (lo más habitual) las hifas de los extremos del micelio de un hongo se fragmentan (cada fragmento formará un nuevo individuo) o liberan esporas: cuando alguna de ellas comienza a dividirse, crea copias exactas de sí misma hasta formar un nuevo micelio.

Si la reproducción es sexual, antes de la producción de esporas se produce la fusión de hifas de dos cepas compatibles (las cepas serían equivalentes a los sexos en animales, pero puede haber más

Las hifas del hongo crecen en el subsuelo formando el micelio. Sólo un reducido grupo de hongos, los basidiomicetos, producen cuerpos fructíferos que crecen en superficie, las setas, que albergan las esporas para su reproducción. Si al arrancarla nos llevamos también el micelio, el hongo se verá dañado y disminuyen las posibilidades de que el siguiente año forme nuevas setas. Por eso los recolectores siempre usan un cuchillo o similar, cortando la seta sin afectar al micelio. Foto: TheAlphaWolf, Wikimedia Commons

de dos). La capacidad reproductora de los hongos es asombrosa, lo que explica lo rápido que aparece moho en los alimentos que dejamos un tiempo sin usar.

En cuanto a su clasificación, en el reino Fungi se reconocen cinco grupos: quitridiomicetos, glomeromicetos, zigomicetos, ascomicetos y basidiomicetos. Entendiendo las diferencias entre ellos, podremos responder a nuestra pregunta inicial.

Los *quitridiomicetos* son hongos microscópicos, casi todos son acuáticos y producen esporas natatorias, con un flagelo que les ayuda a impulsarse por el agua. Según el registro fósil, podrían ser los hongos más antiguos, se han encontrado restos de más de sesicientos millones de años de antigüedad.

Los *glomeromicetos* forman endomicorrizas, esto son asociaciones simbióticas entre los hongos y las raíces de muchas plantas vasculares. Se piensa que las plantas secretan azúcares, aminoácidos u otras sustancias orgánicas que utiliza el hongo; y este a su vez convierte los minerales del suelo y de la materia en descomposición en sustancias asimilables por la planta. Estas relaciones son muy importantes en cultivos agrícolas.

Los *zigomicetos* son mohos, viven generalmente en el suelo o en materia vegetal en descomposición. Forman zigosporas que pueden permanecer en estado latente hasta que las condiciones son favorables y comienzan a dividirse. Ocurre, por ejemplo, en el moho negro del pan.

Los *ascomicetos* producen una especie de sacos (ascas) contenedoras de esporas asexuales (ascosporas); también pueden producir esporas sexuales (conidios). Es el grupo de hongos más grande, en él se incluyen las levaduras, únicos hongos unicelulares, y las trufas.

Por último, los *basidiomicetos* son hongos que producen las esporas (basidioesporas) en estructuras aéreas especializadas para la reproducción, formadas a base de un agregado de hifas: estamos hablando de las setas.

Es decir, respondiendo a la pregunta planteada, las setas son una parte pequeña del hongo, y ni siquiera todos los hongos la producen. Aunque sean lo más llamativo para nosotros, el verdadero cuerpo del hongo se encuentra debajo de la tierra.

46

¿QUÉ TIENEN EN COMÚN EL PAN, EL VINO Y LA CERVEZA?

Lo que estos tres elementos tienen en común, además de formar parte inherente de nuestra gastronomía, es un hongo, en concreto una levadura: *Saccharomyces cerevisiae*. También llamada «levadura de cerveza», es el hongo más utilizado en procesos industriales.

Este organismo pertenece al grupo de ascomicetos vistos anteriormente, y como mecanismo de obtención de energía en lugar de respirar lleva a cabo un proceso denominado fermentación. Durante la fermentación, en ausencia de oxígeno, la glucosa es convertida en etanol (un tipo de alcohol) con el desprendimiento de dióxido de carbono.

En el caso del vino, el sustrato fermentado es el azúcar de la uva. A medida que el proceso avanza, se va liberando alcohol; cuando la cantidad de este es muy abundante, el propio alcohol mata a las levaduras, finalizando el proceso. Si esto se produce antes del consumo de toda la glucosa, el vino será dulce, de otra manera será seco. El vino blanco se obtiene a partir de la fermentación de uvas sin piel, mientras que para elaborar el vino tinto se fermenta la pulpa y la piel conjuntamente. Para la fabricación de los vinos espumosos, como el cava, se añade una cantidad extra de azúcar y se realiza una segunda fermentación, reteniendo el gas emitido de manera que queda en forma de burbujas dentro del líquido.

Para elaborar la cerveza se utiliza cebada germinada, y también se retiene el dióxido de carbono producido por las levaduras, de manera que la cerveza tenga espuma. Algo similar ocurre en la fabricación del pan, en la que las levaduras consumen los glúcidos de la harina (el almidón) liberando dióxido de carbono, que forma las burbujas que hacen «crecer» la masa.

El hongo *Aspergillus oryzae* es utilizado para producir sake a partir de la fermentación del arroz; o salsa de soja, fermentando granos de soja y trigo tostado. Las levaduras son utilizadas, asimismo, en la producción de sidra.

Pero su uso industrial no termina ahí, muchos quesos como el camembert, roquefort o gorgonzola adquieren su sabor por los hongos que los habitan, mohos ascomicetos que crecen en su interior.

Además, claro está, no podemos olvidarnos de los hongos que nos comemos directamente, como los champiñones y setas de basidiomicetos silvestres y cultivados (níscalos, setas de cardo, etc.); o de ascomicetos como la trufa, tan valorada económicamente.

Pero los hongos no sólo son utilizados para nuestro beneficio en el sector de la alimentación, también son fuente de una gran variedad de medicamentos. De hecho, los antibióticos comenzaron a fabricarse y usarse de forma generalizada a partir del descubrimiento de la penicilina, sustancia producida por un moho ascomiceto del género *Penicillium* que impide el desarrollo de ciertas cepas de bacterias. Y la cefalosporina, antibiótico utilizado para combatir la salmonelosis, proviene del hongo *Cephalosporium acremonium*.

Otro fármaco de origen fúngico es la ciclosporina, utilizada para suprimir la respuesta inmunitaria al realizar trasplantes, disminuyendo así las probabilidades de rechazo. También el cornezuelo del centeno (*Claviceps purpurea*) se cultiva en algunos países para la producción de psicofármacos, dada su capacidad alucinógena y vasoconstrictora. De sus derivados se obtienen tanto la droga psicodélica dietilamida de ácido lisérgico (LSD), como un fármaco para tratar la enfermedad de Parkinson.

Por otro lado, ya se utilizan hongos en el control biológico de plagas. Para evitar la presencia de insectos se usan hongos entomopatógenos (con la capacidad de infectar a insectos). El hongo *Beauveria* puede matar al insecto *Anopheles*, vector de la malaria, pudiendo ser en el futuro un aliado humano en la lucha contra esta enfermedad.

Además de todos estos aspectos positivos, no podemos olvidar que algunas especies de hongos también nos generan daños. La grafiosis, producida por un hongo, ha acabado ya con millones de olmos en Europa y Estados Unidos. También producen enfermedades humanas: hongos que atacan la piel, provocando, por ejemplo, el pie de atleta; hongos que infectan los pulmones, causando enfermedades como la fiebre de los valles o la histoplasmosis; o aquellos que causan infecciones vaginales como la candidiasis, provocada por *Candida albicans*. Además, los hongos del género *Aspergillus* producen compuestos altamente tóxicos.

Como hemos visto, por tanto, los hongos nos aportan algunos perjuicios, pero también nos suponen grandes beneficios. Sin ellos no podríamos vencer a numerosas enfermedades, ni tendríamos en nuestra dieta alimentos esenciales como el pan. A menudo se nos olvida su importancia, y se desconoce el riesgo que implica su desaparición. En Europa y Estados Unidos ya se ha detectado una disminución llamativa en el número de organismos de este reino, debido a la recolección excesiva (en el caso de las setas comestibles) y, en general, debido al incremento de la contaminación del aire.

47

¿Cuál es el animal más sencillo que existe?

Vistos los reinos Monera, Protoctista, Plantae y Fungi, sólo nos queda por analizar el último reino de seres vivos, al que pertenecemos los humanos: el reino Animalia (también llamado Metazoa). Caminaremos por este reino a ritmo evolutivo, admirando cómo las estructuras más sencillas fueron desarrollando distintas estrategias de manera que se lograron organismos muy complejos. Y es que los seres con mayor complejidad del planeta se encuentran dentro de este grupo.

En esta primera pregunta del reino Animalia veremos el origen de estos organismos y veremos cuál es el animal más sencillo que existe. De nuevo, el lector puede esbozar su hipótesis mentalmente, antes de seguir leyendo. ¿Ya lo ha hecho? Pues comencemos.

Todos los animales comparten algunas características comunes: el colágeno, la formación de gametos por meiosis, la diferenciación entre gametos masculinos y femeninos, el espermatozoide y la presencia de la fase de blástula en el desarrollo embrionario (capa de células que recubre una cavidad central). Su clasificación incluye unos 30 grupos, divididos en función de algunas características morfológicas o anatómicas, como las capas de tejido, la simetría o la disposición de sus partes; también se tiene en cuenta el patrón de desarrollo embrionario y postembrionario.

Los animales (también llamados metazoos) se originaron a partir del grupo de los protoctistas (en concreto, de los protozoos). Aunque no está aún claro cuál fue exactamente el ancestro protista a partir del cual evolucionaron, se ha encontrado un grupo de protozoos con un antecesor común con los animales. Se trata de los coanoflagelados, caracterizados por poseer un largo cilio en un extremo de su cuerpo, rodeado por extensiones citoplasmáticas. Esta estructura también se encuentra en los animales más sencillos (y ya respondemos a la pregunta): las esponjas.

Las esponjas se denominan poríferos porque su cuerpo tiene una gran cantidad de poros, la razón de ello es que se alimentan filtrando el agua, de la que obtienen oxígeno y nutrientes. Estas sustancias pasan directamente a las células, donde se produce la digestión intracelular, y la eliminación de residuos. El agua es tomada desde el exterior, pasa a través del cuerpo porífero y se expulsa finalmente por la apertura situada en la parte superior, denominada ósculo.

Estos organismos tienen un esqueleto endurecido por colágeno y generalmente presentan espículas de calcio y/o silicio, que son las responsables de que las esponjas naturales que compramos y tenemos en casa (se usan mucho para el baño de bebés) pinchen un poco cuando están secas (son en realidad esqueletos de esponja).

Las células de la esponja son variadas, están dispuestas de manera conjunta y se reconocen mutuamente, pero no forman tejidos ni órganos. De hecho, la esponja se considera un organismo intermedio entre una colonia de organismos unicelulares y un pluricelular verdadero. Sus células más características son los coanocitos, que poseen flagelos y recubren las cavidades interiores, son las encargadas de impulsar el agua a través del cuerpo de la esponja. En su parte externa, la esponja cuenta con células epiteliales. Entre estas y los coanocitos se encuentra una capa gelatinosa compuesta por células denominadas amebocitos, que transportan el alimento entre ambas capas e intervienen en la reproducción.

¿Y cómo se reproducen estos organismos? Lo más común es que la reproducción sea asexual, a partir de fragmentos que se separan del progenitor y evolucionan hasta formar otro individuo; también se puede dar la formación de gémulas, grupos de amebocitos envueltos por una estructura de protección. Aunque sea menos habitual, las esponjas también presentan reproducción sexual. La mayoría de ellas son hermafroditas, es decir, el mismo individuo produce gametos masculinos y femeninos, aunque la fecundación sólo se produce entre gametos procedentes de dos individuos diferentes. En este caso, los espermatozoides son liberados por el ósculo y transportados por corrientes de agua hasta la cavidad interna de otra esponja, allí son atrapados por coanocitos y transferidos a amebocitos, que los transportan a los gametos femeninos (estos provienen generalmente de amebocitos de gran tamaño). El nuevo individuo formado permanece durante un tiempo en el interior de la esponja progenitora, tras lo cual es liberado, en forma de larva multiflagelada que nada hasta establecerse y crecer adherida al sustrato.

Durante mucho tiempo, las esponjas fueron consideradas animales-planta (*zoófitos*) por esta vida adulta fija al sustrato (son sésiles). Aunque las investigaciones recientes han demostrado que algunas especies sí pueden moverse, pero lentamente (unos milímetros al día). Actualmente, la mayoría de los biólogos las clasifican en el reino de los animales.

Las esponjas son muy abundantes en el fondo oceánico, aunque unos pocos grupos son de agua dulce. Actualmente se conocen más de seis mil especies distintas en todo el mundo, y se cree que este dato podría ser sólo un tercio de las que existen realmente. Su taxonomía se complica porque estos seres presentan una variabilidad asombrosa, pudiendo cambiar de forma y color bajo la influencia del ambiente en que se encuentran: corrientes, turbidez, salinidad, luz, oscuridad, profundidad. Las más grandes pueden medir más de un metro de altura.

Como hemos visto, los animales más sencillos que existen son las esponjas, diferentes del resto de metazoos por la carencia de tejidos y ser asimétricas, lo que indica su separación temprana en el árbol evolutivo animal. Como veremos, a partir de ahora la estructura corporal se complica, aparecen así los eumetazoos, animales con tejidos verdaderos.

48

LOS CORALES, ¿SON ANIMALES O PLANTAS?

Si bien era difícil identificar a una esponja como un animal, lo es más aun clasificar a un coral. Por su aspecto, y su vida inmóvil, se podría parecer a una planta. Sin embargo, como vamos a ver, se trata de un animal. Un animal muy especial.

Los corales pertenecen al grupo de los cnidarios, primeros eumetazoos que veremos, entre los que se incluyen las medusas, las anémonas de mar, los corales y los hidrozoos. Se conocen más de nueve mil especies, la mayoría marinas, aunque existen algunas de agua dulce. Son organismos por lo general pequeños, pero hay medusas que pueden medir hasta 2,4 metros de ancho, con tentáculos de más de treinta metros de largo (*Cyanea capillata*, medusa melena de león ártico).

Los cnidarios son seres muy sencillos, que presentan simetría radial. A diferencia de las esponjas (que eran, como vimos, asimétricas), el resto de animales tiene dos caras claramente identificables: una superior (dorsal) y una inferior (ventral). Cuando la simetría es radial, cualquier plano que pase por el centro del organismo lo divide en dos mitades aproximadamente iguales.

Los animales con simetría radial cuentan con tejidos verdaderos dispuestos en dos capas embrionarias: en endodermo y el ectodermo, que conformarán la epidermis y la gastrodermis del adulto. Ambas estás separadas por una capa intermedia denominada mesoglea, que le aporta la consistencia gelatinosa a la mayor parte de los cnidarios.

Aunque la mayoría de ellos carece de órganos verdaderos, y no tienen cerebro, sus células nerviosas forman una red por el cuerpo que controla la contracción del tejido para moverse y alimentarse. Además, cuentan con un esqueleto interno (endoesqueleto) o externo (exoesqueleto) compuesto por quitina, carbonato cálcico o proteínas; y una cavidad gastrovascular con una abertura única, normalmente rodeada de tentáculos extensibles, ya que estos individuos son depredadores carnívoros.

Sus tentáculos están provistos de unas células llamadas cnidocitos. Estas células cuentan con unos filamentos llamados nematocistos, una de las estructuras de secreción más complejas del mundo animal. Al percibir un estímulo químico o táctil, bien por la llegada de un depredador o por la presencia de una presa, los nematocistos disparan una sustancia tóxica, pegajosa o paralizante. Si lo detectado era una presa, la paralizan con esa toxina y la conducen con los tentáculos hasta la cavidad gastrovascular, donde es digerida por la acción de enzimas digestivas. El material que no es absorbido se expulsa de nuevo por el mismo orificio de la cavidad.

El veneno de algunos cnidarios puede afectar a las personas, quizá el lector alguna vez haya sufrido la «picadura» de una medusa. Aunque por lo general el contacto con una medusa sólo produce urticaria, algunas pueden tener graves consecuencias, como el caso de la «avispa de mar» (*Chironex fleckeri*). Una medusa que habita en las costas del norte de Australia y sudeste asiático, y es considerada por muchos el animal más peligroso del planeta, pudiendo provocar la muerte de una persona por embolia minutos después de haber estado en contacto con su toxina.

Por lo general, los cnidarios tienen un ciclo vital dimórfico, esto es, en su vida alternan dos formas distintas: una fase sésil (el pólipo) y la otra fase de vida libre (medusa). El pólipo, generalmente tubular, vive adherido a las rocas y se reproduce por gemación sexual, formando nuevos pólipos o, bajo determinadas circunstancias, medusas. La medusa flota en el agua y se deja llevar por las corrientes marinas, generalmente se reproduce sexualmente, liberando gametos de ambos sexos que, si se encuentran y se unen, formarán una larva ciliada, que se adhiere a una superficie y forma un nuevo pólipo.

Algunas especies reducidas de cnidarios viven toda su vida como pólipos o como medusas. Es el caso de los corales, que sólo tienen fase de pólipo. Por su carácter sésil, se pensaba que los corales eran plantas hasta el siglo xviii, cuando utilizando un microscopio se determinó su carácter animal, dado que sus células carecían de pared celular.

Los pólipos del coral forman colonias, y son capaces de secretar esqueletos de carbonato cálcico, formando así estructuras rígidas que sirven como base para el desarrollo de muchos organismos sobre ellos. Se forman de esta manera los arrecifes de coral, el ecosistema marino con mayor diversidad (como vimos en la pregunta 36), que da cobijo a múltiples especies de organismos.

La mayoría de los corales que viven en zonas poco profundas y templadas existen en simbiosis con algas unicelulares fotosintéticas que albergan en su interior, denominadas zooxantelas, las cuales le aportan la mayor parte de los nutrientes, a cambio de protección. También obtienen nutrientes a partir de la materia orgánica disuelta en el agua (el zooplancton y fitoplancton), que captan con sus pequeños tentáculos.

A lo largo de millones de años, los corales van creciendo y pueden llegar a formar enormes estructuras. Los arrecifes de coral más grandes del mundo se encuentran en Australia (la «Gran Barrera de Coral» de dos mil kilómetros de longitud) y en las islas Marshall, en el Pacífico.

Lamentablemente, estas comunidades están disminuyendo en el mundo entero. Se estima que ha desaparecido un 26 % de los mismos, y en ciertas islas del océano Índico la pérdida ha llegado hasta el 90 %. Las principales acciones que están provocando esto son la extracción de coral, la sobrepesca, la contaminación, la destrucción de manglares (que son fuente de nutrientes en el agua), el uso de explosivos por maniobras militares, el aumento de la temperatura o del nivel del mar, y el cambio del pH por las emisiones de gases de efecto invernadero.

Para evitarlo, se han prohibido las extracciones de coral de los arrecifes en muchas partes del mundo, y se han protegido con legislación ambiental muchos de estos ecosistemas. Esta protección es necesaria aunque, por lo que vemos, aún insuficiente. Muchos estudios auguran un fatídico futuro para estas fuentes de biodiversidad si no se frenan estas acciones destructivas. Si no ponemos pronto medidas estrictas, podemos perder estos ecosistemas únicos, que han tardado millones de años en formarse, y aportan biodiversidad al planeta y oxígeno a la atmósfera.

49

¿PUEDE UN PARÁSITO HUMANO MEDIR MÁS DE CUATRO METROS?

Continuemos en nuestro avance evolutivo por los distintos tipos de organismos con los que compartimos reino. Como vimos, a diferencia de las esponjas, los cnidarios lograban simetría radial y dos capas de tejido embrionario (eran diblásticos). Un paso más se da cuando se alcanza la simetría bilateral y tres capas de tejido, como han hecho los animales de los que vamos a hablar a continuación. Aunque aparentemente un gusano puede parecer más sencillo que una medusa, en realidad su anatomía interna es mucho más compleja.

Los organismos con simetría bilateral se pueden dividir en dos mitades en espejo a partir de un plano que pasa por el eje central de los mismos. Suelen presentar, a su vez, cefalización. Es decir, se podría identificar en su cuerpo un extremo correspondiente a la cabeza, donde se concentran las células sensoriales, nerviosas y las estructuras para captar el alimento. Además, su cuerpo está dividido en segmentos repetidos, llamados metámeros, con funciones diferenciadas.

Estos seres, además del endodermo y ectodermo, presentan una tercera capa intermedia, el mesodermo, son, por tanto, triblásticos. Estas tres capas aparecen en el embrión y formarán los distintos tejidos del adulto: del endodermo, que rodea a la cavidad que contiene el alimento, derivan los órganos digestivos; del ectodermo los tejidos de revestimiento, exoesqueletos y tejido nervioso (ya que está dispuesto hacia el exterior y recibe la mayor parte de estímulos); y el resto de tejidos provienen del mesodermo.

Uno de los grupos con simetría bilateral más sencillos son los platelmintos, también llamados gusanos planos, ya que tienen forma larga pero aplastada. Pese a su sencillez aparente, estos organismos tienen órganos desarrollados, como manchas oculares sensibles a la luz, y grupos de células nerviosas llamados ganglios que forman un cerebro sencillo. No obstante, carecen de sistemas respiratorio y circulatorio. Los gases se intercambian directamente por la superficie del cuerpo (de ahí su forma aplanada), y cuentan con una cavidad digestiva que se ramifica interiormente para llegar a las distintas células del animal. Una abertura al comienzo del animal sirve de boca y de ano, para coger el alimento y expulsar los desechos.

Los platelmintos se pueden reproducir asexual o sexualmente. En el primer caso, se reproducen estrangulándose alrededor de la mitad de su cuerpo hasta que se dividen en dos mitades, cada una de las cuales regenerará un individuo nuevo. Respecto a la reproducción sexual, la mayoría de los platelmintos son hermafroditas (forman tanto gametos masculinos como femeninos) y muchos de ellos, además, pueden tener autofecundación (fecundarse a sí mismos, sin necesidad de otro individuo).

Esta capacidad de autofecundarse es lo que le ha valido a la tenia su apodo de «solitaria», al poder reproducirse estando sola. La tenia (género *Taenia*) es un platelminto parásito. Muchos de los gusanos planos lo son, pero esta es especialmente relevante porque puede infectar al ser humano. Generalmente la infección se produce al comer carne poco cocinada que contenga «quistes» (estructuras latentes encapsuladas, similares a los huevos) de estos gusanos. Los quistes eclosionan dentro del sistema digestivo y se anclan a las paredes del intestino, alimentándose de los nutrientes que en él se encuentran. Como esta infección no suele producir síntomas, salvo dolor abdominal, diarrea o cambios en el apetito en algunos casos, la larva crece dentro del intestino pudiendo alcanzar longitudes escalofriantes, de más de cuatro metros. Se elimina con tratamiento oral, aunque en casos muy limitados se ha expulsado por el ano al individuo completo.

Otros animales sencillos con simetría bilateral son los anélidos, gusanos marinos, de agua dulce o terrestre, entre los que se encuentran la lombriz de tierra o la sanguijuela. La palabra anélido proviene del latín «anillo», ya que estos individuos tienen el cuerpo segmentado en anillos, lo que les facilita la locomoción. Los anélidos tienen un sistema digestivo alargado, que comienza en la boca, y a través de un intestino tubular finaliza en el ano, en el otro extremo del organismo. Además, tienen un sistema circulatorio cerrado, con cinco pares de corazones en hilera y vasos sanguíneos longitudinales que recorren el cuerpo entero, distribuyendo oxígeno y nutrientes. Su reproducción es generalmente sexual, y algunas especies son hermafroditas. También se pueden dividir de forma asexual partiendo un fragmento de su cuerpo, como veíamos en los gusanos planos. Existen tres grupos de anélidos: los oligoquetos (lombrices terrestres); los poliquetos (habitan principalmente en el océano); y los hirudíneos (grupo de las sanguijuelas).

A pesar de su mala fama, las lombrices de tierra son muy importantes en agricultura. Consumen y excretan partículas de tierra y materia orgánica, promoviendo su mezcla. Además, constantemente cavan túneles subterráneos al moverse, lo que facilita la movilidad del aire y el agua por el subsuelo. Estos organismos, en definitiva, ayudan enormemente a la fertilización del suelo.

Las sanguijuelas, por su parte, viven en agua dulce o en hábitats húmedos. Algunas son carnívoras, y otras ectoparásitas (se anclan a la superficie de otro animal y le extraen sangre, de la que se alimentan). Hace más de dos mil años que estos organismos se utilizan con fines medicinales, con la idea de que chuparan la sangre «contaminada» del paciente para eliminar así la enfermedad. Actualmente, una especie de sanguijuela parásita, *Hirudo medicinalis*, se ha convertido en una herramienta quirúrgica aprobada por la Food and Drug Administration (FDA) de Estados Unidos para tratar la insuficiencia venosa, complicación quirúrgica común en cirugía reconstructiva, de manera que retiran el exceso de sangre liberada por las venas que aún no están conectadas, evitando así la formación de coágulos. Además, la saliva de las sanguijuelas es anestésica y vasodilatadora.

50

¿Es verdad que las estrellas de mar sacan el estómago del cuerpo para digerir a sus presas?

Las estrellas de mar pertenecen al grupo de los equinodermos, como su propio nombre indica, animales con espinas (*echino*) en la piel (*dermos*). Se encuentran en todos los mares, tanto en zonas profundas como en zonas cercanas a la costa. Aunque en el pasado eran muy abundantes, las diversas extinciones han reducido notablemente su número, especialmente la extinción masiva de finales del Pérmico, que terminó con más del 90 % de la fauna marina. De los casi veinte grupos que existieron, en la actualidad sólo contamos con cinco de ellos: los equinoideos (erizos de mar), los asteroides (estrellas de mar), los ofiuroideos (estrellas frágiles), las holoturias (pepinos de mar) y los crinoideos (lirios de mar).

Estos organismos tienen tres capas germinales, como veíamos en los gusanos, pero, a diferencia de estos, presentan simetría radial, en concreto simetría pentarradial, su cuerpo se divide en cinco partes iguales. Este hecho es poco habitual, ya que los animales triblásticos tienen simetría bilateral, con dos mitades iguales.

Para resolver este misterio, debemos acudir al registro fósil. Y es que unos fósiles encontrados en Zaragoza en rocas del Cámbrico (540-500 millones de años), momento en que se piensa aparece este grupo de organismos, demuestran como los equinodermos más primitivos presentaban simetría bilateral. La simetría radial la habrían desarrollado posteriormente, por la ventaja que les supondría para interactuar en todas direcciones sin necesidad de girar el cuerpo, y llegar así con más facilidad a los recursos alimenticios. Lo curioso es que sus larvas mantienen esta simetría bilateral. Estas formas juveniles, planctónicas, se fijan después en un sustrato y experimentan una metamorfosis, rotando sus órganos principales hasta adquirir la forma pentámera.

Los equinodermos presentan un esqueleto interno formado por placas de calcita unidas por fibras de colágeno. A partir de él, se desarrollan prolongaciones en forma de espinas. Para desplazarse, utilizan pies tubulares o ambulacrales, cilindros huecos de paredes gruesas que sobresalen en la parte inferior del cuerpo terminados en ventosas para adherirse al sustrato. Estos pies forman parte de un sistema vascular acuífero característico de estos organismos, utilizado en la locomoción, respiración y captura de alimento: el sistema ambulacral.

El agua penetra en el animal por una abertura en la parte superior (placa cribosa) y pasa, a través de un canal circular central, a los canales radiales que recorren cada brazo. Así llega el agua a los pies tubulares, donde un bulbo exprimidor se contrae o relaja, dejando pasar el agua o succionándola, de manera que los pies se elongan (por presión del agua) o se acortan (por succión).

En cuanto a su reproducción, casi todas las especies tienen sexos separados, que liberan gametos al agua, donde se produce la fecundación. Muchos tipos, además, pueden regenerar partes

Aunque generalmente presentan cinco brazos, ciertas especies de estrellas de mar pueden tener un número mayor, como la de la imagen, una estrella de mar de once brazos. En ella se distinguen los pies ambulacrales, algunos están extendidos (sobresalen por encima del resto) al rellenarse de agua por contracción de los músculos que tienen justo en la base. En el centro de la cara ventral (la que se ve en la imagen) está el orificio de la boca. Foto: Alpha, vía Flickr

perdidas: un solo brazo de una estrella de mar, que contenga un fragmento del cuerpo central, puede regenerar una estrella entera.

La alimentación de los equinodermos también ha cambiado a lo largo de la evolución, comenzaron siendo detritívoros, alimentándose de los restos de seres vivos que caían al fondo marino, y de ahí pasaron a ser filtradores, adquiriendo partículas en suspensión de la columna de agua que les rodeaba. Actualmente muchos mantienen estos tipos de alimentación, pero otros son depredadores, como la mayoría de las estrellas de mar.

Estas se alimentan básicamente de moluscos bivalvos (moluscos con dos conchas, como almejas o mejillones). Para ello, implantan los pies ambulacrales sobre su superficie, los músculos se contraen, permitiendo a la estrella abrir las valvas de la presa. Tras esto, everte su estómago (lo saca dado la vuelta) e introduce parte del mismo en la abertura entre las valvas, una abertura de menos de un milímetro es suficiente para que el estómago pueda comenzar a entrar. Una vez dentro, secreta enzimas digestivas que degradan el cuerpo del molusco, y este alimento parcialmente digerido es transportado a la parte superior del estómago, donde termina de digerirse.

Por tanto, respondiendo a la pregunta, sí es cierto que las estrellas pueden sacar parte de su estómago para digerir a sus presas. Esta estrategia les permite superar el obstáculo que supone la presencia de valvas duras en los moluscos. Aunque, como vamos a ver, no todos los moluscos tienen valvas.

Este grupo incluye a los invertebrados más grandes e inteligentes, enormemente diversos: se conocen 50.000 especies de moluscos. Los tres grupos principales son los cefalópodos, gasterópodos, y bivalvos. Todos tienen en común un cuerpo blando, formado por un tejido especializado llamado manto y una masa visceral interna que contiene los órganos del animal.

Los cefalópodos, literalmente pies (*podos*) en la cabeza (*cefalo*), incluyen animales cuyos pies han evolucionado en tentáculos (calamar, sepia, pulpo). Son depredadores carnívoros, que se desplazan con rapidez mediante un sistema de propulsión a chorro y cuentan con un saco con tinta que, al ser liberada, enturbia el agua permitiéndoles esconderse de los depredadores. El invertebrado más grande pertenece a este grupo, se trata del calamar gigante (*Architeuthis*), que puede alcanzar longitudes de dieciocho metros. Difíciles de ver, dado que habitan en las profundidades del océano, su existencia se ha podido comprobar por la aparición de cadáveres en playas, redes de pescadores o estómagos de cachalotes. Vivo y en libertad, sólo se le ha grabado una vez en 2012.

Los gasterópodos («estómago en los pies»), por otro lado, reptan sobre un pie muscular y se alimentan gracias a una estructura flexible cubierta de espinas de quitina llamada rádula, que tienen en la boca. En este grupo se incluyen los pocos moluscos sin ningún tipo de concha (las babosas) y los moluscos terrestres (babosas de jardín y ciertas especies de caracoles).

Por último, los bivalvos tienen dos conchas (valvas) unidas por una bisagra flexible, carecen de rádula y son generalmente sedentarios. Son organismos filtradores, para alimentarse baten unas estructuras llamadas cilios, haciendo circular el agua por sus branquias, que sirven tanto para intercambiar gases como para atrapar nutrientes a través de una capa mucosa que las recubre. En su interior, un músculo se encarga de abrir y cerrar las valvas, este músculo es el que nos comemos al pedir en un restaurante almejas, mejillones, ostras o vieiras. Y es lo que las estrellas de mar degustan asimismo cuando sus pies ambulacrales consiguen apresar a uno de estos bivalvos.

51

¿Podríamos alimentarnos a base de insectos?

En el año 2013, la Organización de las Naciones Unidas para la Alimentación y la Agricultura (FAO) publicaba un informe instando a comer insectos como alternativa sostenible para combatir el hambre en el mundo. La entomofagia, la ingesta de insectos y arácnidos, es una realidad en ciertas partes del mundo. Veamos si sería posible una alimentación a base de insectos, analizando para ello el grupo de animales en los que se clasifican: los artrópodos.

Los artrópodos fueron los primeros animales que lograron colonizar el medio terrestre, posiblemente gracias a la presencia de un esqueleto externo o exoesqueleto impermeable sobre la epidermis, formado por proteínas y quitina (glúcido que, recordemos, también estaba presente en la pared celular de los hongos). El hecho de ser los únicos depredadores de las plantas en tierra firme durante millones de años les permitió diversificarse y, durante decenas de millones de años, fueron los animales dominantes del planeta. Existían libélulas de 70 centímetros, o milpiés de 2 metros de longitud.

Quizá esta dominancia antigua es responsable del legado que ha llegado hasta nuestros días. Los artrópodos son, por mucho, el grupo de organismos más grande de la Tierra: superan el millón de especies conocidas (de las que 750.000 son insectos) y suponen las tres cuartas partes del total de especies descritas hasta el momento.

Como características comunes a todos estos individuos, podemos señalar, además del exoesqueleto, la presencia de apéndices articulados (patas, alas), ojos compuestos y un sistema de muda controlado por hormonas.

El exoesqueleto presenta tantas ventajas como desventajas. Por un lado, previene la deshidratación, protege las partes blandas del cuerpo y permite el movimiento de los apéndices articulados, y es flexible en ciertas partes. Por otro lado, no puede expandirse cuando el animal crece, por lo que este debe desprenderse de él y formar uno nuevo, proceso denominado muda o ecdisis, que deja al artrópodo indefenso hasta la creación de la nueva cubierta. La muda está controlada hormonalmente, principalmente por acción de la ecdisona u «hormona de la muda». Otro inconveniente del exoesqueleto es que es una estructura pesada, lo que puede explicar que los artrópodos de mayor tamaño sean acuáticos (los crustáceos), la flotabilidad que aporta el agua permite sujetar peso sin dificultad.

Los artrópodos tienen sus cuerpos segmentados en partes especializadas (cabeza, tórax, abdomen). La respiración se produce mediante branquias, en organismos acuáticos; y mediante tráqueas, en individuos terrestres. El sistema de tráqueas consiste en una serie de tubos que recorren el cuerpo del animal y comunican al exterior por pequeños orificios denominados espiráculos. Es un sistema eficaz en organismos de un tamaño tan reducido como estos. Algunos, además, cuentan con pulmones laminares, como las arañas.

Su sistema nervioso es complejo, compuesto por tres pares de ganglios fusionados que forman el cerebro y una cadena ganglionar ventral que recorre longitudinalmente el cuerpo del animal. A pesar de ser el órgano coordinador, muchas acciones se controlan desde cada segmento de forma independiente. Por esta razón, incluso habiéndoles separado el cerebro del resto del cuerpo, pueden seguir llevando a cabo ciertas acciones, como moverse o comer.

La mayoría tienen órganos de los sentidos bien desarrollados, entre ellos, unos ojos compuestos con múltiples receptores de luz, que les permiten una vista panorámica, y son capaces de formar imágenes y discriminar colores. Muchos insectos, además, disponen de receptores auditivos (como los grillos, que se comunican por sonidos), y otros son capaces de detectar vibraciones del suelo.

La reproducción en este grupo es sexual, a través de huevos. Las crías pueden tener un desarrollo directo, o indirecto mediante metamorfosis. Algunas especies presentan además partenogénesis. Esta forma de reproducción utiliza células sexuales femeninas no fecundadas, a partir de las que se pueden generar nuevos organismos, sin necesidad de gametos masculinos. Esto ocurre, por ejemplo, en las abejas. La descendencia nacida por este medio está formada únicamente por machos, y las hembras se producen cuando hay fecundación del gameto femenino.

Dentro de los artrópodos se distinguen cuatro grupos: hexápodos (insectos), quelicerados (arañas, escorpiones, cangrejos cacerola), miriápodos (ciempiés y milpiés) y crustáceos. En el pasado, podríamos añadir a los trilobitomorfos (trilobites), ya extintos.

Los insectos constituyen la clase más numerosa de artrópodos. Son los únicos invertebrados capaces de volar. La cuestión es: ¿se pueden comer? Veamos sus características fisiológicas para dar respuesta a esto.

52

¿Sienten dolor los cangrejos?

Si bien dudamos seriamente con la idea de comer insectos, con otro tipo de artrópodos no tenemos ningún problema, de hecho, constituyen algunas de las especialidades gastronómicas más valoradas. Hablamos, claro está, de los crustáceos. En este grupo encontramos a los cangrejos, langostinos, langostas, camarones y percebes. Muchos de los lectores habrán disfrutado de alguna paella con marisco, o incluso una mariscada, pero no sé si alguno se ha planteado alguna vez si los cangrejos, o crustáceos similares, han sentido dolor al ser cocinados. Vamos a descubrirlo.

En la actualidad, se han descrito 50.000-67.000 especies de crustáceos, según la fuente, y su número real estimado podría ser cinco o diez veces superior. Estos animales acuáticos pueden habitar en aguas dulces o marinas, a distintas profundidades: desde los camarones de las profundidades del mar hasta los cangrejos encontrados en las rocas costeras. Su tamaño también es variable, desde la microscópica pulga de agua hasta el cangrejo gigante japonés, el artrópodo vivo más grande del mundo, con un diámetro de más de cuatro metros.

A pesar de su variabilidad, todos comparten la presencia de dos pares de antenas sensoriales, exclusivas en estos artrópodos. Además, la mayoría tiene ojos compuestos como los insectos y respiran por medio de branquias.

Su cuerpo está dividido en tres segmentos: cabeza, tórax y abdomen; aunque en muchos de ellos la cabeza y el tórax se

Meganyctiphanes norvegica. Conocidos como kril, los eufausiáceos son crustáceos de tres a cinco centímetros de longitud, abundantes en los mares antárticos, donde sirven de alimento a peces, aves y, con especial importancia, a ballenas. En los últimos años está aumentando notablemente su captura para el consumo humano, especialmente en Rusia y Japón, lo que puede poner en peligro el equilibrio en las cadenas alimentarias del ecosistema marino antártico. Foto: Paulsen, O., Wikimedia Commons

fusionan formando el cefalotórax. Todos los segmentos poseen apéndices: antenas, mandíbulas y maxilas (piezas bucales) en la cabeza, y un número variable de patas en el resto. Al igual que los demás artrópodos, están envueltos por un exoesqueleto articulado, formado por proteínas y quitina, que no crece. Esto implica la muda del mismo varias veces a lo largo de su vida. Generalmente el exoesqueleto antiguo es devorado para reponer las reservas de calcio del organismo. Algunos crustáceos, como las langostas, crecen durante toda la vida, pudiendo alcanzar tamaños enormes (la más grande capturada pesaba más de veinte kilogramos).

La mayoría de los cangrejos caminan sobre el fondo marino (son animales bentónicos), aunque otros viven fuera del agua, y acuden a esta sólo para reproducirse. De hecho, en las playas se les puede ver en ocasiones subidos a palmeras o similares. También existen cangrejos de agua dulce, los llamados cangrejos de río, con cuerpos más alargados que los cangrejos marinos. Su alimentación se basa en algas y otras materias orgánicas que pueden filtrar, si son de pequeño tamaño, o capturar con sus patas y pinzas, si son de mayor tamaño.

Muchos de los lectores habrán comido alguna vez cangrejos. Un estudio de la Queen´s University de Belfast del año 2013 ponía de manifiesto la posibilidad de que estos animales sintieran dolor, y lo demostraron a través de un experimento.

Para entenderlo, primero debemos conocer la diferencia entre nocicepción y dolor. La primera es una reacción refleja a un estímulo dañino, ya sea químico, mecánico o térmico. Mientras que el segundo, sin embargo, es una reacción subjetiva que permite al individuo una protección a largo plazo al implicar cierto aprendizaje.

En la práctica, muchos animales (entre otros, mamíferos, aves, peces, y muchos invertebrados) experimentan nocicepción, lo que les ayuda a escapar de estímulos dañinos, pero pocos son capaces de sentir dolor (básicamente mamíferos y aves).

En el experimento que nos ocupa, los investigadores colocaron a una serie de cangrejos comunes de mar (*Carcinus maenas*) en un acuario iluminado, con dos refugios oscuros donde poder esconderse. En uno de ellos, los cangrejos recibían descargas eléctricas. En sucesivas pruebas, los cangrejos que recibían descargas cambiaban de refugio en la siguiente elección. El refugio sin descargas era elegido incluso cuando estaba iluminado (un sitio que a priori un cangrejo no elige para esconderse). Esto demostraba que los cangrejos no se guiaban por su vista, sino por el recuerdo del dolor que habían sentido en el refugio que emitía descargas eléctricas.

Estudios realizados en peces y aves también han arrojado algunas conclusiones similares. Algunos autores critican estas investigaciones, argumentando que el dolor es un sentimiento subjetivo que sólo se puede atribuir a animales que puedan describir y comunicar sus experiencias emocionales. Muchos atribuyen esta serie de reacciones a la nocicepción, más que al dolor propiamente dicho.

El debate no está cerrado aún. Por ahora, podemos asegurar que los cangrejos, así como otros invertebrados, tienen nociceptores que les permiten reaccionar ante estímulos que les hagan daño, y ser metidos en agua hirviendo para cocinarlos puede ser un buen ejemplo de un estímulo dañino. En cierto modo, los cangrejos se percatan de esto. Espero que esta reflexión final no aleje al lector, si es que le gustan, de las ricas cenas a base de estos crustáceos.

53

¿QUÉ MATERIAL DE LA NATURALEZA ES CINCO VECES MÁS RESISTENTE QUE EL ACERO?

Aquellos lectores que sean aficionados a los cómics ya sabrán de qué material estamos hablando, Spider-Man era un experto en su manejo. Se trata, efectivamente, de la tela de araña. A igualdad de masa, este material es más resistente que el acero. De hecho, se ha llegado a decir que una hebra de seda de araña del diámetro de un lápiz podría detener un Boeing-747 en vuelo.

Pero más asombroso si cabe que su resistencia es su elasticidad. Este material puede estirarse hasta veinte veces su tamaño sin romperse. La cuestión que se nos plantea ahora es: ¿de qué está formada esta tela para tener estas propiedades?

La seda de araña está constituida por unas proteínas fibrosas, denominadas espidroínas (*spidroins,* de *spider*), formadas mayoritariamente por tres tipos de aminoácidos (su proporción varía de unas especies a otras): glicina, alanina y prolina. Estas moléculas se disponen linealmente, orientadas según el eje de la fibra, alternando segmentos rígidos, que pueden soportar grandes tensiones mecánicas, con otros segmentos flexibles, que aportan elasticidad al material. Lo que da como resultado una seda resistente pero elástica al mismo tiempo.

Existen más de 130 formas distintas de telas de araña. De hecho, una misma araña puede fabricar varios tipos, lo hace a partir de siete glándulas que tienen en la parte posterior del abdomen, por las que se secretan siete variedades distintas de seda.

Generalmente diseñada para atrapar a las presas, la seda también pueden ser usada para inmovilizar; para la reproducción; la construcción de nidos o entradas a madrigueras; como sensores de movimiento o «cables de arrastre» para ascender o descender; como alimento (las arañas pueden consumir su propia seda si las presas escasean). E incluso ciertas especies de arañas acuáticas las utilizan como campanas de buceo, llenándolas de aire para sobrevivir bajo el agua, es el caso de la araña de agua, *Argyroneta aquatica.*

Las arañas, junto con los ácaros, las garrapatas y los escorpiones, constituyen la clase de los arácnidos (*Arachnida*). Todos ellos carecen de antenas y cuentan con 4 pares de patas. La mayoría son carnívoros, alimentándose de sangre, como las garrapatas; o de presas, como las arañas o los escorpiones. Los depredadores generalmente paralizan a sus presas con veneno, y luego les inyectan enzimas digestivas para degradar sus cuerpos, absorbiendo el líquido resultante.

Al contrario que los insectos, las arañas no tienen ojos compuestos, sino simples. Su capacidad de percibir estímulos, por lo tanto, no se encuentra tanto en los ojos como en los pelos sensoriales que las recubren, que son capaces de sentir el tacto, pero también los olores, sabores o incluso las vibraciones del aire o de la telaraña.

Las arañas pueden construir sus telas incluso en el espacio. Lo que fue comprobado en un experimento llevado a cabo por la NASA, a raíz del proyecto científico de una estudiante de bachillerato de Massachusetts, Judy Miles. Esta alumna se preguntaba si las arañas podrían crear sus telas en ausencia de gravedad. El 28 de julio de 1973, Arabella y Anita, dos arañas de jardín (*Araneus diadematus*), fueron lanzadas al espacio y analizadas durante semanas. A pesar de morir por deshidratación durante la misión, ambas elaboraron sendas telas, similares en estructura a las que hacen en tierra firme, pero de un grosor menor, probablemente como resultado a su adaptación al nuevo ambiente.

Las arañas, como vemos, son animales asombrosos capaces de producir un material natural impresionante, que el ser humano está intentando replicar en el laboratorio. Ya se han diseñado poliuretanos inspirados en la estructura molecular de la seda de araña, e incluso se han inoculado los genes que codifican para las proteínas de la seda en bacterias, en cabras, y en gusanos de seda. En estos últimos se ha conseguido que produzcan una seda resistente, con propiedades de la seda de araña, que puede tener una gran utilidad en el sector textil, quirúrgico o incluso en la elaboración de chalecos antibalas o en ingeniería. No obstante, todavía no se produce en cantidades suficientes para permitir su explotación comercial.

Pero las arañas no son el único animal con propiedades útiles en el que el ser humano ha centrado su atención, intentando replicarlo. De hecho, se habla de biomímesis o biomimetismo para designar a la ciencia que se encarga de estudiar a la naturaleza y usarla de inspiración para el diseño de nuevas tecnologías o materiales.

Un equipo de investigación del Instituto Tecnológico de Massachusetts ha desarrollado un vendaje impermeable y adhesivo, útil para puntos de sutura o cicatrización de heridas, inspirado en las patas de la salamanquesa. Estos reptiles son capaces de trepar por cualquier superficie gracias a unas almohadillas adhesivas en la parte inferior de sus dedos. Aunque inicialmente se pensó que estaban provistas de ventosas, ahora se sabe que esta capacidad puede estar más relacionada con la atracción electrostática entre la superficie y unos pelitos microscópicos presentes en las almohadillas.

El vuelo de la libélula se ha utilizado en aeronáutica para el diseño de helicópteros. Gracias a sus dos pares de alas, que pueden moverse independientemente, estos insectos son capaces de volar hacia delante, hacia atrás, subir, bajar, pararse en seco y acelerar hasta casi cien kilómetros por hora. Una agilidad que aún nuestros helicópteros no tienen, pero que cada vez se asemejan más, gracias al estudio de estos animales.

De igual modo, los termiteros del África subsahariana se analizan para la posible construcción de edificios que mantengan una temperatura y humedad constantes, pese a los cambios de temperatura de hasta 40 °C en el exterior. La ecolocalización de los murciélagos ha ayudado al desarrollo de bastones para invidentes. Las semillas que se quedan pegadas al pelo de los animales fueron la inspiración de George de Mestral, inventor del velcro en 1941. Y una versión sintética de la piel del tiburón se utiliza en barcos para disminuir el rozamiento con el agua y mejorar su desplazamiento.

54

¿A qué grupo de seres vivos pertenecen los caballitos de mar?

Los caballitos de mar tienen una estructura muy peculiar: carecen de extremidades, salvo unas pequeñas aletas, tienen una cola prensil, una bolsa incubadora, espinas óseas por el cuerpo, y nadan erguidos. Además, se llaman «caballitos», pero evidentemente distan mucho de parecerse a los équidos a los que estamos acostumbrados. Con una descripción así, es complicado ubicarles en el árbol de la vida.

Por llamativo que parezca, no obstante, los caballitos de mar no son ni más ni menos que peces, un tipo muy peculiar de peces. Veamos las características de esta clase de animales, y las de los caballitos de mar en particular.

Los peces son animales vertebrados. Hemos finalizado, por lo tanto, nuestro recorrido por los seres invertebrados y comenzamos a hablar de vertebrados. Estos constituyen el subgrupo mayoritario dentro del filo Cordados, caracterizado por poseer, al menos durante la fase larvaria o embrionaria, una notocorda –varilla de tejido nervioso, rígida pero flexible, que se extiende a lo largo del dorso del individuo–, unas hendiduras branquiales faríngeas y una cola postanal.

Dentro del grupo de cordados, lo que distingue a los vertebrados es que la notocorda embrionaria es reemplazada por una espina dorsal –o columna vertebral– como eje estructural. Formada en un primer momento por cartílago, que es sustituido durante la maduración por tejido óseo en la mayor parte de los vertebrados, esta estructura aporta apoyo al cuerpo, soporte a los músculos, protege al cordón nervioso dorsal y al cerebro. Gracias a este esqueleto, los vertebrados han logrado alcanzar tamaños inmensos, así como una movilidad excepcional, con la ventaja que supone no tener que cargar el peso de un exoesqueleto externo. Además, el endoesqueleto está formado por tejido vivo que crece con el animal, lo cual le permite evitar los procesos de muda.

Los primeros vertebrados habitaron la Tierra hace 530 millones de años, eran peces sin mandíbula, conocidos como agnatos. En ellos la notocorda se mantenía en los adultos, sin ser sustituida

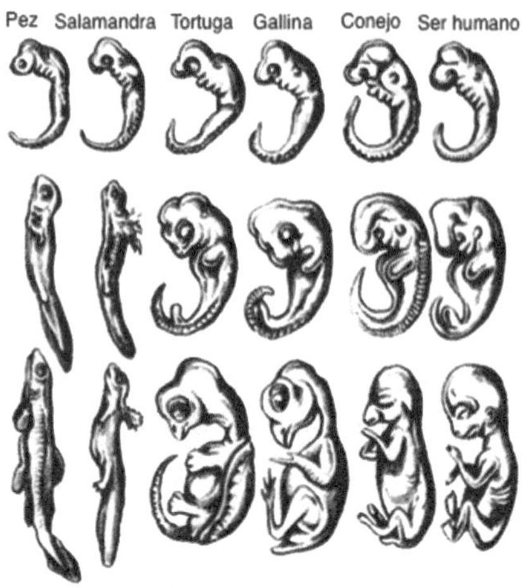

Imágenes del desarrollo embrionario de diferentes vertebrados. En las etapas iniciales de todos ellos se identifican estructuras comunes: ojo, hendiduras branquiales, cola postanal y notocorda. El asombroso parecido entre ellos fue una de las pruebas aportadas para postular su evolución a partir de un antecesor común. Foto: Modificado de Gilbert, 1997, vía «Por qué? Zoología»

por la columna vertebral. Algunos presentaban exoesqueletos de placas óseas, que aportaban una protección extra a las escamas. Aunque los agnatos primitivos ya están extintos, actualmente existen dos grupos de peces sin mandíbulas (los mixines y las lampreas), pero no tienen exoesqueleto y su endoesqueleto es cartilaginoso.

Hace 425 millones de años sucedió un importante hecho en la evolución de los peces: la aparición de las mandíbulas, a partir de una modificación de la región cefálica anterior. Estas estructuras, normalmente dotadas de dientes, les permitieron sujetar, rasgar y triturar a sus presas, lo que diversificó su alimentación y supuso un incremento de su tamaño corporal.

A partir de ahí aparecieron los tres grupos de peces que existen actualmente: los peces cartilaginosos, los peces óseos y los peces lobulados. Dejaremos su análisis para la siguiente cuestión, centrándonos ahora en el pez que ha originado esta pregunta: el caballito de mar.

Los caballitos de mar pertenecen al género *Hippocampus*. De hecho, también se les conoce como hipocampos, por el parecido de su cabeza con la de un caballo (*hippos*, en griego clásico, 'caballo'). Dentro de este género, encontramos más de 50 especies distintas, con colores diversos, y tamaños que van desde los 14 milímetros hasta los 29 centímetros de longitud. Habitan en aguas tropicales poco profundas, entre corales, macroalgas y manglares.

Estructuralmente, el cuerpo de este tipo de peces está cubierto por una armadura de placas óseas, a diferencia de la mayoría de los peces, que están cubiertos por escamas. La característica de poseer el cuerpo en ángulo recto con la cabeza también es exclusiva de estos peces.

Cuentan con una aleta dorsal con la que impulsarse horizontalmente, y unas aletas diminutas cerca de la cabeza con las que dirigen el movimiento y consiguen estabilidad. Posiblemente sea el pez más lento que se conoce, dado que se mueve de manera vertical con ayuda de estos apéndices. Puede alcanzar velocidades máximas de 1,6 kilómetros por hora. El desplazamiento vertical lo realiza, al igual que otros peces, ajustando el volumen de aire en su vejiga natatoria (saco membranoso bajo la columna vertebral que puede llenarse y vaciarse de aire, actuando como órgano hidrostático).

En lugar de aleta anal, cuenta con una cola prensil que utiliza para anclarse a las algas y alimentarse, succionando con su hocico óseo pequeños crustáceos del zooplancton suspendido en el agua. Estos animales son miméticos, tienen capacidad de camuflarse, cambiando de color para esconderse de sus depredadores, imprescindible dada su lentitud de movimientos.

Una curiosidad de los caballitos de mar es que en este género son los machos los encargados del desarrollo de los huevos. Después del baile de cortejo, la pareja entrelaza sus colas y la hembra inserta los huevos maduros con un apéndice cloacal (ovopositor) dentro de la bolsa incubadora (marsupium) del macho, y a medida que pasan son fertilizados.

Concluimos esta pregunta recordando la importancia de los peces en el árbol evolutivo de los seres vivos, que son los primeros animales en desarrollar una columna vertebral. Y retomamos la idea de la diversidad dentro de esta clase de vertebrados, que cuenta con el mayor número de especies. Una variedad que se hace especialmente evidente al conocer casos como el caballito de mar, un animal curioso que dista mucho de la imagen que tenemos en nuestra cabeza cuando nos piden que nos imaginemos un pez.

55

¿BEBEN AGUA LOS PECES?

Como veíamos en la pregunta anterior, los peces fueron los primeros animales vertebrados que habitaron el planeta. Tras lograr el desarrollo de mandíbulas y escamas, los peces se diversificaron en tres grupos: peces cartilaginosos, peces óseos y peces lobulados.

Los peces cartilaginosos o condrictios (clase *Chondrichthyes*) incluyen más de seiscientas especies entre las que se encuentran los tiburones, las rayas y los peces gallos o quimeras. Son individuos depredadores y carecen de huesos verdaderos, su esqueleto está formado por cartílago. Aunque pudieran parecer más primitivos, se piensa que este es un carácter secundario, evolucionado a partir de un esqueleto óseo anterior. La mayoría tiene la piel cubierta por escamas pequeñas y puntiagudas, aportándoles la aspereza de un papel de lija.

Respiran mediante branquias, por las que circula el agua bombeada por el propio animal. Algunas especies necesitan nadar abriendo la boca para lograr que el agua circule por las branquias, es el caso de muchas especies de tiburones. En numerosas ocasiones se ha escuchado la expresión de que si un tiburón se detiene, muere. Lo cierto es que son peces que deben nadar casi de manera constante, para poder respirar como hemos visto y porque, al igual que las rayas, carecen de vejiga natatoria, con lo que se hunden cuando dejan de moverse. Pero también es verdad que, durante cortos períodos de tiempo, pueden bajar al fondo y detenerse, aletargando su metabolismo de manera que su consumo de energía se reduzca al mínimo.

Los condrictios pueden ser ovíparos (nacer a partir de huevos), vivíparos (el embrión se desarrolla dentro del vientre materno) y ovovivíparos (la cría se desarrolla dentro de huevos, que permanecen en el interior del progenitor hasta su eclosión). Un aspecto curioso se produce en los tiburones toro (*Carcharias taurus*) cuyas crías experimentan canibalismo intrauterino. Dentro del vientre materno, el embrión de mayor tamaño devora a todos sus hermanos salvo a uno. De manera que finalmente sólo nacen dos crías.

Los celacantos, que vivieron en la Tierra hace cuatrocientos millones de años, se calculaban extintos hasta que en 1938 se encontró un ejemplar de un metro y medio de largo en las costas de Sudáfrica, lo que demuestra que estos verdaderos fósiles vivientes aún habitan nuestro planeta. Foto: Mordecai, Wikimedia Commons

Los peces óseos u osteíctios, por otro lado, poseen un esqueleto constituido prácticamente en su totalidad por huesos (aunque mantienen algunas piezas de cartílago). Son los peces más comunes, se han identificado alrededor de 24.000 especies, tanto en agua dulce como salada, y se estima que su número real duplique esta cantidad. Entre ellos la variedad y diversidad de colores, tamaños, formas de vida, hábitats es enorme.

Por último, los peces lobulados o sarcopterigios presentan aletas lobuladas, esto es, aletas carnosas que contienen huesos en forma de espina rodeados por una capa gruesa de músculo. Al igual que los peces óseos, su esqueleto está formado por hueso, no por cartílago. En este grupo encontramos dos linajes: los celacantos y los peces pulmonados.

De los peces pulmonados o dipnoos («dos respiraciones»), sólo seis especies han sobrevivido hasta el presente. Aquellos que habitan en agua dulce, en zonas de África, Sudamérica y Australia, poseen branquias y pulmones, lo que les permite una hazaña casi milagrosa: si el estanque donde viven se seca por completo, se pueden enterrar en el lodo, que se seca alrededor de ellos formando un aislamiento, sólo la boca queda expuesta. Las glándulas de la piel secretan mucus, que forma una película para evitar la evaporación. Reduciendo su metabolismo y respirando mediante pulmones, pueden sobrevivir hasta que llegue la época de lluvias de nuevo, y retomen su vida acuática.

Por el registro fósil, sabemos que al menos una especie de peces lobulados primitivos desarrolló extremidades reales, que le permitirían moverse en situaciones de emergencia a estanques cercanos si el suyo se secaba. Las extremidades y los pulmones favorecerían a estos organismos establecerse en tierra firme, por lo que se considera que este grupo es el antecesor del resto de vertebrados terrestres. Algunos vertebrados más actuales, no obstante, regresaron al medio acuático, como las serpientes marinas o las ballenas.

Ahora sí, retomamos y respondemos a la pregunta inicial: ¿beben agua los peces? Para poder entender la respuesta, además de conocer la biología de los peces, que ya hemos visto, tenemos que entender un proceso físico conocido como la ósmosis, fundamental para el funcionamiento de los seres vivos.

Este proceso consiste en el paso de un solvente a través de una membrana semipermeable, a favor de gradiente de concentraciones. Lo explicaremos término a término. En una disolución, siempre contamos con un solvente (elemento principal y más abundante) y un soluto (el elemento que se disuelve). En el batido de chocolate, el solvente sería la leche y el soluto sería el polvo de cacao. De igual manera, en el agua del mar, el solvente es el agua y el soluto son las sales en ella disueltas. Las disoluciones pueden estar poco concentradas (si hay poco soluto por unidad de solvente) o muy concentradas.

Por otro lado, una membrana semipermeable es aquella que permite el paso de ciertas moléculas o iones, pero no de otros (generalmente, puede atravesarla el solvente, pero no el soluto). Todas las células que forman los seres vivos están rodeados por una membrana plasmática (como veíamos en la pregunta 6) que es semipermeable. A través de ella, las moléculas de agua y pequeños iones pasan del lado de la membrana con menor concentración al lado más concentrado, hasta que las concentraciones de igualen. Este proceso de difusión se produce sin gasto de energía. Para el paso de las moléculas grandes (sales, etc.) la célula tendría que gastar energía poniendo en marcha de forma voluntaria unos transportadores de membrana o invaginando las sustancias.

Entendido el proceso de ósmosis, volvamos al caso de los peces. En agua dulce, sus tejidos internos tienen una concentración de sales mayor a la del medio externo, por lo que el agua, por ósmosis, penetra directamente a través de las branquias y la piel. De esta manera, no necesitan beber agua por la boca. En agua salada ocurre lo contrario, la concentración de sales externa es tan elevada (33-35 gramos por litro como media), que el agua del interior del pez tiende a salir, por ósmosis, a través de la piel. En este caso, los peces deben beber constantemente para evitar la deshidratación. En este proceso, además de agua también ingieren sales, que deben ser eliminadas, lo hacen a través de la orina, las branquias y mediante los desechos de la digestión, junto con la comida no asimilada.

Muchas veces se ha confundido la visión de los peces abriendo y cerrando la boca, como si bebieran, aunque en realidad están haciendo pasar el agua por sus branquias para poder respirar, como habíamos visto anteriormente. Por lo tanto, en respuesta a la pregunta, podemos afirmar que algunos peces beben y otros no, dependiendo del lugar donde vivan. Y el villancico que canta que los peces en el río beben y vuelven a beber, podría considerarse erróneo desde el punto de vista biológico.

56

¿Qué permite a los anfibios salir por primera vez del agua?

La transición de peces a anfibios, como veíamos en la cuestión anterior, tiene posiblemente su origen en los peces de aletas lobuladas. Se postula que en el Devónico (416-359 millones de años) un linaje de estos peces se adaptó a vivir en aguas poco profundas y a aprovecharse de los recursos de áreas marginales de lagos o estuarios. Al contar con pulmones, se piensa que nadaban hacia la superficie tragando aire, o se impulsaban con las aletas pectorales para sacar la cabeza del agua y tomar oxígeno de fuera. Los individuos más fuertes podrían sostener el peso del cuerpo incluso en aguas con mayor profundidad, lo que les aportaría una ventaja adaptativa.

El paso del agua a la tierra no fue sencillo. El medio terrestre implica una serie de condiciones que dificultan la vida, al menos con las estructuras hasta el momento conseguidas. La mayor fuerza de gravedad experimentada en el aire, al ser mucho menos denso que el agua, el oxígeno disuelto en aire en lugar de agua y el riesgo de desecación son algunas de las peculiaridades para las que los organismos tuvieron que desarrollar estrategias de adaptación.

Una de ellas es el desarrollo de estructuras de sostén más resistentes, para soportar el peso del animal sin la ventaja que supone estar dentro del agua, y la modificación en las vértebras, evitando que la columna se arqueara bajo el peso del cuerpo y aplastase las vísceras. También el sistema de locomoción cambia, de un impulso por aletas a un sistema de palancas con un punto de apoyo en el suelo que permite transmitirle impulso al cuerpo.

Aparecen así los primeros vertebrados capaces de vivir parte de sus vidas fuera del agua: los anfibios. La propia palabra (*amphibio*, 'ambas vidas') indica la habilidad de estos organismos para desenvolverse en dos medios distintos, durante dos fases a lo largo de su vida.

Los anfibios actuales se dividen en tres grupos: los anuros ('sin cola') al que pertenecen las ranas y los sapos; los urodelos (conservan la cola), como salamandras y tritones; y los ápodos o gimnofiones (carecen de miembros y tienen una vida subterránea).

Sus extremidades son diversas en función de su modo de locomoción, que puede ser pegada al suelo, como en las salamandras, a saltos como las ranas, o reptando como los ápodos. También cuentan con un corazón de tres cámaras (el de los peces tenía sólo dos) que hace circular la sangre con mayor eficiencia.

Los anfibios viven siempre en hábitats húmedos porque requieren del agua para su reproducción. La fecundación en anuros es generalmente externa, como lo era en los peces, y los espermatozoides necesitan agua para nadar y fecundar los óvulos. Además, los huevos están recubiertos por una capa gelatinosa que debe mantenerse húmeda para prevenir su desecación. En ocasiones, los huevos son transportados por el padre.

En algunas especies, estos huevos fecundados se transformarán en larvas acuáticas (renacuajos en ranas y sapos) que respiran por branquias. Estas larvas al ir madurando experimentan un proceso complejo denominado metamorfosis, por el cual las branquias son sustituidas por pulmones, y se desarrollan extremidades, formando individuos adultos semiterrestres. Estos organismos utilizan pulmones para respirar, pero también cuentan con una respiración cutánea complementaria. Algunas

Algunas salamandras, como el necturo y el axolote, nunca completan su metamorfosis y continúan como formas larvales acuáticas, incluso una vez alcanzada la madurez sexual. Esto es debido a que su hipófisis no secreta la hormona necesaria para completar su desarrollo. En la imagen, se puede ver un axolote (*Ambystoma mexicanum*) con sus branquias externas características. Foto: Acquaviva, E., Wikimedia Commons

salamandras, de hecho, respiran enteramente a través de la piel y de las membranas mucosas de la garganta. Una piel fina, generalmente carente de escamas (con la excepción de los ápodos, que tienen escamas dérmicas). El poseer esta respiración cutánea es la razón por la que los anfibios suelen aparecer húmedos, de manera que mantienen una fina película de agua sobre la piel de la que extraen el oxígeno.

Otros grupos de anfibios, como los ápodos y la mayoría de las salamandras, presentan fecundación interna. Los machos depositan paquetes de espermatozoides en el agua o en un suelo húmedo, que son recogidos por las hembras.

La alimentación también ha supuesto cambios estructurales en los animales. Pasamos de una dieta piscícola basada en plancton, crustáceos u otros peces, a una alimentación anfibia que se basa en vegetales durante la fase larvaria y en la caza de artrópodos y gusanos en el estado adulto. Para ello, la boca crece de tamaño y en ocasiones está provista de dientes pequeños. Son animales engullidores, que introducen en su tubo digestivo presas enteras. Muchos anuros capturan insectos mediante un disparo de sus lenguas largas, insertas en la parte anterior de la boca, que tienen una superficie pegajosa.

Todas estas adaptaciones permitieron a estos vertebrados llevar una doble vida, con una fase adulta muy extensa en la que por fin pueden vivir fuera del agua. No obstante, su dependencia de este líquido es evidente, necesitan el agua para reproducirse, para evitar la desecación de los huevos, e incluso de forma indirecta también para respirar. Por lo que este logro, que permitió la salida de los animales a tierra firme, aún tendría que sufrir más innovaciones a lo largo de la historia evolutiva de los animales.

57

¿Son venenosos todos los sapos?

¿Quién no ha oído hablar del cuento de la princesa que besaba a un sapo, convirtiéndole en príncipe? Si bien esta historia pertenece al mundo de la fantasía, la realidad es que, besando a ciertos sapos, tenemos más posibilidades de enfermar o tener alucinaciones que de conseguir un príncipe azul en nuestras vidas. Y es que, como vamos a ver, algunas especies de anfibios secretan a través de la piel sustancias altamente tóxicas, como defensa frente a depredadores.

Ya hemos comentado que la piel de los anfibios es fina y está generalmente desprovista de escamas. Además, cabe mencionar que es una estructura muy vascularizada, ya que los vasos sanguíneos que la recorren recogen el oxígeno del aire por respiración cutánea. Por otro lado, posee numerosas glándulas, que pueden ser de dos tipos: glándulas mucosas y glándulas venenosas. Las primeras secretan un mucus incoloro que previene la desecación, responsable del aspecto húmedo de los anfibios. Además, se piensa que, al igual que nuestro sudor, este mucus puede presentar propiedades bactericidas. Las glándulas venenosas, por su parte, secretan sustancias tóxicas para ahuyentar a los posibles depredadores. Algunos de estos compuestos son, además, alucinógenos.

Es el caso de la bufotenina, un alcaloide con efectos alucinógenos que secretan algunos sapos del género *Bufo*. Aunque para los humanos sea inofensivo (salvo, claro está, las alucinaciones), si un perro o gato ingiere estos sapos, puede tener problemas graves. Esta experiencia la he vivido personalmente varias veces en casa de mis padres, donde comparten jardín, entre otros, una perra y un sapo. Cuando la perra juega con el sapo y lo lame, se pasa el resto de la tarde vomitando y salivando. No obstante, y aquí respondo a la pregunta, no todos los sapos son venenosos. Tampoco todas las ranas lo son, de hecho las ancas de rana son comidas en muchas zonas del globo.

Pero algunas sí lo son. Un ejemplo característico son las llamadas ranas de punta de flecha, pertenecientes a la familia de los dendrobátidos. Su nombre vulgar proviene del uso tradicional indígena de estos organismos, disponiendo el veneno en las puntas de las flechas o lanzas utilizadas en la caza. Estas ranas de colores llamativos cuentan con una serie de tóxicos que ingieren con la dieta, ya que ellas no son capaces de producirlos. Un veneno tan tóxico que en ocasiones puede ser mortal para el ser humano es el caso de la batracotoxina. La rana dorada que la contiene (*Phyllobates terribilis*) se considera el vertebrado más peligroso que existe.

Un anfibio con un sistema muy sofisticado de inyectar el veneno es el gallipato (*Pleurodeles waltl*). Este anfibio urodelo tiene en cada lado del cuerpo una hilera de siete a diez manchas anaranjadas, que coinciden con los extremos de las costillas. Cuando se ve amenazado, puede atravesar la piel con las costillas, que funcionan como púas envenenadas. Tras lo cual el animal regenera rápidamente el tejido dañado.

Las toxinas de origen anfibio pueden ser utilizadas por el ser humano para la elaboración de medicamentos. La dermorfina segregada por la rana mono gigante se utiliza como analgésico, y es trescientas veces más potente que la morfina. Y de la piel del sapillo de vientre amarillo se obtiene un péptido con actividad antimicrobiana.

Para evitar peligros, muchos anfibios, además, presentan una coloración advertidora, también llamada aposemática. Usan colores llamativos para advertir a los posibles depredadores de su peligrosidad. Es el caso de las ranas punta de flecha o la salamandra común, negra con manchas de un amarillo muy intenso, cuya piel también es venenosa. Incluso con este despliegue de medios, los anfibios son objeto de una amenaza que no entiende de venenos ni de coloraciones advertidoras.

Pese a haber vivido en la Tierra por más de ciento cincuenta millones de años, sobreviviendo incluso a la extinción del Cretácico que supuso la desaparición de los dinosaurios, los anfibios se han encontrado con un agente que está poniéndoles en un punto crítico de su historia en el planeta. Estoy hablando, ni más ni menos, que del ser humano.

Los herpetólogos (biólogos que estudian los reptiles y anfibios) ya han documentado una alarmante reducción de las poblaciones de anfibios en la última década. Muchas especies, de hecho, se han extinguido. Debemos recordar que los anfibios son vertebrados muy vulnerables a los cambios ambientales, su dependencia de zonas húmedas y su fina piel permeable, expuesta a los contaminantes y la degradación del entorno, les convierten en presas fáciles ante el impacto humano en el medio.

La destrucción de sus hábitats por drenado de pantanos o talas masivas influye en su disminución, así como la introducción de especies invasoras o los efectos del cambio climático. La contaminación del medio, por ejemplo con herbicidas o pesticidas, también afecta a los tejidos de estos organismos. Sus huevos pueden resultar dañados por la luz ultravioleta, un aspecto importante en las regiones del planeta donde el debilitamiento de la capa de ozono está dejando pasar parte de esta radiación. Además, se ha descubierto que muchas ranas y sapos están siendo víctimas de la infección de un hongo patógeno que, actuando sobre individuos previamente debilitados, provoca deformaciones e incluso su muerte.

De las diez especies de animales más amenazadas del mundo, tres son anfibios. Y si tenemos en cuenta los cien animales que están en mayor peligro, treinta y tres son anfibios. Si seguimos en este camino, provocaremos cada vez más extinciones en un grupo que, además de aportar biodiversidad al planeta, es controlador de muchas poblaciones de insectos y sirve como alimento de numerosos animales carnívoros de mayor tamaño. El equilibrio de los ecosistemas está en riesgo, pero aún estamos a tiempo para solucionarlo, son necesarias más medidas de conservación y una mayor concienciación de la situación crítica en que se encuentran estos vertebrados.

58

¿Qué importancia tuvo el huevo con cáscara, evolutivamente hablando?

En su momento comentamos cómo el desarrollo de polen y semillas supuso para las plantas un gran logro evolutivo, al permitirles la independencia del agua para su reproducción (v. preg. 44 para más detalles). Algo similar les ocurrió a los animales con la aparición del huevo amniota, que garantiza el desarrollo del embrión en un medio acuoso, incluso cuando el huevo está lejos del agua.

El desarrollo de esta estructura durante el período Carbonífero (359-299 millones de años) hizo posible la conquista definitiva del medio terrestre. El huevo amniota consta de tres membranas extraembrionarias: el amnios, membrana interna que contiene el líquido amniótico donde se desenvuelve el embrión; el corion, que colabora en la formación de la placenta; y el alantoides, un reservorio para los desechos nitrogenados producidos por el metabolismo del embrión. Estas membranas están protegidas por una cáscara flexible (como la de las tortugas) o rígida (como la de las aves) que no es impermeable, ya que puede ser atravesada por gases y vapor de agua. La yema de huevo constituye el vitelo, fuente de alimento para el embrión en desarrollo, mientras que la clara o albúmina es un reservorio adicional de agua y proteínas.

A partir de un grupo ancestral de organismos amniotas se originaron dos grandes grupos de vertebrados: los saurópsidos y los mamíferos. Comenzaremos hablando de los primeros, en los que encontramos a las tortugas (quelonios), escamados (lagartos, camaleones, iguanas, serpientes y culebras), esfenodontes (reptiles endémicos de Nueva Zelanda), cocodrilios (cocodrilos, aligátores y caimanes) y aves. Aunque los sistemáticos cladistas no consideran a los reptiles como un grupo monofilético, salvo que incorporasen a las aves, en este libro vamos a considerarlos un grupo con características comunes y nos vamos a centrar en ellos como conjunto.

Los reptiles logran la independencia del agua gracias, como hemos visto, al desarrollo del huevo amniota. Pero también a través de varias adaptaciones más, entre las que destacan dos: el desarrollo de una fecundación interna y de una piel dura, cubierta por escamas queratinizadas protectoras y con pocas glándulas.

Los reptiles escamados, como los lagartos y serpientes, tienen toda su piel cubierta por escamas epidérmicas que crecen hacia atrás, solapándose o superponiéndose a las escamas siguientes. Mientras que las tortugas y cocodrilos tienen escamas dérmicas, denominadas escudos córneos, que crecen de forma continua a lo largo de la vida del animal, y no se solapan, sino que los escudos nuevos reemplazan a los escudos más viejos a medida que se desgastan.

Además del tipo de fecundación y la piel, los pulmones de los reptiles son más eficientes en la captura y aprovechamiento del oxígeno del aire, por lo que se hace innecesaria la respiración cutánea. No obstante, las tortugas acuáticas desarrollan una piel permeable, y muchas modifican la cloaca (parte final del aparato digestivo) para una mayor absorción de gases, lo que les permite estar sumergidas durante largos períodos de tiempo.

El corazón de los reptiles también evoluciona, permitiéndoles la separación de la sangre oxigenada y la sangre sin oxigenar, lo que incrementa la eficacia en el reparto de gases. Y las extremidades y el esqueleto se modifican para lograr un mejor sostén y una mayor agilidad en los movimientos por tierra.

La presencia de escamas y, en ocasiones, placas óseas recubriendo el cuerpo a modo de armadura supone una ventaja frente a la desecación pero implica, asimismo, la necesidad de procesos de muda o ecdisis en estos individuos, similares a los que veíamos en artrópodos. La forma en la que esta ocurre difiere dependiendo de la especie. Los cocodrilos y tortugas crecen de forma constante, reemplazando los escudos córneos de manera continua (salvo en épocas de hibernación). En algunos tipos de tortugas los escudos viejos no se caen, sino que se quedan apilados por encima de los nuevos que se van formando debajo.

Los lagartos y serpientes, por otro lado, crecen sólo en determinadas épocas del año. Mientras los primeros cambian la piel por trozos, las serpientes lo hacen en una sola pieza (popularmente conocida como «camisa»).

El color de las escamas varía de unas especies a otras, coloración que es utilizada para el reconocimiento sexual, el reconocimiento entre especies y las relaciones dentro de una misma especie (lucha por el territorio, atracción de hembras, etc.). Aunque la mayoría de los reptiles son oscuros, con tonos verdes, pardos o grises, otros tienen una coloración llamativa, para advertir a sus posibles depredadores, bien porque sean realmente peligrosos (como la serpiente coral) o porque finjan serlo (como la falsa coral).

Algunos reptiles, como los camaleones o los lagartos, son capaces de cambiar el color de su piel, pudiendo así camuflarse en el medio, o comunicarse con otros reptiles: atraer a hembras, ahuyentar a rivales, etc. En el camaleón, esta espectacular habilidad viene dada por su capacidad para reordenar unos cristales microscópicos que se encuentran dentro de las células especializadas de su piel. Estas células se distribuyen en dos capas, la primera es capaz de cambiar los colores, y la segunda refleja la luz cercana al infrarrojo, permitiendo que el animal absorba menos radiación y pueda mantener fresca su temperatura corporal.

Y es que los reptiles, al igual que lo eran los peces o anfibios, son animales de sangre fría o ectotermos. Esto significa que no son capaces de mantener constante su temperatura corporal, por lo que dependen de las fuentes de calor externas. Por este motivo, es común ver a los lagartos «tomando el sol» sobre las rocas.

A pesar de esto, este grupo de animales consigue reducir su metabolismo cuando no están en actividad, de forma que requieren menos energía para mantener sus funciones fisiológicas. De hecho, un cocodrilo necesita entre cinco y diez veces menos alimentos que un león del mismo tamaño, y puede vivir medio año sin comer.

Todas estas características que diferencian a los reptiles de los grupos de animales existentes hasta ese momento en la Tierra les han brindado la oportunidad de colonizar hábitats muy diversos, incluso aquellos que, por su sequedad o temperatura, resultan complicados para el desarrollo de aves o mamíferos. Los reptiles no sólo consiguen la colonización de la tierra firme, también desarrollan una serie de estrategias que les harán, como veremos, dominar el planeta durante bastantes millones de años.

59

¿Qué diferencia hay entre una serpiente y una culebra?

Para entender la diferencia entre serpientes y culebras, debemos primero acercarnos con mayor detalle a la clasificación de los reptiles. Así comprenderemos los rasgos que identifican a unas y otras, si es que se trata de animales distintos.

Como veíamos, dentro de los reptiles encontramos varios grupos: quelonios o tortugas, cocodrilios, esfenodontes y escamados. Se conocen más de 240 especies de tortugas, que habitan una gran diversidad de ambientes, incluidos desiertos, arroyos, estanques y océanos. Las tortugas de vida terrestre tienen los dedos libres, mientras que las que habitan zonas acuáticas los tienen unidos por membranas, o han transformado sus extremidades en aletas. Su tamaño varía, pero las especies vivas más grandes del mundo (el complejo *Chelonoidis nigra*) pueden superar los 2 metros de longitud y los 450 kilogramos de peso. Además, se consideran una de las especies de vertebrados que más vive, la tortuga más longeva que se conoce vivió 188 años.

Todas las tortugas tienen en común un caparazón formado por escudos córneos fusionados que se encuentra fusionado con las vértebras, costillas y clavículas. Carecen de dientes, pero han desarrollado un pico córneo que utilizan para comer una enorme variedad de alimentos, existen tortugas herbívoras, carnívora, e incluso carroñeras. Las de agua dulce suelen alimentarse de insectos y peces; mientras que las de agua salada comen algas, crustáceos, medusas y peces.

Su reproducción, como la del resto de reptiles, es ovípara; y los huevos se depositan en nidos que ellas mismas excavan en la tierra. Muchas tortugas marinas regresan a tierra firme para desovar, recorriendo muchas veces distancias inmensas para llegar a las playas donde entierran los huevos. Una vez enterrados, se desentienden de ellos. Cuando eclosionan, las crías de forma instintiva avanzan hacia el agua del mar, donde comienzan su vida acuática. Aunque las especies más grandes pueden depositar puestas de más de cien huevos, la exposición a depredadores convierte su tasa de supervivencia en mínima: muy

Los esfenodontes o tuátaras son reptiles endémicos de Nueva Zelanda y sus islas más próximas; su nombre en maorí significa «espalda espinosa». Se parecen a las iguanas, con las que no están evolutivamente emparentadas. Aparecieron hace doscientos millones de años, son animales muy longevos, carnívoros y de hábitos nocturnos. Foto: Wikimedia Commons

posiblemente sólo una de cada mil tortugas nacidas llegará a ser adulta.

Respecto a los cocodrilios o cocodrílidos, incluyen un conjunto de veintiuna especies de caimanes, cocodrilos, aligátores y gaviales. Todos habitan en regiones cálidas y están bien adaptados al modo de vida acuático: sus ojos y fosas nasales sobresalen de su cabeza, de manera que pueden tener esta sumergida, mientras siguen respirando y vigilando los movimientos de otros animales. Si algo les caracteriza son sus fuertes mandíbulas, provistas de receptores sensoriales que detectan cualquier mínima vibración en la superficie del agua, pudiendo percibir presas o peligros incluso en total oscuridad. Los cocodrilos, además, cuentan con estos órganos en casi todo el cuerpo. Sus dientes cónicos se utilizan para triturar y matar a sus presas: peces, aves, mamíferos, tortugas o anfibios. Como dato curioso, el cocodrilo tiene mucha más fuerza para cerrar la mandíbula que para abrirla, lo cual es considerado un punto débil de este temido animal.

Para reproducirse, la hembra entierra los huevos en nidos de lodo, y los padres lo vigilan hasta que eclosionan. En ese momento, la madre coloca a las crías en su boca y las deja en un lugar seguro dentro del agua. Las crías permanecerán con la madre durante varios años. Un aspecto curioso de estos animales es que el sexo de las crías depende de la temperatura de incubación de los huevos: bajas temperaturas producen hembras, y temperaturas más cálidas implican el nacimiento de machos. A diferencia de las tortugas, los huevos de estos animales tienen la cáscara rígida.

En el grupo de los escamados o escamosos, por otro lado, encontramos a los lagartos, camaleones, iguanas, serpientes y culebras. Un linaje que incluye cerca de 6.800 especies, cuyo ancestro común tenía extremidades, aunque en la línea evolutiva de las serpientes estas se han perdido. Todos los individuos de este grupo comparten, de ahí su nombre, la presencia de escamas epidérmicas recubriendo su piel.

La mayoría de las serpientes son activas depredadoras carnívoras, y han desarrollado una gran variedad de estrategias para conseguir alimento. Utilizan, por ejemplo, su lengua para recoger partículas químicas del ambiente y llevarlas a su paladar, donde son interpretadas por el órgano de Jacobson, lo que les permite oler a las presas. Muchas cuentan además con órganos sensoriales especiales que les ayudan a seguir la pista de sus presas, detectando pequeñas diferencias de temperatura entre el cuerpo de la presa y el entorno, como si de unas gafas de visión térmica se tratara. Otras especies inmovilizan a sus víctimas inyectándoles veneno a través de sus colmillos huecos, como las víboras. Y otros tipos cuentan con articulaciones en las mandíbulas que les permiten abrirlas y devorar presas mucho más grandes que ellas, como la impresionante *Boa constrictor*.

Y ahora sí, respondiendo a la pregunta referente a la diferencia entre serpientes y culebras, hemos de aclarar que estos términos no son exactamente sinónimos. Para entender la diferencia, debemos recordar que los seres vivos se clasifican utilizando niveles taxonómicos cada vez más específicos. Como veíamos en la pregunta 37, existen ocho categorías taxonómicas principales en animales: dominio, reino, filo, clase, orden, familia, género y especie. Cada una de ellas incorpora a las siguientes, de manera que un género agrupa a varias especies con características comunes, una familia incorpora varios géneros, y así sucesivamente.

Comprendido esto, podemos entender que dentro del orden *Squamata* (escamados), tenemos el suborden *Serpentes* (serpientes). Y dentro de este, a su vez, contamos con veinticinco familias distintas, entre las que se encuentran la familia *Colubridae* (culebras) y, por ejemplo, la familia *Viperidae* (que incluye a las víboras). Es decir, las culebras serían un subgrupo dentro de las serpientes.

De hecho, es la familia con mayor número de géneros y especies, porque durante mucho tiempo se incorporó en este grupo a todas aquellas serpientes que no podían ser clasificadas en otras familias. Esto ha provocado que en numerosas ocasiones se utilicen los términos serpiente y culebra como sinónimos, cuando en realidad, como hemos visto, no lo son.

60

El *Tyrannosaurus rex*, ¿era un depredador o un carroñero?

Entre todos los reptiles conocidos, vivos y extintos, si hay un grupo que llama especialmente la atención, ese es sin duda el de los dinosaurios. Estos animales dominaron el planeta durante millones de años, y han sido descritos en numerosos libros, películas, series y dibujos animados. No existe persona, al menos en el mundo occidental, que no se pueda elaborar una imagen mental de cómo eran estos saurios.

Sin embargo, ¿tenemos una visión real de todos ellos? Los pterosaurios, reptiles voladores llamados erróneamente pterodáctilos, los ictiosaurios, reptiles marinos con aspecto de delfines, también los plesiosaurios y otros reptiles como el típico Dimetrodon son comúnmente confundidos con dinosaurios, pero en realidad no lo son. Y los que sí lo son reciben el nombre de «lagartos terribles» (significado literal de la palabra «dinosaurio») cuando en realidad no son lagartos, y muchos de ellos tampoco son terribles. También se les suele mostrar en las películas rugiendo, pero su comunicación era principalmente visual. Por otro lado, existe una idea errónea de que todos los dinosaurios terrestres eran enormes, cuando existieron bastantes especies pequeñas, incluso de cincuenta centímetros de longitud. ¿Cuánto hay de mito y cuánto de realidad en la idea que generalmente tenemos de los dinosaurios? Conozcámoslos un poco más para averiguarlo.

A comienzos del Triásico, hace 231 millones de años, los continentes estaban dominados por los arcosaurios, animales de gran tamaño cuyo nombre significa literalmente «reptiles antiguos». En ese momento, los mares ya estaban llenos de grandes reptiles, pero los arcosaurios nos interesan especialmente porque fue a partir de ellos que, en el Triásico superior (tramo final de este período), aparecen los dinosaurios. En concreto, se piensa que el antepasado más cercanamente emparentado con ellos sería el género *Lagosuchus*, pequeños arcosaurios que ya presentaban algunos rasgos de dinosaurios: desarrollo de dedos en la mano, regionalización de la columna vertebral, bipedismo, adaptaciones para la carrera, etc. De los arcosaurios sólo han llegado hasta la actualidad dos representantes, los cocodrilos y las aves, aunque este grupo incorporaba, además, a dinosaurios y pterosaurios.

Los dinosaurios son un grupo muy diverso, a nivel taxonómico, morfológico y ecológico. El registro fósil ha aportado datos para identificar cerca de quinientos géneros distintos y más de mil especies diferentes de dinosaurios no avianos. Pese a la variedad, todos comparten cuatro características comunes:

- El cuarto dedo de la mano está muy reducido, por lo que la funcionalidad se limita a tres dedos.
- El sacro presenta un mínimo de tres vértebras.
- El acetábulo (hueco de la pelvis para insertar la cabeza del fémur) está perforado.
- El astrágalo (hueso corto de los tarsos del pie) tiene un crecimiento dorsal visible.

Además, todos los dinosaurios eran ovíparos y construían nidos para los huevos. Existen evidencias que refuerzan la idea de que los huevos eran cuidados por los padres, incluso incubados durante un tiempo. La atención se extendía una vez los huevos habían eclosionado: en algunos fósiles de embriones se ha detectado la carencia de dientes, por lo que las crías debían ser alimentadas por los progenitores al nacer.

Se sabe además que eran animales activos, con hábitos diurnos de forma general, aunque algunas especies eran nocturnas, y presentaban adaptaciones para la interacción social. Hallazgos fósiles de muchos esqueletos de dinosaurios juntos hacen pensar que ciertas especies vivían en manadas, o incluso se reunían con otras especies para realizar migraciones. También existieron cazadores grupales, que cooperaban para derrotar a presas de gran tamaño. Y, en ciertos grupos, se ha comprobado el canibalismo.

Las adaptaciones para la depredación y la defensa en este grupo son realmente asombrosas. Además de las escamas características de los reptiles, algunas especies desarrollaron armaduras óseas o espinas en la piel. Otras contaban con largas colas que utilizaban como látigos para defenderse de depredadores. Incluso ciertas especies, como los anquilosaúridos, desarrollaron pesadas mazas en el extremo de las colas, que podían usar como arma. Otras estructuras, como las crestas de algunos dinosaurios, parecen demasiado débiles para soportar un combate, por lo que se piensa tuvieron un uso de exhibición, para la búsqueda de pareja o la defensa del territorio.

Aunque aún existe debate al respecto, muchos paleontólogos aceptan la idea de que las especies de dinosaurios de reducido tamaño eran de sangre caliente, o endotermos, y el resto tendrían un metabolismo intermedio entre endotermia y exotermia. Esto significa que tenían capacidad para regular y mantener constante su temperatura interna, algo que no ocurre en el resto de reptiles. Algunas evidencias de ello son la presencia de estructuras similares a plumas en algunos géneros, que podían haber servido de aislamiento térmico (estrategia utilizada por animales endotermos); y el hallazgo de dinosaurios en regiones semipolares, donde los seres ectotermos no podrían haber sobrevivido.

Los dinosaurios se clasifican en dos órdenes: Saurischia y Ornithischia. La diferencia entre ambos es la forma de la cadera: los primeros conservan la pelvis como los lagartos, mientras que los segundos tienen pelvis tipo ave. En el orden Saurischia encontramos a los terópodos, carnívoros bípedos que podían medir desde uno a quince metros (entre ellos, el *T. rex* o el *Velociraptor*); y los saurópodos, herbívoros de cuello largo (como el *Diplodocus*), que constituyeron los dinosaurios más pesados. La mayoría de los miembros del orden Ornithischia, por otro lado, eran cuadrúpedos herbívoros, como el *Triceratops* y el *Stegosaurus*.

Una de las grandes ideas que las películas sobre dinosaurios nos han inculcado es la imagen de un *Tyrannosaurus rex* temible, atacando sin piedad a todo ser u objeto que se le pusiera por delante. De hecho, su nombre significa «reptil tirano». Este dinosaurio podía llegar a medir catorce metros de longitud y poseía numerosos dientes con bordes aserrados con los que podía romper huesos. Como el resto de terópodos, era un carnívoro bípedo, y algunos expertos opinan que era fundamentalmente carroñero, dado el escaso tamaño de sus extremidades anteriores, que le dificultarían sujetar a sus presas. Su sentido del olfato bien desarrollado; sus dientes capaces de machacar huesos; y los indicios de que caminaba en lugar de correr.

Numerosos paleontólogos, no obstante, lo consideran un superdepredador. La reducción de los miembros anteriores en el linaje de los tiranosaurios se debería a un aumento paralelo en el tamaño y peso de la cabeza, precisamente para aumentar la potencia de la mordida. Con una cabeza más grande y pesada, se redujo el peso de la parte anterior del cuerpo haciéndose más pequeños los miembros superiores para equilibrar el cuerpo. Precisamente esto hace pensar que era un depredador que agarraba con sus mandíbulas presas vivas: ¿por qué aumentar la potencia de la mordida para alimentarse de carroña con la que no hay que luchar?

El debate ha estado abierto durante años, y aún sigue sin cerrar. De hecho, muchos expertos aceptan una combinación de ambos: era un depredador que también aprovechaba la carroña cuando podía. La respuesta definitiva a esta pregunta, por tanto, queda en manos del lector.

A pesar de estar envueltos en numerosos mitos, lo cierto es que los dinosaurios fueron criaturas asombrosas que dominaron la Tierra durante ciento sesenta millones de años, hasta su extinción a finales del Cretácico (hace aproximadamente 65 millones de años). No en vano se denomina a la Era Mesozoica, la Era de los Reptiles. Curiosos animales, cuyo conocimiento se amplía cada día a raíz del descubrimiento de nuevos fósiles: la historia de estos seres aún está escribiéndose.

61

¿Cómo sería el mundo si no se hubieran extinguido los dinosaurios?

Como ya vimos en la pregunta 24, hace unos sesenta y cinco millones de años se produjo la quinta extinción masiva de la historia del planeta, acontecimiento que supuso el final del imperio de los dinosaurios. Las causas aún no están del todo claras, veíamos que se han propuesto más de ochenta teorías para explicar la desaparición de estos reptiles, y que la más aceptada es el impacto de un asteroide en un momento en que las condiciones ambientales ya estaban dificultando la vida de estos grandes animales. Si bien las causas siguen generando dudas, algo que sí parece claro son las consecuencias de esta extinción.

Al extinguirse las especies dominantes del planeta, muchos mamíferos ocuparon sus nichos ecológicos y conquistaron con rapidez diferentes hábitats. Libres de depredadores, se convertirían con el tiempo en el grupo de vertebrados dominante, con las especies de mayor tamaño que se conocen, como la ballena azul. Aunque los mamíferos habían aparecido casi doscientos millones de años antes, a partir de un grupo de reptiles que desarrolló pelo y divergió, no se diversificaron hasta que se produjo la extinción de los dinosaurios. Puede que ni siquiera el *Homo sapiens* hubiera aparecido si esta extinción no se hubiera producido.

Los mamíferos son un grupo muy diverso, con algunos aspectos comunes. Uno de ellos es la presencia de pelo en la superficie del cuerpo, un pelaje que les ayuda a mantenerse calientes. Son seres homeotermos o de sangre caliente, capaces de regular su temperatura interna. Además, su nombre proviene de la presencia de glándulas mamarias en las hembras, utilizadas para producir leche para amamantar a sus crías. Los mamíferos realizan un cuidado parental tras el nacimiento de la descendencia, lo que les ayuda a aprender de los progenitores.

Además de las glándulas mamarias, estos animales tienen glándulas sudoríparas, odoríferas y sebáceas, únicas entre los vertebrados. El sistema circulatorio cerrado y el corazón con cuatro cavidades aseguran que no se mezcle la sangre oxigenada con la sangre sin oxigenar; y la respiración, incluso en mamíferos marinos como la ballena o el delfín, se realiza por pulmones.

El cerebro de los mamíferos es el más desarrollado de los vertebrados, lo que le permite una serie de aprendizajes que le ha supuesto, probablemente, una capacidad inigualable para adaptarse a los cambios ambientales. Un ejemplo de ello es el incremento de la capacidad craneal de los homínidos, que condujo a su conquista de todos los continentes. Además, tienen órganos de los sentidos muy desarrollados.

Se han descrito alrededor de cinco mil quinientas especies de mamíferos, clasificadas en tres linajes evolutivos:

De aspecto similar al erizo, con el que no está emparentado, el equidna es, junto con el ornitorrinco, el único mamífero que pone huevos. Habita en las islas de Nueva Guinea, Salawati, Australia y Tasmania, alimentándose principalmente de hormigas y termitas. Su nombre proviene de la homóloga ninfa de la mitología, madre de los monstruos griegos.

monotremas, marsupiales y placentarios. Vamos a analizar las diferencias entre ellos. La primera la encontramos en el número de especies, la inmensa mayoría de mamíferos son placentarios (unas 5.200 especies), mientras que existen pocos marsupiales (272 especies) y una cantidad casi anecdótica de monotremas (5 especies).

Los monotremas se caracterizan por ser los únicos mamíferos ovíparos, y tener un único orificio de salida de los tractos digestivo, urinario y reproductor (la cloaca), rasgo al que hace referencia su nombre (*monotrema*, «un sólo orificio»). Este grupo, endémico de Australia y Nueva Guinea, incluye sólo cinco especies: el ornitorrinco y cuatro especies de equidnas.

Los ornitorrincos tienen el cuerpo adaptado a la vida acuática, ya que es aquí donde cazan y se alimentan. Tienen forma aerodinámica, patas membranosas, cola ancha y un hocico similar al de un pato, utilizado para encontrar alimento.

Los huevos de los monotremas son coriáceos, esto es, tienen una cáscara de aspecto similar al cuero. La madre los incuba durante 10 a 12 días, bien en una bolsa (en equidnas) o entre la cola y el abdomen (en el ornitorrinco). Una vez nacidos, se alimentan lamiendo la leche materna que escurre directamente sobre la piel de la madre a partir de las glándulas mamarias, ya que estas especies carecen de pezones.

En los mamíferos no monotremas, el embrión se desarrolla dentro del útero materno, cuyo revestimiento interno, combinado con las membranas derivadas del embrión, forma una estructura denominada placenta, que permite el intercambio de gases, nutrientes y desechos entre la madre y la cría.

Las crías de los marsupiales nacen sin finalizar su desarrollo, por lo que en el momento del nacimiento, reptan hacia el pezón, al que se aferran para alimentarse hasta completar su crecimiento. Esta maduración se realiza en el interior de una bolsa denominada marsupio, que da nombre al grupo, aunque en ocasiones su reducido tamaño no permite que todas las crías se desarrollen dentro de él. En ciertas especies la madre transporta a la cría en el marsupio para protegerla, incluso una vez completado su desarrollo.

Una de las especies más conocidas es el canguro, el marsupial más grande, que puede alcanzar más de dos metros de altura y dar saltos de 9 metros de longitud. También en este grupo se encuentra el koala, el oso australiano, el diablo de Tasmania o el wómbat. En algún momento pasado, los marsupiales existieron en África, Europa y Norteamérica, de donde se extinguieron. Aunque algunas especies, como la zarigüeya de Virginia, recolonizaron Norteamérica, la mayoría de los marsupiales actuales se encuentran en Australia.

Por último, los placentarios, el grupo de mamíferos con mayor cantidad de especies. El nombre hace referencia a que su placenta tiene mayor complejidad que la de los marsupiales. A diferencia de estos, las crías nacen una vez han completado su desarrollo. La diversidad en este grupo es inmensa, por lo que podemos encontrar mamíferos placentarios prácticamente en todos los hábitats. En este último grupo de mamíferos nos situamos nosotros, los seres humanos. Y por fin hemos encontrado nuestro sitio en el árbol evolutivo. Un lugar que, como hemos visto, de alguna manera está relacionado con un suceso que aconteció hace varias decenas de millones de años: la extinción de los dinosaurios.

62

¿PERO DE VERDAD SE EXTINGUIERON?

Aunque generalmente se habla de la extinción de los dinosaurios en su conjunto, lo cierto es que no todos ellos se extinguieron. Hace sesenta y cinco millones de años, coincidiendo con la caída de un asteroide de unos diez kilómetros de diámetro, desaparecieron los dinosaurios no avianos. Es decir, todos aquellos que no eran aves. Este momento temporal, no obstante, se considera comúnmente como el final de los dinosaurios. ¿Fue realmente su fin?

Las tendencias actuales en paleontología no parecen estar de acuerdo. Como ya vimos en la pregunta 58, desde el punto de vista cladista, aves y reptiles constituyen un mismo grupo monofilético. Aunque tradicionalmente se les ha considerado por separado, las aves son básicamente un grupo de reptiles especializados en el vuelo. Esto supone que, pese al meteorito, los dinosaurios siguen existiendo, y los tenemos más cerca de lo que pensamos.

Las primeras aves aparecieron hace ciento cincuenta millones de años, cuando las escamas de la piel se especializaron tanto que dieron lugar a plumas. Las aves, no obstante, mantienen las escamas de las patas, testimonio de su origen reptiliano. Uno de los géneros de aves más primitivos conocidos es *Archaeopteryx* que, como vimos en la ilustración de la página 117, constituye una forma de transición entre dinosaurios terópodos y aves, poseyendo una larga cola ósea, garras en los dedos y dientes en las mandíbulas. Este género, junto con *Iberomesornis*, forma parte de los llamados aveterópodos, grupo de dinosaurios que ya presentan modificaciones locomotoras y cambios importantes en la morfología de las manos (tres dedos), además de mostrar evidencias de plumaje.

Y es que las aves tuvieron que desarrollar una serie de estructuras muy sofisticadas para lograr volar. En primer lugar, son muy ligeras en relación con su tamaño, gracias a sus huesos huecos y a haber perdido o fusionado algunos de los huesos que sí estaban presentes en reptiles. Además, las hembras tienen un solo ovario, bastante grande para ser funcional en época de apareamiento, fuera de la cual reduce su tamaño.

Las plumas son otra adaptación asombrosa. Con su forma aerodinámica, al desplazarse por el aire producen una diferencia de presión entre las caras superior e inferior, generando un impulso ascendente que les hace volar. Estas estructuras no sólo permiten levantar el vuelo, controlarlo y estabilizarse en el aire, además las plumas aportan aislamiento térmico al cuerpo. Al igual que lo eran los mamíferos, las aves son endotérmicas, pueden regular su temperatura interna, y esta suele ser bastante alta, en torno a los 40-43 °C.

El consumo de energía que la termorregulación y el vuelo implican supone una necesidad constante de oxígeno en las células del animal, lo que se consigue gracias a un sistema respiratorio sorprendentemente eficiente. A diferencia de los mamíferos, el aire dentro de los pulmones de las aves circula en una sola dirección, entrando y saliendo por distintas aberturas. Como complemento a estos, las aves presentan unos sacos aéreos que funcionan como fuelles, llenando de aire fresco los pulmones en cada ciclo respiratorio. De manera similar al mecanismo de una gaita, el pulmón puede estar continuamente recibiendo aire, bien sea de la inhalación, o de estos sacos cuando el animal está exhalando.

El sistema nervioso también está especializado para el vuelo, con una gran agudeza visual y una coordinación y equilibrio necesarios para el movimiento aéreo. Además, las aves han desarrollado sistemas de comunicación que incluyen cantos, señales visuales o llamadas. Estos organismos pueden transmitir conocimientos culturales a la descendencia, y establecer relaciones sociales para aspectos tan relevantes como las migraciones.

La capacidad de las aves para recorrer distancias de miles de kilómetros durante las migraciones es algo que aún sorprende a los investigadores. Se sabe que antes de emprender el viaje, incrementan considerablemente sus grasas y reservas corporales, y reducen el tamaño de algunos de sus órganos. ¿Y cómo se orientan durante el vuelo? Utilizan varios métodos, desde el sol o las estrellas, hasta la capacidad de algunas especies para percibir el campo magnético terrestre.

Como lo eran los reptiles, las aves son animales ovíparos. Ponen huevos amnióticos con cáscara dura, que son incubados hasta que eclosionan. Muchas crías nacen en un estado inmaduro y casi todas requieren de cuidados maternos durante un largo período.

Este grupo de vertebrados carece de vejiga urinaria o apertura especial para la orina, por lo que esta se excreta junto con las heces como desecho semisólido. Los restos expulsados por las aves marinas contienen grandes cantidades de nitrógeno, fósforo y potasio, nutrientes esenciales en el suelo para el crecimiento de las plantas, por lo que se recogen para utilizarse como fertilizante, es el llamado guano.

Algunas aves no tienen capacidad de vuelo, o la tienen muy reducida. Es el caso de las especies acuáticas buceadoras, como los somormujos o pingüinos; y las terrestres de gran tamaño, como los avestruces y ñandúes. En ellas también se aprecian adaptaciones: membranas entre los dedos de las aves acuáticas, o extremidades largas y número de dedos reducido en las corredoras. En función del hábitat en que se encuentren, cada especie de ave ha desarrollado adaptaciones particulares. Evidencia de ello son la forma de las patas, con dedos alargados para mantenerse sobre el lodo en especies como las garzas; y la de los picos, adaptados específicamente al tipo de alimentación de cada ave (fruta, semillas, presas, etc.). Todos los picos son córneos y carecen de dientes, por lo que estos organismos trituran la comida con ayuda de unas piedras que tienen en la molleja.

La extraordinaria complejidad alcanzada por las aves, que no se encuentra en el resto de grupos animales, les ha llevado a diversificarse y colonizar multitud de ambientes y entornos en todo el globo. Habitan todos los biomas y todos los océanos terrestres. Sus tamaños varían desde los pocos centímetros del colibrí hasta los casi tres metros del avestruz.

Esta diversidad, sin embargo, está gravemente amenazada. En los últimos ciento cincuenta años, más de ciento cincuenta especies de aves se han extinguido o están cercanas a hacerlo. Muchas de ellas son especies propias de islas, pero la tasa de extinción en continentes también está aumentando. En Australia, la extinción de veintiséis especies y subespecies de aves ya se ha comprobado como resultado del impacto humano, principalmente debido a la destrucción de hábitats.

De nuevo finalizamos la pregunta con una llamada a la necesidad de conservar y proteger una biodiversidad que no nos pertenece, y que debemos dejar disfrutar a las generaciones futuras.

63

¿Existen realmente los dragones, los duendes, los demonios, los diablos o los vampiros?

La respuesta rápida es sí, sí que existen. Vamos a verlos uno a uno y lo comprenderemos mejor. Comencemos con los dragones. Además de evocar a seres mitológicos, y de haberse convertido en personajes imprescindibles en todo cuento de princesas, castillos y temibles mazmorras, los dragones existen, y se pueden conocer en persona, aunque para ello debemos viajar a Indonesia.

Allí habita el dragón de Komodo (*Varanus komodoensis*). Descubierto en 1910 por primera vez, es el lagarto más grande del mundo, puede medir tres metros de longitud y pesar casi cien kilogramos. Además, cuenta con poderosas mandíbulas y dientes de dos centímetros y medio de largo, con los que ataca a sus presas, como ciervos, cabras y cerdos, no obstante, su dieta se basa en gran medida en carroña. En su boca, además de una lengua larga, amarilla y bifurcada que utiliza para oler y detectar sabores, se pueden encontrar más de cincuenta especies distintas de bacterias. Por ello, cuando un animal es mordido por este saurio, no muere de inmediato sino que, infectado, muere en unos días. Esta especie está catalogada como vulnerable en la lista de especies amenazadas, por lo que actualmente se encuentran bajo protección en el Parque Nacional de Komodo.

¿Y qué pasa con los duendes? Muchos lectores habrán oído hablar de estas criaturas mitológicas, generalmente con aspecto de niños, habitantes de hogares y bosques. El duende que os presentamos aquí no tiene un aspecto tan agradable, de hecho, muchos huirían sin dudarlo si se toparan de frente con él. Se trata del tiburón duende (*Mitsukurina owstoni*). El nombre probablemente sea consecuencia de la curiosa morfología de su cabeza. Este tiburón tiene un hocico muy alargado y aplanado, y unas mandíbulas que se proyectan hacia delante cuando el animal abre la boca, de forma que puede capturar a sus presas sin mover el cuerpo. No es fácil de ver porque habita en aguas profundas, donde la ausencia de luz les impide usar la vista como principal sentido para la caza, por esta razón, posee órganos

El demonio de Tasmania no es el único demonio que habita Oceanía; en los parajes desérticos de Australia encontramos al diablo espinoso (*Moloch horridus*), un lagarto que, además de presentar un aspecto inconfundible, es capaz de cambiar de color para camuflarse y beber agua a través de su piel. Cuando se siente atacado, pone la cabeza entre sus patas mostrando una falsa cabeza espinosa, poco atractiva para los posibles depredadores. Foto: Bäras, Wikimedia Commons

sensoriales en su hocico que detectan las ondas eléctricas, localizando así a peces, cangrejos, crustáceos o cefalópodos.

Seguro que el lector habrá escuchado hablar de los demonios, aunque haya sido a través de un famoso personaje de dibujos animados. El diablo o demonio de Tasmania (*Sarcophilus harrisii*) es un marsupial que habita en la isla del mismo nombre. Tras la extinción del lobo marsupial, el demonio de Tasmania ocupa el puesto de carnívoro marsupial de mayor tamaño, con unos sesenta centímetros de longitud. El apodo de demonio se debe a los gritos fuertes y agresivos que emite, así como la ferocidad con la que se alimenta, por la que le se creía un animal terrible.

Esta especie puede alimentarse de carroña o ser cazador nocturno y crepuscular. La presencia de una glándula odorífera en la base de la cola para marcar el territorio le confiere un olor desagradable. Tiene una agilidad sorprendente, puede correr a gran velocidad, trepar a los árboles con sus largas garras cuando es joven, o nadar en los ríos. En el pasado fueron cazados intensamente por sus pelajes, y por considerarse una amenaza para el ganado, de tal manera que estuvieron al borde de la desaparición. Actualmente sus poblaciones se encuentran calificadas en peligro de extinción, y el gobierno de Tasmania ha puesto en marcha varios programas para asegurar su conservación.

Los vampiros también forman parte de nuestra cultura popular, criaturas peligrosas que se alimentan de sangre, saliendo por la noche y ocultándose de día. Y lo cierto es que estas criaturas existen de verdad, son hematófagas y de hábitos nocturnos, aunque su tamaño es mucho menor que el de los vampiros de las novelas. Estamos hablando de los murciélagos vampiro (*Desmodontinae),* tres especies originarias de América. Aunque la mayoría de los murciélagos son frugívoros (se alimentan de fruta), estos tres tipos se sustentan a partir de sangre, principalmente de mamíferos y aves.

Como consecuencia de esto, han desarrollado una serie de adaptaciones que les permiten acceder al alimento más fácilmente. En primer lugar, cuentan con unos termorreceptores en la nariz capaces de percibir la radiación infrarroja de las áreas de las presas donde la sangre circula más cerca de la piel. Sus dientes delanteros están especializados en el corte, y su sistema digestivo está adaptado a una dieta líquida. Su saliva contiene una proteína, la draculina, que impide que la sangre de su presa se coagule mientras el vampiro está bebiendo.

Pero el murciélago no es el único vampiro en el reino animal, en las aguas profundas del océano encontramos al calamar vampiro (*Vampyroteuthis infernalis*). Un cefalópodo que, pese a su nombre, no es peligroso para el ser humano. De hecho, mide entre 15 y 30 centímetros. El nombre proviene de su color oscuro, ojos rojos, y la presencia de una capa de piel conectando sus ocho brazos. Una curiosidad de este organismo es que, cuando se ve amenazado, en lugar de emitir tinta, expulsa desde la punta de sus brazos una pegajosa nube de mucus bioluminiscente que puede permanecer encendido durante casi diez minutos, permitiéndole huir sin ser visto.

También existen vampiros entre las aves: el pinzón vampiro (*Geospiza difficilis septentrionalis*) se alimenta de la sangre de aves más grandes, a las que hiere con su pico. Y entre los peces del Amazonas, el candirú o pez vampiro (*Vandellia cirrhosa*) es temido por insertarse por los orificios genitales o excretores de sus presas, generalmente otros peces, instalándose en su interior y alimentándose de su sangre.

Con el conocimiento de estos animales de nombres terribles terminamos el bloque relativo a la biodiversidad presente en el planeta. Como hemos visto, los procesos evolutivos que han funcionado durante millones de años han dado como resultado una variedad de especies vivas asombrosa, todas ellas distintas y preciosas, peligrosas e inofensivas, cercanas y escondidas. La ciencia sigue investigando en este campo, y sólo esperamos que las medidas de investigación vayan acompañadas de medidas de conservación y protección de un recurso que, como hemos comprobado, es imprescindible para el planeta en general, y para nuestro progreso y bienestar en particular.

V

Salud y enfermedad

64

¿Puede una enfermedad ser beneficiosa?

Iniciamos con esta pregunta el quinto bloque, referente a la salud y la enfermedad. Como no podía ser de otro modo, comenzaremos definiendo qué significan estos términos. Durante muchos años, se ha definido salud como la ausencia de enfermedad, entendiéndose que el estado saludable era aquel en el que el cuerpo humano ejercía con normalidad todas sus funciones vitales. La enfermedad, por tanto, sería la desviación de esa normalidad. La salud se limitaba así al contexto del funcionamiento físico del cuerpo.

Como consecuencia de la gran cantidad de secuelas psicológicas generadas a partir de la Segunda Guerra Mundial, comenzaron a verse otras dimensiones en el concepto de salud, y este quedaba redefinido por la Organización Mundial de la Salud (OMS) en la Conferencia Sanitaria Internacional de 1946 como «un estado de completo bienestar físico, mental y social, y no solamente la ausencia de afecciones o enfermedades». Además, el microbiólogo René Dubos aportaba una visión ecológica de la salud, añadiendo el contexto ambiental. La salud sería, por tanto, la capacidad de adaptación y funcionamiento en unas condiciones ambientales determinadas.

De hecho, a partir de la Carta de Otawa para la promoción de la salud (OMS, 1986) esta se establece como un recurso para la vida diaria que el ser humano no puede alcanzar aisladamente, sino que depende de distintos factores sociales de la comunidad en la que vive. Aspectos como los recursos económicos, la alimentación, la vivienda, la situación bélica o de paz, el medio ambiente, o el uso sostenible de los recursos naturales del entorno de un individuo influirán decisivamente en su salud. Por ello, la OMS insiste en la necesidad de que los gobiernos velen por facilitar las mejores condiciones para lograr un estado óptimo de salud para todos.

Hoy sabemos que la salud está determinada por cuatro factores fundamentales que, ordenados según su porcentaje de influencia, serían: la atención sanitaria (11 %), el medio ambiente (19 %), la biología humana (27 %) y los hábitos de vida (43 %). Aunque parezca sorprendente, el orden de los presupuestos que los gobiernos destinan a estos cuatro factores suele ser el inverso: el aspecto que menos influye (sistema sanitario) es al que se dedica el mayor esfuerzo económico; mientras que apenas se destinan medios a fomentar unos hábitos de vida adecuados. En muchos países tenemos un modelo de salud curativo, centrado en el tratamiento, en lugar de un modelo preventivo que reduzca muchas afecciones evitables.

Dentro de la atención sanitaria, los principales aspectos que influyen en la salud de las personas son su calidad, cobertura, accesibilidad y gratuidad. En muchos países se carece de sistemas de salud pública adecuados, o estos dependen de la ayuda internacional. Otros lugares, como Estados Unidos, tienen sistemas sanitarios privatizados; y en muchos otros se asegura la gratuidad y acceso de todos los ciudadanos, como es nuestro caso.

El factor medioambiental se refiere al entorno físico, socioeconómico y cultural que rodea al individuo. Si este es insalubre, por la presencia de contaminantes, pobreza, malas relaciones sociales, marginalidad, etc., la salud general se ve deteriorada. En cuanto a la biología humana, en este aspecto se incluyen la propensión genética a padecer enfermedades y los aspectos inherentes al funcionamiento del cuerpo humano, como el envejecimiento, la fortaleza del sistema inmunológico, etc. Incluso la talla, el peso o el sexo biológico influyen en nuestra salud.

En cuarto lugar, los hábitos de vida son el factor más importante en el estado de salud de una persona. Son conductas que vamos aprendiendo desde pequeños pero que, afortunadamente, podemos corregir. Algunos hábitos saludables incluyen: una alimentación sana y equilibrada (en cantidad, tipo de alimentos, horarios, etc.); una buena higiene personal (aseo, higiene postural, ventilación de estancias); ejercicio físico frecuente; evitar el consumo de sustancias nocivas como el alcohol o el tabaco; practicar una sexualidad responsable; prevenir los accidentes, en el hogar y laborales; combatir el estrés (fomentando actividades de ocio, descanso, respetando horas de sueño, etc.); y utilizar correctamente los servicios sanitarios (calendario de vacunación, revisiones periódicas, etc.).

Ya hemos visto, por tanto, lo que se entiende por salud y los factores que la determinan. Vamos a intentar definir ahora qué es la enfermedad. En realidad, en muchos casos no existe una barrera nítida entre salud y enfermedad, ya que las enfermedades se desarrollan de forma gradual y muchas veces compleja. Podríamos decir, no obstante, que la enfermedad se origina al perturbarse el normal funcionamiento del organismo, a nivel físico, psicológico o social.

Acorde con esta definición, en principio las enfermedades suponen alteraciones negativas para el individuo, algunas más que otras en función de su gravedad. Por lo tanto, y aquí respondo a la pregunta que nos ocupa, parece contradictorio que una enfermedad pueda tener efectos positivos en el cuerpo. *A priori* esto es así, pero existen excepciones, vamos a verlas.

El caso de la anemia falciforme es un ejemplo conocido. Esta enfermedad genética supone una modificación de la forma de los glóbulos rojos, lo que les impide el transporte adecuado de oxígeno y les supone una degradación prematura. Diversas investigaciones en poblaciones de África han podido comprobar cómo, paradójicamente, las personas afectadas por esta enfermedad son también resistentes a la malaria, enfermedad con consecuencias fatales en estas regiones, donde los sistemas sanitarios no son equiparables a los que tenemos en Europa.

Un caso similar ocurre con la enfermedad de Huntington, un trastorno neuronal por el que ciertas partes del cerebro se ven dañadas a causa de un defecto genético en el cromosoma 4 (parte del ADN del mismo se encuentra repetido). Los síntomas incluyen cambios comportamentales, movimientos anormales y demencia. A pesar de esto, una investigación llevada a cabo en el año 2012 en la Universidad de Lund (Suecia) demostró que los pacientes que padecen esta enfermedad tienen un cincuenta por ciento menos de probabilidades de desarrollar cáncer, las causas exactas aún no son conocidas, y se sigue investigando en esta línea.

El síndrome de Savant o síndrome del sabio, por otro lado, combina un bajo funcionamiento cognitivo con varias habilidades excepcionales para el arte, la música, el cálculo matemático o la memoria. En ocasiones se le considera como un tipo especial de trastorno del espectro autista, por su similitud con el síndrome de Asperger. Un ejemplo de persona con este síndrome fue Kim Peek, en el que se inspiró la película *Rain Man*. Peek leyó y memorizó doce mil libros a lo largo de su vida, además de ser capaz de recordar cualquier dato, fecha o acontecimiento histórico.

Por último, la hipermnesia o memoria autobiográfica muy superior (HSAM) es un trastorno psicopatológico por el que los pacientes presentan una hiperfunción en su capacidad de almacenamiento. Es decir, poseen una memoria hiperdesarrollada, por la que recuerdan todos los detalles de su vida. Algún lector pensará que hay aspectos del pasado que sería mejor olvidar, no obstante, no se puede negar que esta enfermedad también puede aportar muchos beneficios.

Demostrado queda, por tanto, que ciertas enfermedades pueden tener efectos positivos en el organismo, aunque conviene matizar que estos efectos se suman a las alteraciones negativas que estas afecciones provocan. Si no existiera ningún efecto negativo, no podríamos considerarlo enfermedad.

65

¿Qué enfermedad causa más muertes en el mundo?

Ya hemos visto que las enfermedades deterioran nuestra salud. La OMS define enfermedad como una «alteración o desviación del estado fisiológico en una o varias partes del cuerpo, por causas en general conocidas, manifestadas por síntomas y signos característicos, y cuya evolución es más o menos previsible». Vamos a conocer algunas características de las enfermedades, así como su clasificación, de manera que podamos determinar cuál de ellas es la más mortal que se conoce actualmente.

Toda enfermedad presenta una serie de fases en su desarrollo. La primera etapa es la prepatogénica, en ella se produce la incidencia del agente causal o los factores de riesgo, pero aún no sucede la perturbación. Esta llega en una segunda fase (preclínica), en la que la alteración afecta al individuo. En una tercera fase (subclínica) aparecen los primeros síntomas, debemos destacar aquí la diferencia entre síntoma y signo, el primero es una percepción subjetiva del paciente (lo que siente la persona enferma, por ejemplo el dolor o las náuseas) mientras que un signo es la manifestación objetiva de la enfermedad, detectada por el médico durante una exploración (signos serían, por ejemplo, una erupción cutánea o una elevada temperatura corporal).

Tras revisar signos y síntomas, en la cuarta fase (fase clínica) se realiza el diagnóstico de la enfermedad, y la puesta en marcha del tratamiento acorde con la misma. En una última fase (etapa de resolución) se produce la convalecencia y curación definitiva del paciente. En algunos casos, la enfermedad es crónica (por lo tanto, no se llega a la curación total) y en otros casos el resultado final conlleva la muerte del enfermo.

Las enfermedades estudiadas y conocidas se recogen en un documento publicado periódicamente por la Organización Mundial de la Salud, se trata de la Clasificación Internacional de Enfermedades (CIE). Desde 1992, la CIE-10 es el listado más actualizado existente, utilizado por médicos, enfermeros, físicos, investigadores, informadores médicos, políticos, aseguradoras, y todo personal relacionado con el ámbito de la salud. Este documento recoge los problemas de salud a nivel mundial, y es un diagnóstico de la situación actual de las poblaciones humanas.

En el CIE-10 se pueden encontrar una infinidad de enfermedades agrupadas en varios tipos: infecciosas; tumores (neoplasias); enfermedades de la sangre y trastornos del sistema inmunitario; enfermedades endocrinas, nutricionales y metabólicas; trastornos mentales y del comportamiento; enfermedades del sistema nervioso; enfermedades del ojo y del oído;

enfermedades del sistema circulatorio; del sistema respiratorio; del sistema digestivo; de la piel y el tejido conjuntivo; del sistema osteomuscular; del sistema genitourinario; del embarazo y parto; enfermedades originadas en el período neonatal; malformaciones congénitas; traumatismos y envenenamientos; y accidentes.

A lo largo del bloque tendremos ocasión de comentar algunas de estas afecciones, en esta cuestión nos centraremos en las enfermedades infecciosas y aquellas que afectan al sistema circulatorio (y ya estoy dando pistas de la categoría a la que pertenece la enfermedad más mortal del momento).

Las enfermedades infecciosas son aquellas que pueden transmitirse, directa o indirectamente, de una persona a otra. Son causadas cuando microorganismos patógenos como bacterias, virus, parásitos u hongos penetran en el organismo, se desarrollan y multiplican, alterando el normal funcionamiento de las células u órganos del cuerpo. La transmisión puede ser por contacto directo, a través de saliva, sangre, secreciones respiratorias, fluidos sexuales, placenta o leche materna; o por contacto indirecto, a través del aire, el agua o los alimentos, o vectores como insectos (un ejemplo de esto es el caso de la malaria, contagiada a partir de la picadura de un insecto que previamente haya extraído sangre de un individuo infectado).

La capacidad de expandirse entre la población convierte a este tipo de enfermedades en especialmente peligrosas, por lo que suponen el principal objetivo de erradicación establecido por la OMS. Las enfermedades infecciosas pueden calificarse como esporádicas, si ocurren en casos aislados, como la conjuntivitis; endémicas, si aparecen preferentemente en regiones determinadas, como es el dengue, endémico de zonas tropicales; epidémicas, cuando se produce la aparición de un alto número de casos de una enfermedad en un área determinada y en un período corto de tiempo, como pasa con la gripe; o pandémicas, cuando la enfermedad se extiende en áreas muy grandes, como pasó con la peste negra en el siglo XIV o el cólera en el siglo XIX.

Cuatro de las diez enfermedades que más muertes causan anualmente son infecciosas: infecciones respiratorias, enfermedades diarreicas, sida y tuberculosis. A pesar de lo cual, la enfermedad que encabeza la lista de mortalidad mundial no es infecciosa. Se trata de una enfermedad del sistema circulatorio, la cardiopatía isquémica, que causa más de siete millones de muertes al año, lo que supone casi un trece por ciento del total de muertes en el mundo.

Las enfermedades cardiovasculares se han convertido en la principal amenaza en unas sociedades donde la mala alimentación, la inactividad física, el tabaquismo, la obesidad o el sobrepeso suponen factores de riesgo que, unidos a aspectos como el envejecimiento de la población o el ritmo de vida cada vez más activo y estresante, provocan alteraciones en la circulación sanguínea. El incremento de la presión arterial supone un sobreesfuerzo de arterias, venas y corazón. Además, el depósito de lípidos (grasas) en las paredes de los vasos sanguíneos dificulta el paso de la sangre por ellos, lo que puede acarrear la formación de coágulos de sangre (trombos) o el bloqueo total de los vasos. Si estos vasos obstruidos riegan al corazón, estaríamos hablando de una cardiopatía isquémica: una falta de riego sanguíneo en las células cardiacas, lo que supone una falta de oxígeno, indispensable para que estas se mantengan en funcionamiento. Si el proceso es irreversible, las células mueren (estaríamos ante un infarto agudo de miocardio); si la obstrucción no es completa y el riego se recupera, el paciente sufrirá una angina de pecho, pudiendo sentir dolor en esta zona cada vez que realiza un esfuerzo que suponga una demanda grande de oxígeno (como el ejercicio físico).

En el caso de que el bloqueo se produzca en las arterias que riegan el cerebro, nos encontraríamos ante una enfermedad cerebrovascular o infarto cerebral (también llamado ictus), segunda causa de muerte a nivel mundial. Provoca más de seis millones de muertes anuales, casi un once por ciento del total de muertes en el mundo.

Si echamos cuentas, las enfermedades del sistema circulatorio suponen casi un cuarto de las muertes anuales en el planeta, se entiende entonces la insistencia de los médicos y todo el personal sanitario en inculcar buenos hábitos de alimentación, ejercicio físico y consumo responsable. Las obstrucciones en los vasos sanguíneos pueden tener consecuencias fatales, lo positivo es que muchos de los factores que las desencadenan son aspectos evitables, hábitos de vida que podemos (y debemos) modificar.

66

¿QUÉ ES EL SÍNDROME DEL MARIDO JUBILADO?

Como hemos visto, la variedad de enfermedades existentes es inmensa. Nos ocuparemos ahora de algunos síndromes curiosos, la mayoría de ellos trastornos mentales y del comportamiento, dentro de los que encontramos el síndrome del marido jubilado (SMJ).

Este síndrome fue diagnosticado por primera vez en 1991 por el psiquiatra japonés Nobuo Kurokawa. Japón se caracteriza por tener las poblaciones más longevas del planeta, además de ser posiblemente también las que más dedicadas están a su vida laboral, y en este país se encuentran muchos matrimonios con el reparto de tareas tradicional muy asentado: mujeres en casa, hombres trabajando fuera. Dejar el trabajo implica para muchos de ellos dejar una actividad y rutina que le ocupaba gran cantidad de su tiempo y suponía un gran porcentaje de sus relaciones sociales. Lo más llamativo es que este síndrome, pese a su nombre, a quien afecta no es a las personas que se jubilan, sino a sus parejas. La presencia de los maridos en las casas, normalmente alterando la dinámica de convivencia normal y afectados por esa situación de desubicación y baja autoestima, genera en las mujeres ansiedad y estrés. Aunque ha sido diagnosticada en Japón, la afección no está limitada a este país.

También en Japón apareció por primera vez el síndrome de Hikikomori (literalmente 'apartarse'). Este fenómeno social se refiere a personas, generalmente chicos jóvenes, que se aíslan de la sociedad y pueden permanecer durante mucho tiempo –meses, incluso años– encerrados en su habitación, manteniendo contacto con el exterior sólo mediante el ordenador o los videojuegos. En los casos más extremos no se produce contacto alguno. El detonante podría ser la pérdida de amistades, el *bullying* en el centro escolar, la inseguridad o la baja autoestima. En España ya se han diagnosticado casos de esta afección.

Otro síndrome raro es la micropsia, o síndrome de Alicia en el país de las maravillas. Una alteración neurológica que provoca una percepción distorsionada de la realidad: los objetos se ven más pequeños y alejados que en la realidad, durante períodos que pueden durar varias horas. En realidad los ojos de las personas afectadas funcionan perfectamente, es el cerebro el que interpreta erróneamente esa información. Esta afección parece estar asociada con la migraña, y tiene un tratamiento similar.

Una enfermedad sin lugar a dudas curiosa es el llamado síndrome de Cotard o síndrome del zombi. Esta enfermedad mental está relacionada con la hipocondría, es decir, el creer que se padece una enfermedad grave cuando en realidad no es así. En este caso, el paciente piensa que está muerto, o se cree inmortal. Los síntomas pueden ir desde sentir que partes de su cuerpo se están pudriendo (incluso tener alucinaciones olfativas que se lo ratifican) hasta pensar que algunos órganos internos se han parado o imaginar gusanos deslizándose por la piel. A veces también tienen alucinaciones visuales, pensando que las personas que están a su alrededor están muertas.

Otro trastorno mental raro es el síndrome de Rapunzel o tricofagia, que consiste en la ingesta voluntaria y compulsiva del propio pelo. Descrita por primera vez por el psiquiatra Hallopeau en 1889, no fue reconocida como enfermedad mental hasta cien años más tarde. Es más común en mujeres jóvenes, que se arrancan el pelo de cabeza, cejas, pestañas, brazos, piernas y pubis. La consecuencia más grave derivada de esta ingesta es que el pelo se acumule en el intestino, obstruyéndolo y dificultando la absorción, y la persona tenga que ser sometida a cirugía.

Una afección no tan rara es el llamado síndrome de Dexter o alexitimia, trastorno que impide a la persona afectada verbalizar sus sentimientos y emociones. Una falta de empatía que supone alteraciones en sus relaciones personales y sociales. Como decimos, no es tan extraña, la Sociedad Española de Neurología (SEN) calcula que un diez por ciento de la población mundial tiene problemas para identificar y expresar sus emociones.

¿Y qué pasaría se nos sucediera justo lo contrario? ¿Si no pudiéramos evitar hacer comentarios socialmente inapropiados o despectivos? Esto les ocurre a algunas (no todas) personas afectadas por el síndrome de Tourette, un trastorno neurológico que implica una serie de movimientos o vocalizaciones involuntarias, rápidas y repentinas (parpadeo, tos, contracciones de la boca o movimientos faciales). Aunque parece tener una predisposición genética, su principal razón se ha ubicado en la actividad anormal de la dopamina, un neurotransmisor (sustancia química que transmite la información entre neuronas).

Por otro lado, el síndrome Amok puede tener consecuencias fatales, varias masacres en colegios de Estados Unidos y el norte de Europa son testigo de ello. Este trastorno es definido por la OMS como «un episodio aleatorio, aparentemente no provocado, de un comportamiento asesino o destructor de los demás, seguido de amnesia y/o agotamiento». La persona afectada siente una rabia súbita y salvaje, que le hace enfrentarse violentamente a otras personas y, en muchos casos, autolesionarse o suicidarse después.

Por último, un síndrome poco habitual, esta vez relacionado con la dermatología (no es un trastorno mental) es el síndrome del hombre lobo o hipertricosis. A la vista del nombre, el lector se puede imaginar los signos. Las personas que lo padecen presentan un exceso de vello, de forma localizada o en todo el cuerpo, a excepción de las palmas de las manos y los pies. Lo que presentan en realidad es lanugo, un pelo fino que todos tenemos al nacer, y desaparece a los pocos meses. En estas personas no desaparece, sino que continua creciendo de por vida. La causa es genética, y hay muy pocos casos documentados.

Como podemos ver, la diversidad de enfermedades es grande también entre aquellas que son menos conocidas a nivel general, hemos visto algunos ejemplos de ellas. A partir de ahora continuaremos nuestro camino con el análisis de los mecanismos de defensa que el cuerpo pone en marcha para enfrentarse a todas estas afecciones.

67

¿Los besos nos protegen de enfermedades?

Cada día nos exponemos a miles de enfermedades. En las preguntas anteriores hemos visto algunas de ellas, pero la cantidad total es mucho mayor. A pesar de ello, no estamos constantemente enfermos, ¿cómo es esto posible? Afortunadamente, estamos muy bien diseñados. Entre otras muchas estructuras, contamos con un sistema de defensas frente a las enfermedades que se pone en marcha incluso antes de que seamos conscientes de que el riesgo de enfermar existe.

Estos mecanismos de defensa actúan a tres niveles, en primer lugar contamos con unas barreras externas no específicas. Si los patógenos las atraviesan, actúan las defensas internas no específicas, y si estas no logran acabar con la invasión, se ponen en marcha las defensas internas específicas. Toda una estructura defensiva que, como si de un castillo medieval se tratara, está diseñada para evitar a toda costa la presencia y actuación de elementos patógenos dentro del cuerpo.

A modo de foso y murallas del castillo, las barreras externas son la primera línea defensiva del cuerpo, intentando impedir la entrada de gérmenes en el mismo. Son defensas no específicas, es decir, actúan contra cualquier factor extraño, sean del tipo que sean. Entre ellas encontramos mecanismos estructurales como la piel y las membranas mucosas, que recubren externamente el cuerpo y revisten las cavidades de los aparatos que comunican con el exterior, como los aparatos digestivo, respiratorio y urogenital. Están recubiertos, además, por epitelios ciliados que arrastran microorganismos y otras partículas hacia el exterior del cuerpo.

También contamos con mecanismos químicos (secreciones que destruyen o impiden el desarrollo de patógenos) como el sudor de la piel, que reduce el pH dificultando la proliferación de microorganismos; las secreciones ácidas del estómago o la vagina; y los antibióticos naturales de las lágrimas o la saliva. Por último, contamos con mecanismos microbiológicos: si el agente patógeno logra llegar hasta el intestino, allí se encontrará con una flora bacteriana autóctona (microbiota normal) que compite con los microorganismos extraños y secreta sustancias capaces de destruirlos.

Si estas barreras son traspasadas, y el agente invasor consigue entrar al castillo (sangre y órganos internos), entrarán en acción una serie de defensas internas a cargo del sistema inmunitario. Constituyen la llamada respuesta inmunitaria, y puede ser de dos tipos: inespecífica o específica. En primer lugar se pone en marcha la respuesta inespecífica, formada por varios procesos: la reacción inflamatoria, la activación del sistema del complemento, la fagocitosis y el interferón. En esta respuesta actúa un ejército de células que permanentemente forman parte de nuestro flujo sanguíneo: los glóbulos blancos o leucocitos.

La reacción inflamatoria pretende aislar, inactivar y destruir a los agentes agresores, restaurando las zonas dañadas. Exteriormente se detecta porque presenta cuatro síntomas característicos: rubor, calor, dolor y tumor. Si nos hacemos una herida o nos damos un

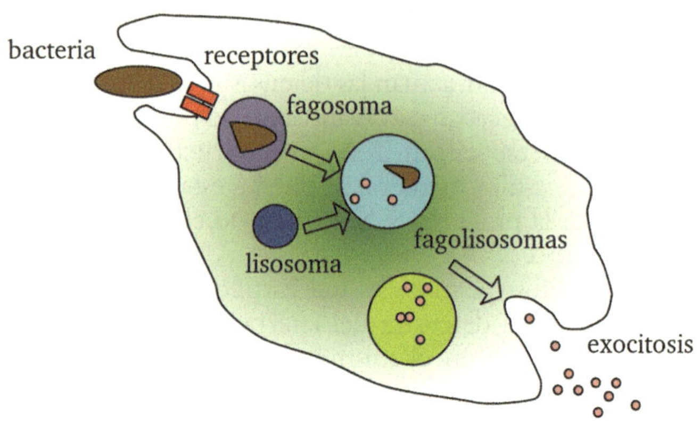

Proceso de fagocitosis (literalmente 'comer células'). El fagocito rodea con su membrana plasmática al microorganismo invasor (en este caso, una bacteria) y lo introduce en su interior en una estructura llamada fagosoma que, fusionada con el lisosoma (vesícula que contiene enzimas digestivas), forma un fagolisosoma. En su interior se digiere al invasor, y los restos no digeridos se excretan de nuevo por exocitosis a través de la membrana. Foto: Colm, G., Wikimedia Commons

golpe, notaremos que la zona se enrojece, se calienta, duele y se inflama, todo ello consecuencia de lo que está ocurriendo en el interior.

Cuando se detecta la infección o se produce el traumatismo, las propias células lesionadas o bien los leucocitos producen y liberan sustancias mediadoras, como la histamina, que provocan la vasodilatación de los capilares (relajan los músculos que rodean a las arteriolas, lo que aumenta el flujo sanguíneo para que así lleguen con él más células de defensa, esto provoca el rubor y calor en la zona); también producen el aumento de la permeabilidad de los capilares, permitiendo la salida de las células defensivas hacia los tejidos lesionados, lo que causa hinchazón y dolor; por último, se produce la atracción de fagocitos a la zona lesionada. Los fagocitos son glóbulos blancos especializados en «digerir» las sustancias dañinas, así como los desechos celulares. En el caso de una herida sucia, se acumula una mezcla de bacterias muertas, residuos de tejidos y glóbulos blancos vivos y muertos, conocida como *pus*.

Cuando la infección se realiza a gran escala, como ocurre con la gripe, algunos glóbulos blancos liberan unas proteínas (*pirógenos endógenos*) que viajan hasta el hipotálamo, zona del cerebro encargada de regular la temperatura, activando el termostato interno, por lo que se induce el aumento generalizado de la temperatura corporal. Esta fiebre refuerza las defensas: aumenta la actividad de las células inmunitarias, dificulta el desarrollo de bacterias e incrementa la producción de interferón, una sustancia que aumenta la resistencia de las células a los ataques virales. Por lo que tener fiebre cuando estamos malos es un mecanismo de defensa, aunque si la fiebre es intensa puede ser peligrosa.

Nuestro cuerpo, por lo tanto, está bastante bien preparado para defendernos de cualquier elemento extraño que nos rodee. En gran medida gracias a la acción del sistema inmunitario, formado por una serie de células defensivas (glóbulos blancos), así como los órganos donde estas se producen y maduran (médula ósea del interior de algunos huesos y timo), y los órganos donde se acumulan (bazo y ganglios linfáticos). La mayor o menor fortaleza de nuestro sistema inmunitario supondrá un mayor o menor riesgo de ser afectado por enfermedades, al menos a nivel físico. Pero como vimos, la salud tiene tres componentes: físico, psicológico y social. Lo cual nos conduce a responder a la pregunta que nos ha traído hasta aquí: ¿nos protegen los besos de contraer enfermedades?

El beso es una de las muestras de afecto que más utilizamos. En los labios tenemos unas treinta mil terminaciones nerviosas, besar provoca la liberación de unos neurotransmisores llamados endorfinas, sustancias químicas que ayudan a mover la información de neurona a neurona en estados de excitación provocados por el ejercicio físico, el dolor o, como es el caso, el apego. Las endorfinas tienen acción analgésica (disminuyen el dolor) y provocan una sensación de bienestar, de hecho su nombre proviene de la «morfina», por tener efectos similares. Esto implica que, en el contexto de las enfermedades que estamos viendo, los besos ayudan a reducir el dolor.

Besando también se liberan hormonas como la dopamina y la oxitocina, ligadas a la vinculación afectiva con nuestros iguales, que ayudan a las personas a mantenerse unidas, y a los niños a crecer sanos y con confianza. Los besos nos ayudarían a mantener en buenas condiciones un pilar fundamental en nuestro bienestar: el componente social de la salud. Por lo tanto, desde este punto de vista también nos mantendría a salvo de afecciones sociales. Una baja captabilidad de dopamina, por ejemplo, es frecuentemente encontrada en personas con ansiedad social. Y la ausencia de oxitocina podría estar relacionada con la aparición de trastornos del espectro autista.

Podemos afirmar entonces que los besos y las muestras de cariño similares nos ayudan a mantenernos sanos a diferentes niveles, por un lado reducen el dolor, y por otro lado aportan beneficios en una parte fundamental de la salud: el aspecto social. La respuesta a la pregunta es por tanto afirmativa, los besos nos ayudan a prevenir enfermedades, especialmente de tipo social. Aunque habrá que tener cuidado, porque lo que no evitan es la transmisión de ciertas enfermedades infecciosas.

68

¿Puedo sufrir la misma enfermedad dos veces?

Cuando estamos en contacto con agentes patógenos, aquellos que pueden causar enfermedades, no necesariamente enfermamos. Esto es así, como hemos visto, porque contamos con unos mecanismos muy sofisticados de defensa: unas barreras externas, como la piel o las mucosas; y unas barreras internas, nuestro sistema inmunitario. En la pregunta anterior vimos lo que ocurría cuando el germen atraviesa la primera barrera y consigue penetrar en el organismo. Actúan entonces los glóbulos blancos de acción no específica (fagocitos), unas células de defensa que no distinguen el tipo de invasor, ya que pueden actuar contra un amplio abanico de microorganismos.

Veamos ahora qué ocurre si el invasor ha logrado superar a ese primer ejército defensivo. En ese caso, se pondrá en marcha un mecanismo de defensa específico: los guerreros especializados, entrenados específicamente para combatir ciertos tipos de invasores. Es la tercera línea de defensa.

Estas células especializadas, llamadas linfocitos, reconocen selectivamente determinadas moléculas ajenas al organismo, denominadas *antígenos* (generalmente proteínas o polisacáridos), que pueden encontrarse libres o en la estructura externa de un virus, bacteria u otro patógeno. Cada antígeno extraño detectado desencadena una respuesta que actúa de forma específica contra él.

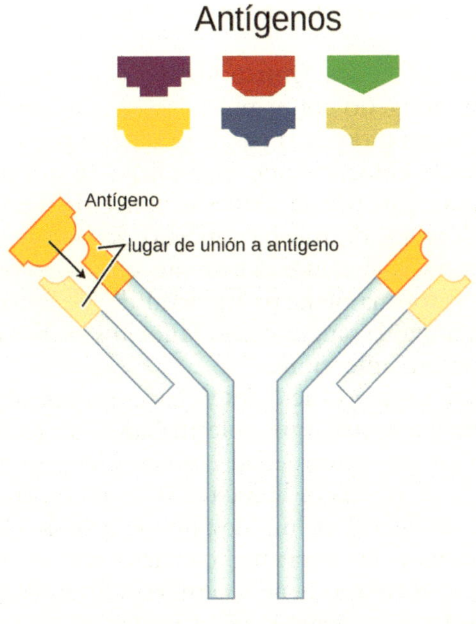

Los anticuerpos o inmunoglobulinas son glucoproteínas en forma de «Y» que tienen una región variable exclusiva de cada anticuerpo, con la que se unen específicamente a un tipo concreto de antígeno. Fruto de esta unión se forman los complejos antígeno-anticuerpo, que posteriormente son inactivados o fagocitados. La unión es estructural, por complementariedad de la forma espacial entre ellos.

Foto: Carra G., Wikimedia Commons

Los linfocitos son otro tipo de glóbulos blancos que, a diferencia de los fagocitos (que se forman y maduran en la médula ósea, pasando de ahí a la sangre), se desarrollan y maduran en la médula y el timo, pasando de ahí a sangre y linfa (de ahí su nombre). Existen tres tipos: linfocitos B, linfocitos T, y otro tipo de mayor tamaño, llamadas células asesinas naturales (NK, *natural killers*).

La respuesta inmune provocada por estas células puede ser de dos tipos: humoral y celular. La respuesta inmune humoral es llevada a cabo por los linfocitos B, caracterizados por su capacidad para producir un tipo de proteínas defensivas llamadas *anticuerpos* o inmunoglobulinas. En la médula ósea se generan millones de linfocitos B, genéticamente diferentes, cada uno produce un tipo distinto de anticuerpos.

Los linfocitos B se encuentran inactivos en la sangre, hasta que detectan a un antígeno compatible, con el que se unen, activándose. La activación provoca la rápida clonación por mitosis de este tipo concreto de linfocitos, que multiplican así su presencia en la sangre. La mayor parte de los clones se convertirán en células plasmáticas, productoras de mucha cantidad de anticuerpos durante varios días, que son liberados al torrente sanguíneo para combatir la infección. Pero una pequeña cantidad de los linfocitos formados se quedarán en la sangre como linfocitos B de memoria, una reserva para futuras infecciones.

El historiador griego Tucídides ya hace dos mil años se percató de que algunas personas que enfermaban y se recuperaban no volvían a sufrir esa enfermedad concreta, se volvían inmunes. Y estaba en lo cierto. Estos linfocitos B de memoria son capaces de recordar el antígeno, incluso después de haberlo eliminado por completo, después de su primer contacto con él. Decimos, en estos casos, que el cuerpo tiene «memoria inmunológica». Veamos un poco más detalladamente lo que sucede.

Ante el primer contacto con el antígeno, se produce la respuesta inmune primaria, con una fase de latencia de una o dos semanas, período en que el antígeno es detectado y el cuerpo se carga de linfocitos para hacerle frente; seguida por una fase de varios días en los que se producen anticuerpos exponencialmente hasta llegar a un máximo, tras el cual la producción se reduce, deteniéndose cuando la infección se ha eliminado. En la sangre, no obstante, se mantienen ciertas células B de memoria.

¿Y qué ocurre si la persona entra en contacto con el mismo antígeno una segunda vez? En este caso, la fase de latencia es mucho menor, de unos pocos días, ya que las células B de memoria reconocen al antígeno y enseguida proliferan. La producción de anticuerpos específicos es más rápida y de mayor intensidad, de manera que el antígeno es eliminado antes de que se produzcan los primeros síntomas. Muchas veces, el individuo ni siquiera es consciente de que ha padecido la enfermedad.

En la respuesta inmune celular, por otro lado, actúan los linfocitos T en colaboración con un tipo especial de fagocitos llamados macrófagos, que actúan como «células presentadoras de antígenos». Como los linfocitos T no pueden identificar a los antígenos libres, los macrófagos digieren al elemento extraño, y colocan sobre su membrana una molécula de antígeno, formando un complejo antigénico que el linfocito puede reconocer, activándose. Esta activación induce la síntesis de más linfocitos T específicos que, cada vez que detecten células con esos antígenos en concreto, las destruyen. Para ello, se unen a ellas y provocan la formación de poros en su membrana, por los que introducen enzimas degradativas, que acaban con la célula o inducen su suicidio (apoptosis).

En este sistema, por tanto, los macrófagos actuarían como espías que informan a los linfocitos (guerreros) sobre qué tipo de microorganismo ha entrado, para que se multipliquen sólo los guerreros especializados en ese invasor concreto. Cuando la infección termina, algunos linfocitos se convierten en células T de memoria que, al igual que las células B de memoria, ayudan a proteger al cuerpo contra futuras infecciones.

Por esta razón, y salvo excepciones que veremos más adelante, al haber superado una enfermedad nos volvemos «inmunes» a ella por muchos años (muchas veces de por vida), pues nuestro cuerpo goza de un mecanismo de memoria inmunológica, que nos permite «recordar» las enfermedades pasadas. Un mecanismo muy potente, surgido tras millones de años de evolución (sólo los vertebrados tenemos sistemas de defensa específicos). Por esto sufrir la varicela o el sarampión de pequeños nos previene de padecerlo de nuevo siendo adultos.

69

Entonces, ¿qué pasa con la gripe?

Pues sí, es cierto, a pesar de contar con una memoria inmunológica, podemos sufrir la gripe año tras año. Para encontrar la razón debemos primero entender la causa de esta enfermedad. La gripe es una afección producida por un virus.

Un virus, como vimos (v. preg. 41), es una partícula submicroscópica compuesta por una molécula de ADN o ARN, envuelta en una cápsula proteica. Como carece de otras estructuras (enzimas, organelas, etc.), debe parasitar a una célula para poder usar su maquinaria biológica y replicarse. Cuando el virus infecta a una célula, puede iniciar uno de los dos tipos de ciclos de multiplicación vírica existentes: ciclo lítico o ciclo lisogénico.

En el ciclo lítico, el virus se reproduce en el interior celular. Esto ocurre en varias etapas: en primer lugar, el virus reconoce y se une específicamente a receptores del exterior de la célula huésped; tras lo cual se produce la penetración del ácido nucleico viral en la célula (por inyección, fusión de membranas o vesículas de endocitosis); aprovecha entonces la maquinaria de la célula hospedadora para replicar y sintetizar los componentes virales, las nuevas cápsidas creadas se ensamblan con el ácido nucleico replicado; finalmente, las nuevas partículas de virus creadas se liberan, bien por la lisis (rotura) de la célula, o por vesículas de exocitosis (en el caso de virus envueltos).

Algunos virus, en cambio, entran en ciclo lisogénico. Esto significa que, al infectar a una célula, no la destruyen sino que integran su material genético en el de esta, replicándose y transmitiéndose durante sucesivas generaciones. Bajo el efecto de ciertos agentes inductores que dañan el ADN, como los rayos X, radiación ultravioleta, agua oxigenada, quimioterapias, etc., pueden provocar la activación del virus latente (denominado provirus o profago), que entra en ciclo lítico.

En el caso concreto de la gripe, cada partícula de virus tiene incrustadas en su superficie proteínas que el sistema inmunitario reconoce como antígenos. Estos antígenos desencadenan la respuesta inmunitaria específica, y nuestro cuerpo genera linfocitos B y T que atacan al virus hasta exterminarlo. Como vimos, algunos de estos linfocitos se quedan en nuestro interior como células de memoria, preparadas para hacer frente a un nuevo ataque del mismo virus. El problema aparece cuando el invasor, el año siguiente, a pesar de ser el mismo virus, no tiene la misma conformación, y el cuerpo no tiene células de memoria específicas para hacerle frente. El virus ha mutado, consiguiendo evadir nuestros mecanismos de memoria.

Algunos virus, como es el de la gripe, tienen una capacidad asombrosa para que su material genético (ARN) cambie, al ser sometido a mutaciones. Si cambia el ARN, necesariamente cambiarán las proteínas formadas a partir de él. Esto en la práctica significa que el virus que penetra en el organismo tiene unas proteínas en su superficie distintas, y no es reconocido por nuestras células de memoria. La respuesta inmunológica tiene que empezar de cero, como si de una enfermedad distinta se tratara. A estas variaciones de un mismo virus se les denomina cepas.

¿Cómo podemos hacer frente a esta enfermedad entonces? Para combatir la gripe, la Organización Mundial de la Salud toma muestras de diferentes cepas del virus en 112 lugares de 83 países distintos. Tras su análisis, identifican las tres cepas que tienen más posibilidades de difundirse entre la población, y a partir de ellas se crean las vacunas necesarias para ese año. Este mismo proceso se lleva a cabo año tras año, y muchos de los lectores posiblemente participen en las campañas anuales de vacunación contra esta enfermedad.

Otra infección vírica de extrema importancia a nivel mundial es el sida, el síndrome de inmunodeficiencia adquirida. Una inmunodeficiencia se produce cuando nuestro sistema inmunitario es incapaz de eliminar correctamente los antígenos extraños, lo que provoca que nuestro organismo sea especialmente sensible a infecciones de todo tipo, ya que nuestras defensas no funcionan como deberían. Las inmunodeficiencias pueden ser congénitas (heredadas), como era el caso de los niños burbuja que vimos en la pregunta 21; o pueden ser adquiridas por diferentes causas, como es la exposición a radiaciones, los tratamientos largos con inmunodepresores, la leucemia, etc. En el caso del sida, la enfermedad se debe a la invasión de un microorganismo patógeno: el virus de la inmunodeficiencia humana (VIH).

Este virus puede penetrar en el organismo por medio de la sangre, el semen, secreciones vaginales o la leche materna. Aunque es altamente virulento, se transmite con menor facilidad que otros virus, porque sin un ambiente circundante de sangre o semen que contenga células hospedadoras muere de forma rápida. En ningún caso se transmite por besos, tos, estornudos, o por usar los mismos cubiertos que alguien afectado por la enfermedad (salvo que existan heridas en la mucosa oral).

Una vez la persona ha sido infectada, se le denomina seropositiva, y el virus puede permanecer muchos años en estado latente como provirus, atacando a los linfocitos T y los macrófagos, y multiplicándose pero sin provocar síntomas. En esta fase la persona puede no ser consciente de que es portadora del virus. Cuando el nivel de linfocitos T baja de cierta cantidad, el sistema inmunitario queda tan debilitado que aparecen los síntomas. El paciente queda así expuesto a muchas enfermedades microbianas oportunistas –tuberculosis, neumonía, etc.–, se produce una

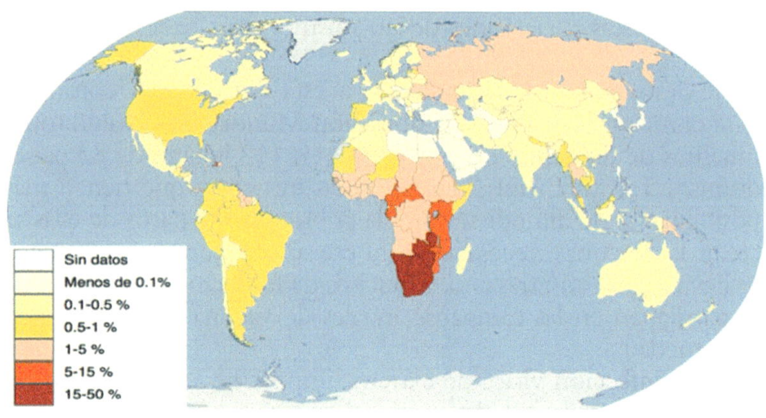

Prevalencia de VIH en la población de los países del mundo en 2008, según Onusida-OMS. Como puede verse, esta enfermedad es pandémica, y afecta principalmente al continente africano, donde se encuentran casi tres cuartas partes de la población mundial afectada por esta enfermedad. En el África subsahariana encontramos países como Botsuana y Zimbabue donde más del treinta por ciento de la población es seropositiva. Foto: Yavidaxiu, Wikimedia Commons

alta incidencia de algunos tipos de cáncer, como el sarcoma de Kaposi, así como afecciones del sistema nervioso, como la atrofia cerebral o la demencia; y del aparato digestivo, como las infecciones parasitarias gastrointestinales. Estas enfermedades, así como la insuficiencia cardiaca, suelen ser la causa principal de muerte de los enfermos de sida.

El período desde que aparecen los primeros síntomas hasta la muerte puede durar unos meses o muchos años, dependiendo del paciente y el tratamiento. Es importante el diagnóstico temprano, para lo cual se realiza una prueba llamada ELISA (*enzyme-linked inmuno sorbent assay*), mediante la que se pone en contacto el antígeno del VIH con sangre de la persona, y se detecta si existen anticuerpos contra el virus. Actualmente no existe vacuna contra esta enfermedad, pero las terapias disponibles permiten en muchos casos convertirla en una enfermedad crónica, reduciendo sus síntomas y aportando a los pacientes una buena calidad de vida.

Como en otras infecciones víricas, la principal causa de no contar aún con un tratamiento efectivo es la existencia de varias cepas del mismo virus, mutando constantemente. Muchos organismos internacionales y laboratorios farmacéuticos trabajan desde hace años en la búsqueda de una vacuna efectiva contra esta enfermedad, que anualmente causa dos millones de muertes en el mundo.

Sin embargo, científicos relevantes en este campo como Luc Montagnier, Premio Nobel en Fisiología y Medicina en 1983 por aislar el VIH, ponen en duda la eficiencia de invertir millones y millones en una vacuna que, dada la alta tasa de mutación del virus, puede no ser totalmente eficaz. Y pone énfasis en caminar hacia el logro de unos hábitos de vida saludables –alimentación, salud, educación sexual e higiene genital– que eviten nuevos contagios y fortalezcan el sistema inmunitario.

70

Si me suministran una vacuna, ¿me están inyectando un virus?

Hemos hablado de infecciones víricas como la gripe, y hemos visto como su profilaxis es una vacuna. Veamos en qué consiste este tipo de medicación.

Llamamos inmunidad a la resistencia que opone un individuo al desarrollo de agentes patógenos en su interior. Todos contamos con una inmunidad natural o innata desde nuestro nacimiento, constituida por los anticuerpos que nuestra madre nos aporta a través de la placenta y la leche materna. Además de esta inmunidad innata, y como complemento a ella, existe la llamada inmunidad adquirida, que puede ser natural o artificial. La inmunidad adquirida natural es la que nosotros mismos creamos cuando atravesamos una enfermedad y la superamos. Como veíamos, cada enfermedad deja en nuestro organismo células de memoria inmunológica que nos hacen más fuertes frente a futuras infecciones.

Pero en el caso de enfermedades graves, no nos interesa exponernos a sus síntomas, aunque vayamos a obtener a cambio células de memoria. En estos casos, lo que necesitamos es reforzar artificialmente nuestro sistema inmunitario, para que esté preparado ante esas afecciones que no queremos padecer. Esta inmunidad artificial se lleva a cabo mediante el suministro de vacunas o de sueros. La diferencia entre ellos es que la vacuna es un mecanismo activo, que incita a nuestro sistema inmunitario a actuar por sí mismo; mientras que el suero es un tipo de tratamiento de inmunidad pasiva, porque inyectamos los anticuerpos ya elaborados. Veamos en qué casos se utiliza uno u otro.

Desde el nacimiento, todos estamos sometidos a un calendario de vacunación general para evitar enfermedades como la hepatitis, la difteria, el tétanos, la rubeola o la tos ferina. Además, si el lector ha estado de viaje en algún país tropical o en zonas con riesgo de enfermedades endémicas, posiblemente también se haya tenido que administrar vacunas contra la fiebre amarilla o la fiebre tifoidea.

Todos estos tratamientos funcionan de una manera muy similar, y se basan en la capacidad que tiene nuestro sistema inmunitario de generar, una vez expuesto a una enfermedad por primera vez, una serie de células de memoria que se mantienen en el organismo, de manera que, ante una segunda exposición al mismo patógeno, la producción de anticuerpos contra él se realiza rápidamente, evitando la proliferación del agente invasor incluso antes de que se produzca la enfermedad.

De esta manera, las vacunas son preparados del agente causante de la enfermedad (generalmente, un virus o una bacteria) al que se le ha eliminado la patogenicidad, bien matándolo o bien debilitándolo. Estos agentes no provocan la enfermedad, pero mantienen los antígenos en superficie, por lo que son capaces de inducir la respuesta inmunitaria primaria: los linfocitos de la sangre los reconocen como extraños, los destruyen, y dejan células de memoria en el cuerpo. Si la persona se ve expuesta a ese patógeno de nuevo en el futuro, estará preparada para hacerle frente en una respuesta mucho más potente. En ocasiones, las vacunas necesitan dosis de recuerdo para incrementar el número de linfocitos de memoria.

Actualmente muchas vacunas, como la de la hepatitis B, se fabrican mediante técnicas de ingeniería genética. Dado que la mayoría de los factores antigénicos son proteínas, en el laboratorio se clona el gen que codifica para esa proteína. Para ello, se inserta el gen en el ADN de cepas bacterianas, que al dividirse producen múltiples copias de dicho gen o de la proteína misma. También por ingeniería genética se pueden eliminar los genes responsables de la capacidad virulenta, de manera que se puede inyectar con la vacuna el microorganismo vivo.

Es decir, respondiendo a la pregunta, sí es cierto que al ponerme una vacuna el médico en realidad me está inoculando el agente causante de una enfermedad, sea un virus o una bacteria, eso sí, atenuados o incluso muertos. Esta es la razón por la que en ocasiones notamos ciertos efectos secundarios a una vacuna, como fiebre o malestar. Al fin y al cabo, nuestro cuerpo está librando una batalla interna, aunque nosotros externamente no lo consideremos así.

Las vacunas, por tanto, tienen carácter preventivo. Siempre se administran antes de contraer la enfermedad. La cuestión es ¿qué ocurre si ya he sido afectado por la enfermedad y mi sistema inmunitario no tiene capacidad para hacerle frente por sí mismo? En estos casos, se utiliza otro tipo de inmunidad, los llamados sueros.

Los sueros son preparados artificiales que contienen anticuerpos, se inyectan en el organismo enfermo proporcionándole una inmunidad inmediata, pero poco duradera, ya que desaparecen a las pocas semanas. Están indicados para el tratamiento de algunas enfermedades infecciosas graves, como el tétanos o el botulismo, o ante picaduras de animales. Situaciones en las que, tras el contacto con el patógeno, el individuo no tiene tiempo suficiente para producir sus propios anticuerpos.

Durante el siglo xx, los sueros se obtenían principalmente a partir de la sangre de animales como caballos u ovejas. Actualmente, se extraen de personas inmunizadas, bien por haber sido vacunadas o por haber atravesado y superado la enfermedad. Esto ocurrió en España en el año 2014, cuando una enfermera que trataba a un enfermo de ébola se contagió de esta enfermedad, y fue curada tras un tratamiento con sueros obtenidos de una persona que había padecido la enfermedad y había creado anticuerpos ante ella. La fiebre hemorrágica del ébola es muy grave y contagiosa, y no tiene cura. Diferentes laboratorios están trabajando en la búsqueda de un tratamiento, en Moscú se está elaborando una vacuna, y en Estados Unidos ya se ha probado en primates un suero experimental con tres anticuerpos que bloquean el virus. El tratamiento, por ahora, no se ha hecho extensivo a humanos.

Debido al desarrollo de sueros y vacunas en las últimas décadas, se ha avanzado notablemente en la lucha contra numerosas enfermedades. Ejemplo de ello es la viruela, que se erradicó gracias a los programas de vacunación masiva patrocinados por la

Organización Mundial de la Salud (OMS) entre 1973 y 1977. Las últimas muestras del virus se almacenan en dos laboratorios de la OMS en Estados Unidos y Rusia. Aunque se había acordado destruirlas en 2014, esto no se llevó a cabo por temor a que algún país guarde de forma secreta reservas del virus que podrían ser usadas como armas biológicas. En ese hipotético caso, se necesitarían muestras para poder elaborar vacunas contra el virus.

71

¿Por qué tengo que tomar un antibiótico durante una semana, aunque los síntomas se me hayan pasado a los tres días?

Posiblemente el lector ha sufrido en algún momento una infección por la que el médico le ha recetado antibióticos. Y muy probablemente le dijera que debía tomarlos durante varios días, generalmente una semana. Muchas veces yo misma me preguntaba qué necesidad habría de seguir tomándolos si al cabo de pocos días ya no se tienen síntomas de la enfermedad. Desde que descubrí la causa, entendí la importancia de seguir escrupulosamente la prescripción médica. Espero que el lector quede igual de convencido tras leer la respuesta a esta pregunta.

Los antibióticos son medicamentos que actúan matando y/o retardando el crecimiento y la multiplicación de muchos organismos patógenos, fundamentalmente bacterias, aunque también actúan contra hongos y protistas. En ningún caso son efectivos ante infecciones víricas, para las que, como hemos visto, se utilizan vacunas o sueros.

Y es que en muchas ocasiones, nuestro sistema inmunitario no tiene capacidad, por estar debilitado o por ser una infección muy grave, de hacer frente por sí mismo al agente causante de una enfermedad. Aunque los antibióticos no siempre destruyen todos los microorganismos, dan al sistema inmunitario un tiempo extra para poder hacerles frente.

Los antibióticos son sustancias químicas producidas por seres vivos, generalmente bacterias u hongos. Actualmente se utilizan técnicas de biotecnología para aumentar la productividad y el rendimiento de las cepas empleadas en su producción. Estas sustancias pueden actuar de varios modos sobre la célula patógena: pueden inhibir la síntesis de la pared bacteriana (como hace la penicilina G o las cefalosporinas); puede inhibir la síntesis proteica (como la estreptomicina o la tetraciclina); o inhibir la síntesis de los ácidos nucleicos (como las sulfamidas).

El primer antibiótico conocido fue la penicilina, descubierta de forma casi accidental por Alexander Fleming en 1928. Este investigador trabajaba en la elaboración de vacunas cuando se percató de la presencia de un moho en las placas de estafilococos que había dejado expuestas durante varios días. En torno a las colonias de moho, las bacterias habían muerto. Fleming identificó el moho como un hongo del género *Penicillium*, y comprobó que este organismo liberaba una sustancia que inhibía el crecimiento de bacterias. Había identificado la penicilina, sin embargo, no le dio un interés farmacéutico. A Fleming este descubrimiento le interesaba para evitar bacterias no deseadas en sus cultivos. Tuvieron que pasar diez años para que Ernst Chain y Howard Florey, de la Universidad de Oxford, aislaran la penicilina para usarla como antibiótico.

La necesidad de curar múltiples infecciones derivadas de las heridas causadas durante la Segunda Guerra Mundial provocó la inversión de grandes cantidades de dinero en el desarrollo y la producción a gran escala de penicilina, que a partir de 1943 se usaba de forma generalizada. Este avance parecía suponer el final de muchas enfermedades bacterianas, sin embargo, no ocurrió así. Si bien se redujeron los casos, las enfermedades no se erradicaban.

Una de las razones yacía en, posiblemente, el mayor inconveniente que presentan los antibióticos: en ocasiones aparecen algunos microorganismos mutantes resistentes. Una bacteria es resistente cuando presenta mecanismos que impiden o dificultan el encuentro del fármaco con su blanco (estructura química con la que el fármaco se debe unir para ejercer su efecto). Esto puede producirse porque una mutación espontánea o la recombinación de genes provoquen la modificación de ese blanco o su sustitución por otra molécula no vulnerable al antibiótico.

Por procesos de selección natural, similares a los que veíamos cuando tratábamos la evolución de las especies, esas cepas resistentes sobreviven, transmitiendo esa capacidad a sus descendientes. Como resultado, las cepas mutantes proliferan, y el antibiótico deja de tener efecto. Por ello las empresas farmacéuticas deben estar continuamente elaborando nuevos tratamientos.

Se sabe que el abuso de las sustancias antibacterianas contribuyó a aumentar esa presión selectiva sobre las cepas resistentes. Un uso exagerado debido a la automedicación, la prescripción médica indiscriminada de ciertos antibióticos, y su uso masivo como aditivos en los alimentos. Sólo en la Unión Europea y Estados Unidos los animales de granja reciben cada año más de diez mil toneladas de antibióticos para acelerar su crecimiento y prevenir enfermedades. Parece ser que estas sustancias promueven la disminución del grosor del intestino animal, mejorando la absorción de alimentos y aumentando el peso del ganado.

Este proceso de selección natural también está en la base de la respuesta a la pregunta que nos ocupa. Al comenzar el tratamiento de antibióticos, estas sustancias actúan sobre las bacterias menos resistentes o más débiles, que son la mayoría, de ahí la mejoría clínica inicial. Sin embargo, la batalla interna continúa. A medida que pasan los días, los antibióticos siguen luchando contra los microorganismos patógenos que aún resisten en el cuerpo, las cepas más fuertes. En los últimos días de tratamiento, los antibióticos estarán actuando contra los pocos patógenos que queden, que serán también los que hayan logrado sobrevivir a los ataques previos. Si paramos el tratamiento a medias, habremos logrado terminar con las cepas más débiles, pero permanecerán en nuestro interior aquellas que menos nos interesa tener.

Esta es la razón por la que es importante mantener la dosis de antibióticos prescrita, de manera que se logre exterminar a todos los microorganismos invasores, especialmente a los más resistentes que, si no son eliminados, pueden provocar infecciones posteriores. De igual manera, es importante no automedicarse, ya hemos visto como la resistencia a antibióticos ha avanzado en gran parte por el uso abusivo de los mismos. Además, la mayoría de los procesos catarrales son víricos. El uso responsable de los antibióticos puede ayudar a hacer frente a los procesos de selección de resistencia bacteriana que están dificultando la eliminación de enfermedades y están provocando la continua inversión en nuevos fármacos para tratar las mismas afecciones.

72

¿Puede mi sistema inmunológico atacarme a mí mismo?

Si hay un aspecto que caracteriza a nuestro sistema inmunitario ese es sin duda su capacidad para diferenciar las moléculas propias de las extrañas. Para ello, los linfocitos reconocen a los antígenos propios y los recuerdan, generando tolerancia inmunológica hacia ellos. Un proceso que supone la clave para poder reaccionar ante partículas extrañas causantes de enfermedades.

Esta capacidad de reconocimiento es innata, y se adquiere durante el desarrollo embrionario. El mecanismo más importante para ello es la delección clonal, que consiste en la eliminación por apoptosis (muerte celular programada) de los clones de linfocitos inmaduros T y B autorreactivos, capaces de reaccionar contra estructuras propias. De esta manera, al sistema circulatorio sólo pasan los clones celulares que sólo reaccionan ante antígenos extraños. Esta delección clonal sucede durante la maduración de los linfocitos, en el timo para las células T, y en la médula ósea en el caso de las células B.

En ocasiones, estos mecanismos fallan, y los linfocitos no son capaces de distinguir lo propio de lo ajeno, por lo que no son capaces de responder a la presencia de un elemento invasor. En este caso hablamos de tolerancia a un determinado antígeno, denominado «tolerógeno» en contraposición a los «inmunógenos», que sí provocan respuesta inmunitaria.

También puede ocurrir el caso contrario, que el sistema inmunitario ataque a células propias, creyendo que son elementos extraños. Estas reacciones se conocen como mecanismos de autoinmunidad, y pueden dar lugar a enfermedades importantes.

Aunque no se conoce con certeza el proceso y el motivo para el comienzo del proceso, se piensa que la principal causa de esta reacción contra lo propio es el parecido estructural entre los antígenos propios y los extraños. También puede deberse a un cambio en los autoantígenos (antígenos propios), por lo que dejan de ser reconocidos como tales. O, en ocasiones, se piensa que puede producirse la aparición de células que no suelen estar en contacto con los linfocitos, por lo que no han sido reconocidas por estos previamente y no se ha generado tolerancia inmunológica a ellas.

Además, existen diversos factores que pueden contribuir a que se desencadene la reacción autoinmune: propensión genética; factores endocrinos, como niveles anormales de ciertas hormonas (especialmente las femeninas, por eso estas enfermedades son más frecuentes en mujeres que en hombres); factores ambientales, como las radiaciones, la exposición a sustancias químicas, infecciones bacterianas o víricas, aspectos nutricionales, etc.; y el estrés.

Las enfermedades autoinmunes se dividen en dos grupos: aquellas que afectan a un determinado órgano o tipo celular, como la diabetes juvenil o la esclerosis múltiples; y aquellas sistémicas, que afectan a estructuras de todo el cuerpo, como el lupus eritematoso o la artritis reumatoide. Hablemos un poco más en detalle de estas afecciones.

La diabetes mellitus tipo 1, anteriormente llamada diabetes juvenil por ser diagnosticada principalmente en niños y jóvenes, se produce cuando el sistema inmunitario ataca por error a las células beta del páncreas, encargadas de la síntesis de insulina. La insulina es una hormona que se libera cuando se detecta un nivel alto de glucosa en la sangre, de forma que parte de esta se moviliza hasta las células para ser utilizada como fuente de energía. Si no hay suficiente insulina, se produce una acumulación de glucosa en la sangre (hiperglucemia), y el cuerpo no puede usarla como combustible. Entonces aparecen los síntomas, que incluyen el cansancio, la sed, el hambre, la visión borrosa, la pérdida de peso y la mayor frecuencia al orinar. El tratamiento de este trastorno consiste en inyecciones diarias de insulina.

La esclerosis múltiple, por otro lado, es una enfermedad crónica del sistema nervioso central, una de las enfermedades neurológicas más comunes en la población de veinte a treinta años, y la segunda causa de discapacidad entre los jóvenes españoles. Se produce cuando ciertos linfocitos provocan la destrucción progresiva de la vaina de mielina de las neuronas (una capa de grasa que envuelve su axón y ayuda a la conducción de los impulsos eléctricos en estas células). Si la mielina se destruye, las neuronas dejan de funcionar correctamente, y aparecen los síntomas. Estos son variados: fatiga, falta de equilibrio, dolor, alteraciones visuales y cognitivas, dificultades en el habla, problemas para andar o coordinar movimientos, debilidad en los miembros, entre otros. Su frecuencia en mujeres duplica a la frecuencia en hombres. Como

Sarpullido en forma de mariposa característico del *lupus eritematoso sistémico*. Esta enfermedad autoinmune afecta a diversos órganos y sistemas, principalmente a la piel, las mucosas, las articulaciones, los riñones, el cerebro, los pulmones, el corazón, la sangre y el aparato digestivo. *Lupus* significa 'lobo' en latín, la enfermedad se llama así porque las lesiones cutáneas que provoca se parecen a las lesiones producidas por la mordedura de este animal. Foto: National Institute of Arthritis and Musculoskeletal and Skin Diseases, vía Wikimedia Commons

se desconoce su causa, no existe prevención ni cura, aunque sí se han desarrollado tratamientos para aumentar la calidad de vida de los pacientes.

La artritis reumatoide se caracteriza por la inflamación de la membrana sinovial (membrana que alimenta, protege y cubre los cartílagos) de las articulaciones y los tejidos circundantes. En ocasiones puede afectar a otros órganos como el corazón, riñón o el pulmón, por lo que, como veíamos, se le considera un tipo de enfermedad autoinmune sistémica.

Otras enfermedades autoinmunes conocidas son la celiaquía (inducido por el consumo de gluten, el sistema inmunitario ataca a las células propias), la psoriasis (produce lesiones escamosas en la piel), la hepatitis autoinmune (el sistema inmunitario ataca a las células del hígado) o la narcolepsia (estados de sueño durante el día). Lamentablemente, aún no se ha encontrado cura para este tipo de enfermedades. Los tratamientos se han enfocado a controlar la respuesta inmunitaria, por ejemplo con el uso de antiinflamatorios e inmunosupresores. La principal dificultad para encontrar soluciones radica en la falta de conocimiento sobre las causas de su aparición. Nos queda mucho por avanzar en unas enfermedades crónicas que cada año producen muchas muertes en todo el mundo.

73

¿Se puede tener alergia al agua?

Hemos comentado lo que ocurre cuando el sistema inmunitario identifica nuestras propias células como extrañas, generando una reacción de autoinmunidad que puede tener consecuencias fatales. Pero también puede ocurrir que nuestro cuerpo se confunda, e identifique como peligrosa una sustancia externa inofensiva, desencadenando una reacción inadecuada o exagerada para eliminarla, lo cual puede dañar a los tejidos propios. Este mecanismo es denominado hipersensibilidad, y la alergia es claro ejemplo de ello.

La hipersensibilidad está relacionada con la memoria inmunológica de nuestro sistema defensivo. Ante una primera exposición al antígeno, el cuerpo lo identifica como agente patógeno y genera células de defensa que se mantienen en la sangre. En una segunda exposición, se desencadena una respuesta inmunitaria exagerada, con síntomas que pueden llevar incluso a la muerte del individuo que lo sufre.

En 1963, Coombs y Gell clasificaron las reacciones de hipersensibilidad en cuatro tipos: hipersensibilidad inmediata o de tipo I (conocida como alergia); hipersensibilidad citotóxica o de tipo II; hipersensibilidad mediada por complejos antígeno-anticuerpo o de tipo III; e hipersensibilidad retardada o de tipo IV.

La hipersensibilidad de tipo I o alergia consiste en una respuesta rápida que aparece a los quince o veinte minutos del contacto con el antígeno, que en este caso se denomina «alérgeno». Ocurre en tres fases: sensibilización, activación de mastocitos y fase de alergia.

La sensibilización se produce ante la primera exposición al alérgeno. Los macrófagos (glóbulos blancos que digieren sustancias a retirar del torrente sanguíneo) lo fagocitan y muestran sus fragmentos en superficie. Los linfocitos T de esta manera los reconocen, se anclan a ellos, y activan a los linfocitos B, que liberan un tipo de anticuerpos denominados inmunoglobulinas E. Estos anticuerpos se unen y recubren la superficie de los mastocitos (un tipo de glóbulos blancos) de los tejidos y de los basófilos (otro tipo de glóbulos blancos) de la sangre, que quedan así «preparados» para responder a futuros contactos con esa sustancia, como mecanismo de memoria inmunológica. Esta es una fase sin síntomas, por lo que la persona que la atraviesa no es consciente de que ha sido sensibilizada.

Si se produce una segunda exposición a esa sustancia, las moléculas del alérgeno se unen a los anticuerpos (inmunoglobulinas E) de mastocitos y basófilos, activándolos. Esto provoca la liberación de mediadores químicos como la histamina, serotonina o prostaglandina, responsables de la inflamación y la mayor secreción de mucosidad (no olvidemos que nuestro cuerpo está intentando deshacerse de esa sustancia que considera peligrosa). Esto provoca los síntomas propios de la alergia: inflamación de párpados, ojos, mucosas; congestión nasal, estornudos, asma; vómitos, náuseas, espasmos abdominales. Algunos alérgenos inyectados directamente en la sangre pueden provocar la muerte por asfixia (al contraerse los bronquíolos) o por un descenso brusco de la presión sanguínea (al dilatarse los capilares de todo el organismo y aumentar su permeabilidad), un proceso conocido como *shock anafiláctico*.

Es decir, cuando somos alérgicos a una sustancia, la reacción alérgica se produce a partir de la segunda toma de contacto con ese elemento en cuestión. No obstante, habrá lectores que estén pensando que nunca en su vida habían probado cierto alimento, y cuando lo hicieron por primera vez se dieron cuenta de que eran alérgicos. Esto puede ocurrir, y la razón es una reacción cruzada porque hay sustancias que pueden presentar proteínas similares en superficie (antígenos similares a los del alimento que nos produce alergia). En una primera exposición a esas sustancias nuestro cuerpo se cargó de anticuerpos con esa estructura espacial determinada, y en la primera exposición al alimento en cuestión, como la estructura es compatible, los anticuerpos los reconocieron como patógenos y desencadenaron la reacción alérgica.

Los tratamientos ante las alergias generalmente están basados en el uso de antihistamínicos, moléculas que contrarrestan el efecto de la histamina por bloqueo de sus receptores, con lo que se suprimen parte de los síntomas de la reacción alérgica. En algunos casos también se provoca la desensibilización, que consiste en un proceso similar a la vacunación, para que el organismo genere grandes cantidades de inmunoglobulinas G (otro tipo de anticuerpos) que se unan al alérgeno, impidiendo su acceso a las inmunoglobulinas E. En los casos más graves se utilizan hormonas esteroideas relacionadas con la cortisona, que suprimen la respuesta inflamatoria y la respuesta inmunitaria en general.

Entre los alérgenos más comunes encontramos el polen, las esporas de hongos, heces de ácaros, pelo de animales, fármacos, venenos de insectos como la avispa o la abeja, sustancias presentes en alimentos como los frutos secos, el marisco, los huevos, etc. Aunque otras sustancias también pueden causar alergia, incluso algunas tan básicas para la vida como el sol o el agua.

¿Entonces se puede tener alergia al agua? Pues sí, la alergia al agua o *urticaria acuagénica* es una enfermedad rara de la que se han documentado unos cincuenta casos en todo el mundo. Algunos médicos piensan que podría estar provocada por una toxina producida por las glándulas sudoríparas al entrar en contacto con el agua; otros piensan que es una reacción de hipersensibilidad de la piel a algunos aditivos del agua, como el cloro. Por su complejidad, está clasificada como enfermedad, no como alergia específicamente, y es degenerativa. Además, no tiene cura, y las personas que la padecen deben tener un contacto mínimo con el agua: evitar mojarse, darse pocas duchas y muy cortas, evitar el agua caliente porque provoca peores síntomas, evitar el sudor e incluso las lágrimas. Por suerte, las reacciones alérgicas no se producen a nivel interno, por lo que los pacientes afectados pueden beber este líquido esencial, ya que el problema está en la epidermis. El contacto con el agua en el exterior de su piel produce urticaria y habones similares a los de picaduras de insectos. Por lo tanto si, se puede ser alérgico al agua, o a los componentes del mismo, afortunadamente en estos casos la alergia es en los epitelios externos, y los pacientes pueden beber agua sin problema.

74

¿Se puede trasplantar el cerebro?

El sistema sanitario de nuestro país puede sacar pecho por multitud de aspectos, por su calidad, su gratuidad, su alcance. Pero si hay un ámbito en el que sin duda destacamos, es en los trasplantes. Somos el país con mayor tasa de donación de órganos del mundo, y nuestro modelo se está implantando ya en diversas partes del globo.

Un trasplante o injerto consiste en la transferencia de células vivas, tejidos u órganos de una parte del individuo a otra, o de un organismo a otro. De esta manera podemos hablar de autotrasplantes, si el donante y el receptor son el mismo individuo; isotrasplantes, si ambos son genéticamente iguales (como el caso de los gemelos univitelinos); alotrasplantes, si donante y receptor son diferentes a nivel genético; y xenotrasplantes, si estos pertenecen a especies distintas.

Estas operaciones se realizan cuando un órgano o tejido no funciona correctamente, y el proceso es complejo a nivel quirúrgico pero, sobre todo, a nivel inmune. Debemos recordar que el sistema inmunitario es capaz de diferenciar lo propio de lo extraño, reaccionando contra esto último. Al introducir células ajenas al organismo, la reacción natural de nuestro sistema defensivo será atacarlas, salvo que las células sean propias o de un hermano gemelo. Esta reacción se conoce como rechazo inmunológico, y constituye el mayor reto en este tipo de operaciones.

El rechazo se debe a que cada individuo tiene un conjunto de genes que codifica para unas proteínas de superficie que conforman el complejo mayor de histocompatibilidad (*major histocompatibility complex*, MHC), conocidas en humanos como el sistema de antígenos leucocitarios humanos (HLA). Si las moléculas MHC del órgano trasplantado son diferentes a los del receptor, serán reconocidas como extrañas y el sistema inmunitario reaccionará ante ellas.

Estos problemas de rechazo se intentan combatir antes y después del trasplante. Antes de la operación, se realizan pruebas de histocompatibilidad entre donante y receptor; y una vez realizado el trasplante, se utilizan fármacos inmunosupresores que inhiben la respuesta inmune y bloquean el rechazo, aunque presentan en contrapartida el hacer vulnerable al paciente ante el desarrollo de diversas enfermedades y de algunos tumores.

Los trasplantes de tejido más frecuentes en la práctica médica son las transfusiones sanguíneas. El lector sabrá que hay distintos tipos de grupos sanguíneos y las donaciones no pueden realizarse de forma aleatoria. Si un paciente recibe sangre de una persona no compatible, sus anticuerpos reaccionarán con los antígenos de las células sanguíneas transferidas, haciendo que se aglutinen y sean posteriormente fagocitadas. Esto puede tener consecuencias graves, incluso mortales. En el pasado eran bastante comunes, ahora afortunadamente ya no sucede así.

Los humanos tenemos dos sistemas de clasificación sanguínea: el sistema ABO y el sistema Rh. El primero diferencia cuatro grupos (A, B, AB y 0) en función del tipo de antígeno (en este caso, llamado aglutinógeno) que los glóbulos rojos presenten en superficie. De esta manera, los individuos de tipo A tendrán glóbulos rojos con aglutinógenos A, los de tipo B tendrán aglutinógenos B, los del grupo AB tendrán ambos tipos; y los del grupo 0 no tendrán ningún aglutinógeno.

Por otro lado, en el plasma sanguíneo (líquido en que están inmersos los glóbulos rojos y blancos) pueden existir dos tipos de anticuerpos (denominados aglutininas): anti-A y anti-B, que reaccionan produciendo la aglutinación de los antígenos A y B, respectivamente. Cada persona carece en su sangre de las aglutininas que reaccionan con sus propios antígenos. Por lo tanto, alguien del grupo A tendrá aglutininas anti-B (por eso no puede recibir sangre del grupo B o AB); en las personas del grupo B ocurrirá lo contrario (y no pueden recibir del grupo A ni AB); las personas AB no tendrán ninguna aglutinina (por eso pueden recibir sangre de todos los grupos, aunque sólo puede donar a otros AB); y las personas del grupo 0 tienen ambas aglutininas (por lo que sólo pueden recibir sangre de otras personas 0, pero pueden donar a cualquier grupo, al carecer de antígenos).

El sistema Rh se basa en la existencia del antígeno Rh en la superficie de los glóbulos rojos, un antígeno cuyo nombre proviene de los monos rhesus (en los que se descubrió por primera vez). Las personas que lo poseen se denominan Rh+, y los que carecen de él, Rh-. En este caso, si se transfunde sangre de una persona con antígenos Rh a otra que no los tiene, esta se sensibiliza y produce anticuerpos anti-Rh. Si hay una segunda transfusión, se produce la aglutinación. Por lo tanto, un persona Rh- puede donar a alguien Rh+, pero no al contrario.

Ahora sí, retomando la pregunta inicial, veamos qué tejidos y órganos son susceptibles de ser trasplantados, comprobando si entre ellos está, efectivamente, el cerebro. A nivel de tejidos y células, se ha trasplantado con éxito tejido osteotendinoso, córnea, médula ósea, cordón umbilical, segmentos vasculares (venas y arterias), válvulas cardiacas, piel y membranas. En el ámbito de la cirugía plástica son muy comunes los trasplantes de piel, de hecho ya en el siglo XVI el médico italiano Gaspare Tagliacozzi escribió el primer tratado específico de esta cirugía, en el que describe con detalle estos injertos.

En cuanto a órganos, los primeros intentos de trasplante se realizaron en animales, y entre animales y humanos. El austriaco Emerich Ullmann, en 1902, realizó un injerto de riñón de perro; también se han realizado implantes de corazón e hígado de monos. Todos ellos con muy poca supervivencia, del orden de meses tras el trasplante. Entre humanos, los trasplantes de órganos comenzaron a realizarse en la década de 1970, y el hígado y el pulmón fueron las primeras estructuras en ser transferidas con éxito de una persona a otra. Ordenados por cantidad de trasplantes realizados en España, los órganos que actualmente se trasplantan son: el riñón, el hígado, el corazón, el pulmón, el páncreas y el intestino.

Como puede verse, el cerebro no forma parte de esta lista, al menos por el momento. Si bien es cierto que existen artículos y documentos audiovisuales con los que algunos médicos prueban haber realizado trasplantes de cabeza en ratas y monos. De hecho, el neurólogo italiano Sergio Canavero es uno de los grandes defensores de los trasplantes de cabeza en humanos. Este médico asegura que esta cirugía es posible, y planea un trasplante de estas características a realizar en diciembre de 2017, para el que un joven ruso afectado de una distrofia muscular genética ya se ha presentado voluntario. La mayoría de la comunidad médica afirma que un trasplante así, a día de hoy, es impensable. La mayor dificultad radica en la conexión de la médula espinal del paciente con el nuevo encéfalo transferido.

Podemos concluir afirmando que actualmente no es posible trasplantar un cerebro, dada la incapacidad para conectar el sistema nervioso que ello implica. A lo que podríamos añadir, como muchos médicos ya han puesto de manifiesto, las implicaciones éticas de una operación como esta. El cerebro acumula recuerdos, memoria, capacidad cognitiva, aprendizaje. Somos como somos por la acción de este órgano. Si lo cambiamos, ¿seguiríamos siendo nosotros mismos? Dejo en manos del lector esta reflexión final.

75

¿Es cierto que algunas medicinas fueron peores que las propias enfermedades para las que se usaron?

Actualmente existen multitud de medicamentos para mejorar nuestro estado de salud, gran cantidad de ellos son agentes efectivos que reducen los síntomas de las distintas afecciones a las que estamos expuestos. En el pasado, no obstante, el conocimiento farmacéutico no estaba tan desarrollado, y en ocasiones se utilizaban remedios naturales o intuitivos, que podían provocar más daños que beneficios. Vamos a ver algunos ejemplos.

Durante la Edad Media, los médicos de Europa pensaban que el polvo de momia tenía propiedades curativas: se creía que cerraba heridas y soldaba huesos de forma automática. Por ello, se molían los cadáveres y el polvo extraído era usado como medicamento, un remedio muy popular entre las clases acomodadas. Se dice que el propio rey Francisco I de Francia siempre viajaba con esta sustancia entre sus pertenencias, por si enfermaba o era herido. El problema es que este polvo, proveniente de cadáveres, podía ser altamente tóxico, causando desde dolor de cabeza, mal aliento, vómitos, hasta paradas cardiorrespiratorias.

Otro elemento muy utilizado como medicamento en el pasado fueron los excrementos. En el Antiguo Egipto se utilizaba el estiércol seco de cocodrilo como anticonceptivo, introduciéndose en la vagina de la mujer como método de barrera. En Inglaterra al excremento de pollo se le atribuían propiedades para eliminar la calvicie, y en India se utilizaban heces para tratar múltiples afecciones. Ahora sabemos que estos restos orgánicos contienen infinidad de bacterias, y son fuente de muchas infecciones.

No obstante, en ciertos contextos de la medicina moderna sí se utilizan excrementos. El doctor Alisdair MacConnachie de Reino Unido está realizando con éxito trasplantes de heces de una persona a otra, mediante cápsulas fecales, con el fin de repoblar de bacterias el intestino y tratar la infección de *Clostridium difficile*. Las heces donadas generalmente provienen de familiares del enfermo, y se procesan para eliminar las bacterias patógenas, de manera que las cápsulas finales contienen bacterias fecales, no excrementos como tal.

Además de excrementos, los metales y semimetales también han sido frecuentemente utilizados por curanderos en el pasado. Los griegos utilizaban arsénico para curar algunas enfermedades sanguíneas, y los médicos árabes lo usaban en casos de anemia y afecciones cutáneas y nerviosas. El mercurio también se utilizaba en medicina, como purgante y diurético, así como remedio para tratar la sífilis. Tanto arsénico como mercurio se han utilizado, además, en la elaboración de cosméticos. Ahora sabemos que ambos productos son extremadamente tóxicos. El arsénico es un químico altamente venenoso, cuya ingesta puede provocar desde afecciones gastrointestinales hasta destrucción de glóbulos rojos, daño al riñón y al sistema nervioso. El mercurio es un metal pesado que no somos capaces de eliminar del cuerpo, por lo que se acumula en el torrente sanguíneo y tejidos, pudiendo causar parálisis, demencia, úlceras, daño neurológico o incluso la muerte.

Otro elemento peligroso utilizado ampliamente era el radio, metal que resulta un millón de veces más radiactivo que el uranio. A comienzos del siglo XX se puso de moda comercializar agua con infusión de radio, que aparentemente ayudaba a prevenir enfermedades como la artritis, la flatulencia y las dolencias propias de la vejez. La realidad era que los pacientes estaban consumiendo un producto radiactivo con efectos fatales sobre las células, muchos de estos consumidores posiblemente desarrollaron enfermedades cancerígenas a medio y largo plazo. Cuando la ciencia puso de relieve los efectos nocivos de la radiactividad en el cuerpo, se prohibió la comercialización de esta agua radiactiva.

Hoy en día se consideran aguas radiactivas a aquellas que contienen radón, un gas radiactivo de origen natural, producto de la desintegración del radio y con mucha menos radiactividad, en concentraciones que no suponen un riesgo para la salud, y se les atribuyen beneficios sobre el sistema nervioso, endocrino e inmunitario. Se utilizan principalmente en reumatología, afecciones respiratorias crónicas, trastornos de ansiedad, de estado de ánimo o de sueño.

En la década de 1920 también causaba furor entre las clases altas el tratamiento de arrugas faciales. Para ello, se utilizaba parafina que, al igual que el Bótox actual, se inyectaba dentro de los pliegues de la piel. Pasado cierto tiempo, esta sustancia se solidificaba y borraba las arrugas. Pero el efecto era pasajero, y con el tiempo la parafina se desplazaba y causaba deformaciones, las arrugas reaparecían y el lugar de inyección de inflamaba y dolía. Si no se trataba inmediatamente, el paciente podía desarrollar una infección grave. La cirugía estética, aunque sigue implicando riesgos, es más segura ahora que ya no se utiliza esta sustancia.

Algunos seres vivos también formaban parte de las curas en la antigüedad. A comienzos del siglo xx se utilizaban píldoras que contenían tenias (*Taenia solium*, gusanos parásitos intestinales) como método de adelgazamiento. Un grave error porque, como ya vimos (ver pregunta 49) el descenso de peso no está necesariamente relacionado con la afección por este platelminto. Además, esta técnica sin duda horrorosa provocaba infecciones, vómitos, diarreas, e incluso la muerte del paciente. Increíblemente, en la actualidad se siguen comercializando, en el mercado negro, píldoras con huevos de tenia.

Por otro lado, para curar la impotencia, el médico estadounidense John Brinkley a comienzos del siglo xx se dedicó a introducir testículos de macho cabrío en el escroto de sus pacientes. Técnica que le trajo tanta popularidad como demandas por negligencia. Muchos de sus pacientes murieron y en muchos estados le prohibieron ejercer como médico.

Estos son algunos ejemplos de cómo en ocasiones se han utilizado sustancias con supuestos efectos saludables, pero que en realidad han causado más perjuicios que beneficios. El avance de la ciencia nos ha permitido ir descartando tratamientos peligrosos, y consiguiendo fármacos más adecuados e inocuos. Una prueba más de la importancia de usar el método científico en el desarrollo de nuevos productos, superando las meras creencias populares.

76

Muchos de los medicamentos que tomamos no nos curan, pero los médicos nos los recetan. ¿Por qué?

Ya hemos comprobado que existe básicamente una forma de superar una enfermedad: a través de la acción de nuestro sistema inmune. Las células de defensa están diseñadas para hacer frente a distintas alteraciones, aunque en ocasiones se producen fallos en su funcionamiento, o la magnitud de la infección es tan grande que nuestro ejército interno no puede enfrentarse al ataque por sí mismo. En estos casos, se administran apoyos, como son las vacunas, los sueros y los antibióticos.

Estos tres tipos de fármacos refuerzan nuestro sistema de defensa y permiten superar con éxito las enfermedades. Otras medicinas, sin embargo, no nos curan. Fármacos como los analgésicos diseñados para aliviar el dolor (tipo paracetamol), los antiinflamatorios como el ibuprofeno, el jarabe para la tos, los antihistamínicos para la alergia o los múltiples compuestos antigripales no están diseñados para tratar la enfermedad, lo que hacen es reducir los efectos negativos causados por sus síntomas. Lo cual es relevante, ya que en la mayoría de las ocasiones estos síntomas provocan un malestar muy poco llevadero para los pacientes que los sufren.

En otras ocasiones, el fármaco se administra para suplir una sustancia que nuestro cuerpo, de forma natural, no está produciendo como debería. Esto ocurre por ejemplo con hormonas como la insulina en el caso de las personas diabéticas, o con las vitaminas que se suministran cuando el paciente lo requiere. También se administran medicamentos para controlar la hipertensión o el exceso de colesterol, ninguno de ellos cura estas enfermedades.

En España, todos los medicamentos comercializados, bien sean para uso humano o veterinario, deben estar aprobados por la Agencia Española de Medicamentos y Productos Sanitarios (AEMPS). Este organismo lleva a cabo un seguimiento a lo largo de todo el ciclo de vida de un medicamento, que incluye cinco fases: la etapa de investigación, la investigación preclínica, la investigación clínica, la autorización de comercialización, y la vigilancia continua postcomercialización.

En la primera etapa se identifican los posibles candidatos, que son caracterizados y se prueba su eficacia biológica. Es un proceso complicado, se calcula que sólo 250 de cada 10.000 posibles moléculas pasan a la siguiente etapa. En la segunda fase, las moléculas son estudiadas en animales de experimentación y en modelos de laboratorio, valorando su seguridad, actividad biológica, y la capacidad de producción a gran escala. Esta fase puede durar más de tres años, y se estima que sólo cinco compuestos de cada doscientos cincuenta pasan a la siguiente etapa.

La tercera fase supone los ensayos clínicos en humanos, o en las especies animales a quien vaya destinado el medicamento en cuestión. Los ensayos comienzan en un grupo reducido de voluntarios sanos (entre 20 y 100) y a continuación se prueba en pacientes reales, comprobando si el medicamento es eficaz, y sus posibles efectos secundarios. Por último, se realizan ensayos en una muestra importante de pacientes (varios miles), contando con un grupo control y un grupo experimental, de manera que se pruebe de forma definitiva su eficacia y seguridad. Estos estudios pueden durar entre uno y tres años.

Comprobado que funciona, es seguro y de calidad, la AEMPS autoriza la comercialización del medicamento, y a partir de ahí vigila su uso mediante unos sistemas de farmacovigilancia, inspecciones, controles de calidad y de lucha contra medicamentos ilegales y falsificados.

Cuando una empresa farmacéutica desarrolla un nuevo fármaco, generalmente lo patenta. Conforme al *Acuerdo sobre los aspectos de los derechos de propiedad intelectual relacionados con el comercio* (art. 33), la protección conferida por una patente no expirará antes de un período de veinte años. Tras los cuales, ese bien pasa a ser de dominio público. Esta normativa no permite patentar los métodos de tratamiento terapéutico ni de diagnóstico aplicados a la salud humana, pero sí permite patentar medicamentos. Esto implica una elevación de los precios de los medicamentos, promovida por las farmacéuticas para hacer frente al elevado coste de inversión en el desarrollo del fármaco. En ocasiones, los precios son tan excesivos que ponen en peligro el acceso de muchas personas a los mismos, como ocurre en el caso de la hepatitis C, cuyo tratamiento de tres semanas tiene un coste aproximado de sesenta mil euros.

Una vez la patente caduca, se pueden fabricar los medicamentos genéricos, equivalentes en eficacia a los patentados, pero con un coste significativamente menor. La comercialización de los genéricos ha mejorado el acceso de muchos pacientes a medicamentos más asequibles con todas las garantías.

Cuando nos disponemos a tomar una medicación, es importante leer el prospecto que la acompaña, un acto que no mucha gente realiza. En él aparecen aspectos destacables como el principio activo (sustancia responsable de la actividad farmacológica) y los excipientes, que son los componentes que acompañan al principio activo, para facilitar su preparación, conservación y administración. Un ejemplo de ellos serían los edulcorantes que se añaden a algunos fármacos para mejorar su sabor. Los excipientes son los únicos compuestos que pueden diferir entre un medicamento genérico y su equivalente de marca.

En algunas ocasiones un fármaco, pese a carecer del principio activo, sí que cura. Es el llamado efecto placebo. Esto ocurre cuando una persona toma una sustancia (que carece de acción curativa, generalmente está hecha a base de azúcar) creyendo que es un medicamento eficaz, y de hecho le produce un efecto terapéutico. El efecto desaparece cuando la persona es informada de que el medicamento era un placebo. El estudio con resonancias magnéticas a pacientes que tomaban placebo ha revelado cómo ciertas partes del encéfalo se estimulan, aquellas relacionadas con la percepción de la salud. Este hecho demuestra la importancia del componente subjetivo de la salud, la capacidad de sugestión del cerebro en ocasiones puede provocar mejoras ante enfermedades reales y diagnosticadas.

Actualmente, el placebo se utiliza fundamentalmente en el contexto de los ensayos clínicos controlados. Al probar fármacos en la población, se analiza la evolución de una muestra experimental de pacientes que realmente toman el medicamento, comparándolos con otra muestra control a la que se suministra el placebo. El opuesto al placebo se denomina «nocebo», y provoca efectos adversos en los pacientes. Se ha comprobado cómo administrar un placebo a un paciente, y posteriormente sugestionarle negativamente, diciéndole que la terapia no funcionará o será perjudicial, provoca que su salud empeore.

77

¿Por qué es tan complicado encontrar la cura definitiva del cáncer?

Entre las diferentes enfermedades, trastornos o afecciones que existen, hay una que produce escalofríos con sólo mencionarla, por su frecuencia creciente y, en muchos casos, sus fatales consecuencias. Hablamos, claro está, del cáncer. Una enfermedad que se ha convertido, tras las enfermedades cardiovasculares, en la segunda causa de muerte en Estados Unidos.

El término genérico «cáncer» se utiliza para nombrar a un grupo de más de cien enfermedades que pueden afectar a cualquier estructura del organismo. Los principales tipos son el cáncer de mama, pulmón, estómago, colon y recto, vejiga, melanoma de piel, tiroides, riñón, leucemia, endometrio y páncreas.

Ya vimos (v. preg. 9) como las células están genéticamente programadas para, transcurrido un determinado número de divisiones celulares, inducir su muerte celular, o apoptosis. Esto permite la multiplicación controlada de las células, de forma que se renueven los tejidos a medida que se van necesitando. Pero, ¿qué ocurriría si esta multiplicación se descontrola, y las células comienzan a dividirse sin cesar? Esta es la base del cáncer, como vamos a ver.

Esta enfermedad comienza cuando una célula normal se transforma en tumoral, al perder la capacidad de regular su ciclo celular, creciendo y multiplicándose de forma incontrolada. Estas células no detienen su crecimiento en respuesta a la presencia de células contiguas ni a la ausencia de factores de crecimiento, como lo hacen las células normales. De esta manera, forman masas de células denominadas tumores. En muchos casos, estos tumores son benignos, lo que significa que permanecen en el tejido original y pueden extirparse sin problemas. Las complicaciones aparecen en el caso de los tumores malignos, que invaden otros tejidos y órganos, afectando además a su funcionamiento.

Estas células malignas son capaces de enviar señales químicas que estimulan el crecimiento de vasos sanguíneos hacia el tumor, lo que les aporta oxígeno y nutrientes, y les supone un medio para dispersarse hacia otros órganos, formando nuevos tumores, en un proceso conocido como metástasis. Si las células cancerosas afectan a células sanguíneas o sus precursoras, se denominan leucemias o linfomas; y en el caso de afectar a huesos, cartílago, venas, arterias o músculo estriado, se denominan sarcomas.

El inicio de la enfermedad puede tener varias causas. Además de la propensión genética, existen diversos factores desencadenantes: factores físicos, como la exposición a radiaciones; factores químicos, como el contacto con determinados productos cancerígenos (el humo del tabaco, minerales utilizados en construcción como el asbesto e incluso carcinógenos naturales contenidos en los alimentos); o factores biológicos, como las infecciones víricas. Todos estos agentes son capaces de inducir mutaciones en el ADN celular, que tienen como consecuencia la pérdida de la capacidad de la célula para controlar su división.

Pese a los años y esfuerzos en investigación, aún no existe una cura definitiva contra esta enfermedad. La razón puede encontrarse en que, en realidad, no es una única afección. Como hemos visto, es un conjunto complejo de enfermedades, muy diferentes entre sí. No sólo por la variedad de órganos que pueden ser afectados, también porque dos pacientes con el mismo tipo de cáncer presentan mutaciones muy diversas. Cada tumor se debe tratar como una enfermedad única.

Además, incluso dentro de un mismo tumor, se han identificado diversas poblaciones de células, en constante evolución. Lo que dificulta el diagnóstico y la toma de decisiones sobre el tratamiento a seguir. No obstante, y a pesar de las dificultades señaladas, las nuevas terapias dirigidas han conseguido que la esperanza de vida, por ejemplo, de las mujeres con cáncer de mama haya aumentado de forma espectacular en los últimos años.

En todas las terapias el objetivo es el mismo: detectar y destruir a las células cancerígenas. Para ello, se utilizan varios tratamientos. Uno de ellos es la cirugía, mediante la que se extrae el tumor maligno formado, cuando este está localizado. Otra opción es la exposición del paciente a radiación de alta energía (radioterapia) con la que eliminar las células cancerígenas. Pero si el cáncer se ha extendido por varios órganos, estas opciones no suelen ser efectivas.

En esos casos, o como complemento a las terapias anteriores, se administran fármacos altamente tóxicos que inducen la muerte de las células en división (quimioterapia). El problema es que estos medicamentos afectan a todas las células en división, sean o no cancerígenas, por lo que implican efectos secundarios como la pérdida de cabello, náuseas o vómitos, al atacar a las células en división de los folículos capilares y del recubrimiento intestinal. Además, se ha comprobado que las mutaciones en las células cancerígenas pueden provocar que estas sobrevivan a la quimioterapia.

Hoy sabemos que las células cancerígenas tienen en superficie antígenos distintos a las células normales, por lo que nuestro sistema inmunitario debería reconocerlas como extrañas y destruirlas, parece que esto ocurre en muchas ocasiones. De hecho, se da un mayor desarrollo de cánceres en personas con inmunodeficiencias, como los enfermos de sida, o en personas mayores, cuyo sistema inmunitario está más debilitado. Además, existe un tipo de linfocito, las células natural killers (NK) que rompen y destruyen las células tumorales, reduciendo y evitando la metástasis.

Pero en ocasiones esta respuesta inmunitaria falla, las células tumorales son en definitiva versiones mutantes de las propias células del organismo, por lo que logran eludir la vigilancia inmunológica y se desarrolla la enfermedad. Esto nos lleva a pensar que una de las posibles vías para tratar o prevenir la enfermedad es el fortalecimiento del sistema inmune, la llamada inmunoterapia. Con la administración de proteínas de defensa se ha conseguido aumentar la actividad citotóxica contra las células tumorales, y también se trabaja en la inserción de genes activadores en las células de defensa de los pacientes.

Durante décadas se ha intentado elaborar una vacuna contra el cáncer, sin éxito. Muchos oncólogos continúan en esta línea de investigación, ensayando una nueva generación de vacunas que podrían ser efectivas en los primeros momentos de la enfermedad. Otros, sin embargo, refuerzan el sistema inmunitario pero de otra manera, mediante la extracción de leucocitos (glóbulos blancos) del individuo, de los que se seleccionan las células T dirigidas contra tumores, haciéndolas crecer en el laboratorio y reintroduciéndolas después en pacientes con el sistema inmune reprimido. También se trabaja en el uso de virus modificados genéticamente que puedan atacar a las células malignas. Y la nanomedicina está desarrollando nanopartículas fabricadas para transportar una carga terapéutica que pueda ser inyectada directamente en las células tumorales, sin afectar al resto de tejidos. Como vemos, hay muchos frentes abiertos en la investigación del cáncer y, a pesar de las dificultades, se están realizando avances. No obstante, queda mucho camino por recorrer en esta lucha colectiva contra esta terrible enfermedad.

Respecto a su prevención, debemos recordar que en muchas ocasiones los hábitos de vida o la exposición a agentes mutagénicos suponen los factores desencadenantes de la enfermedad. Por lo que una dieta rica en fruta y verdura, el ejercicio físico regular, el uso de cremas solares, evitar el humo del tabaco o el alcohol excesivo, son algunas de las recomendaciones que se establecen para prevenir este tipo de enfermedades.

Finalizamos aquí el bloque referido a salud y enfermedad. En él hemos visto como la salud es un estado subjetivo y objetivo, en el que se integran tres componentes: el físico, el psicológico y el social. Además, hemos aprendido que nuestra salud depende fundamentalmente de nuestros hábitos de vida, una buena alimentación y unas conductas adecuadas no sólo nos curan, sino que evitan que enfermemos. Hemos entendido las causas de afecciones graves como el cáncer, el sida o las enfermedades cardiovasculares, además de otros síndromes poco comunes. También hemos comprendido qué medicamentos nos curan, y cuales fortalecen nuestro sistema inmunitario. Un sistema de defensa muy bien diseñado, ¿serán el resto de nuestros sistemas tan efectivos? Lo descubriremos en el siguiente y último bloque.

VI

El cuerpo humano

78

¿Estamos perfectamente diseñados?

El cuerpo humano es una increíble máquina viva, cuyos mecanismos internos son más complejos y coordinados que el más potente de los ordenadores. Todo en su interior encaja, todo tiene un sentido, los millones de células que nos forman se han especializado en cumplir diferentes funciones, hasta niveles sorprendentes. Todo ello fruto, como hemos visto, de un proceso evolutivo de millones de años.

Para saber si estamos bien diseñados, primero veamos cómo es nuestra estructura. En el primer bloque ya hablamos de las unidades estructurales que componen la materia viva, las células. Ahora analizaremos cómo se organizan estas células para llegar a formar un organismo tan complejo como es el humano.

En biología, ordenamos las distintas estructuras vivas acorde con su grado de complejidad, teniendo en cuenta su composición química y las funciones de sus componentes. De manera que contamos con unos *niveles de organización de la materia viva* que van desde el nivel subatómico hasta la biosfera. Cada nivel tiene una serie de propiedades que son más que la suma de las propiedades de los niveles inferiores, ya que al aumentar la complejidad, aumentan los componentes y también las interacciones entre ellos.

En el nivel subatómico encontramos los protones, electrones y neutrones, constituyentes del átomo. A continuación tendríamos el nivel atómico: estos átomos unidos entre sí forman las moléculas (como el agua o el dióxido de carbono) que constituyen el nivel molecular. En el siguiente nivel hallamos las moléculas más complejas o macromoléculas, entre las que destacan las cuatro biomoléculas fundamentales para la vida (glúcidos, lípidos, proteínas y ácidos nucleicos).

A partir de este momento, los restantes niveles sólo pueden ser identificados en las estructuras vivas, por ello se les llama niveles bióticos. El primero de ellos es el nivel celular, como veíamos en la teoría celular (pregunta 7), todos los seres vivos estamos formados por una o más células, es nuestra unidad estructural y funcional básica.

Los organismos unicelulares, como las bacterias o los protozoos, llegan hasta este nivel, pero en los seres pluricelulares identificamos estructuras más complejas: el nivel tisular –asociaciones de células similares que cumplen una misma función–, los órganos –diferentes tejidos asociados e interactuando– y los sistemas o aparatos, formados por diversos órganos. Algunas veces se utilizan estos dos términos como sinónimos (de hecho, en inglés reciben un sólo nombre, *system*), mientras que en otras ocasiones se diferencian: un sistema estaría formado por órganos similares en estructura y origen (de ahí su uso para el sistema óseo, muscular o nervioso), mientras que un aparato contendría órganos diferentes (como el aparato digestivo, reproductor o respiratorio).

En el siguiente nivel encontramos un organismo individual, como el ser humano. A continuación se sitúan los niveles que implican la interacción entre individuos. Varios organismos de una misma especie que comparten hábitat y se relacionan entre ellos constituyen una población, y si distintas poblaciones interactúan entre sí forman una comunidad. Y las comunidades de seres vivos conjuntamente con el ambiente en que se encuentran componen un ecosistema. En el último nivel se sitúan todos los ecosistemas del planeta, una biodiversidad de formas vivas y sus respectivos ambientes que se conoce como biosfera.

Ahora que hemos comprendido los niveles de organización de la materia viva, centrémonos en el *Homo sapiens*. Desde la antigüedad, el ser humano ha sentido curiosidad por estudiar cómo

Niveles de organización de la materia viva. Cada nivel incorpora a muchos miembros del nivel inferior, y no puede explicarse sólo teniendo en cuenta los componentes anteriores, ya que aparecen interacciones que no existían previamente. El nivel atómico es común a toda la materia que conocemos, algunos materiales, además, presentan nivel molecular. Sólo los organismos vivos presentan el resto de los niveles. Foto: Porto, A., Wikimedia Commons

funciona su cuerpo. Cuando una persona moría en la batalla y su interior quedaba expuesto, era aprovechado por los médicos para su estudio. El médico griego Alcmeón de Crotona (520 a. C.) realizó por primera vez una disección a un cadáver humano, práctica que se retomaría en el Renacimiento (s. xvi), durante el cual varios artistas, como Leonardo da Vinci, realizaron estudios anatómicos, admirando la belleza de las estructuras corporales y plasmándolas en obras de arte.

Y es que nuestro cuerpo es estéticamente bonito al mirarlo desde el exterior, pero al asomarnos a su interior llega a ser fascinante. Anatómicamente, el ser humano es un vertebrado mamífero, con un endoesqueleto óseo que sostiene el cuerpo y crece con él. Contamos con dos compartimentos principales, la cavidad torácica, que alberga el corazón, pulmones, esófago y tráquea; y la cavidad abdominal, en cuyo interior hallamos el estómago, intestinos e hígado, entre otros. Tenemos un cráneo que protege nuestro principal órgano de coordinación nerviosa (el cerebro), y cuatro extremidades que nos ayudan en la locomoción y el manejo de herramientas.

Como el resto de mamíferos, contamos con pelo corporal y amamantamos a nuestras crías. Además somos homeotermos, es decir, podemos regular nuestra temperatura interna, que suele rondar los 36-37 °C, independientemente del frío o calor que esté haciendo en el exterior. Pero la temperatura no es lo único que regulamos. En nuestro interior, miles de reacciones químicas están continuamente sucediendo con el objetivo de mantener nuestro medio interno constante (el nivel de glóbulos rojos o de glucosa en la sangre, la cantidad de sales, el pH, etc.). Un mecanismo biológico conocido como *homeostasis*.

Tenemos, asimismo, unos órganos de los sentidos muy desarrollados, que nos ayudan a interactuar con el ambiente externo e interno. Podemos captar información del medio y desarrollar respuestas acordes. Sentimos hambre, sed, sueño, frío o calor; cuando nuestro cuerpo necesita comer, beber, dormir, arroparse o refrescarse. Detectamos una bacteria en nuestro interior y nuestro sistema inmunitario comienza a defendernos. Reconocemos a las personas que se encuentran a nuestro alrededor e interactuamos con ellas.

Y, por supuesto, contamos con un cerebro muy desarrollado, miles de millones de neuronas funcionando de manera coordinada que nos permiten hablar, leer, entender, recordar, planificar, memorizar, aprender, soñar, imaginar, etc. No sé si nuestro diseño es perfecto, posiblemente no lo sea (no olvidemos que la evolución no es dirigida, sino fruto del azar), lo que sí está claro es que tenemos unas estructuras tan complejas que bien merecen ser estudiadas con un poco más de detalle.

79

¿Cuál es la estructura más resistente del cuerpo humano?

Mantendremos la incógnita hasta el final, por lo pronto, sólo adelanto que la estructura más resistente del cuerpo no es ningún hueso, como cabría esperar. Quizá ya haya algún lector que se imagine la respuesta a esta pregunta. Se trata un tipo de tejido, así que vamos a ver qué es un tejido y qué tipos tenemos en nuestro cuerpo.

Como habíamos comentado, las células especializadas de un organismo vivo se pueden agrupar para desempeñar una misma función. Dentro de un tejido, las células se encuentran inmersas en una matriz, en su mayor parte producida y secretada por las propias células. Esta matriz está formada principalmente por proteínas fibrosas (colágeno y elastina), responsables de la resistencia y elasticidad; y por una *sustancia fundamental*, formada principalmente por glúcidos. En ocasiones contiene también componentes inorgánicos que aportan rigidez, como ocurre en los huesos. La matriz puede ser líquida, gelatinosa, fibrosa, elástica o rígida.

Las células que conforman un tejido trabajan de manera conjunta y coordinada, esto implica necesariamente algún sistema de comunicación entre ellas. Algunas células se comunican por contacto directo o por canales que las comunican (en mamíferos se denominan uniones comunicantes de tipo *gap*). Si las células están separadas, los mensajes se emiten a través de señales químicas, que provocan en las células receptoras –llamadas células blanco– una respuesta biológica. Al proceso completo, desde que la célula blanco recibe la señal hasta que se elabora la respuesta, se le conoce como transducción de la señal.

Existen alrededor de doscientos tipos de células diferentes en el cuerpo humano, que se asocian en sólo cuatro tipos de tejidos, de acuerdo con sus características estructurales y funcionales: epitelial, muscular, nervioso y conjuntivo.

El tejido epitelial recubre el cuerpo externamente, así como sus cavidades y órganos internos. Todo lo que entra o sale del cuerpo, debe atravesar esta estructura. Algunas están provistas de glándulas de secreción: las mucosas que tapizan la cavidad bucal producen mucus, las células epiteliales del estómago e intestino secretan jugos digestivos, en los bronquios las células tienen cilios para movilizar partículas y moco en su superficie.

El tejido muscular, por otro lado, está compuesto por células especializadas en la contracción. En función de cómo se aprecia al microscopio, se identifican dos tipos: el tejido muscular liso, que forma parte de los órganos internos cuyos movimientos son involuntarios; y el tejido muscular estriado, que se puede encontrar en los músculos esqueléticos responsables del movimiento

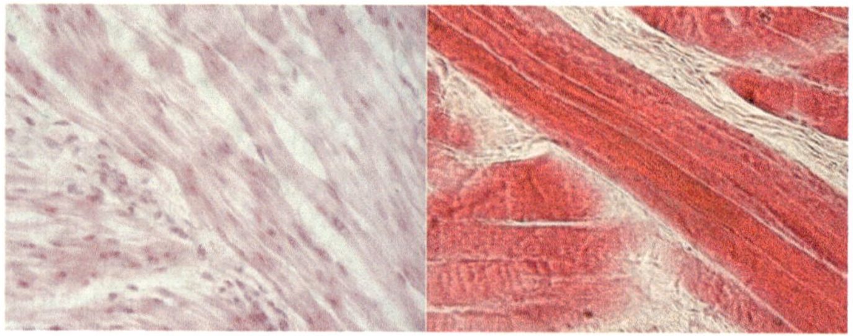

Fotografía de tejido muscular al microscopio. En la imagen de la izquierda se muestra la musculatura lisa de la vejiga urinaria. En la imagen de la derecha se observan las estrías propias del tejido muscular estriado. En realidad son bandas transversales formadas por proteínas contráctiles, miosina y actina. Foto: Mazza, A. y Jagiellonian University Medical vía Wikimedia Commons

(músculos voluntarios) y en el corazón, donde se le conoce como músculo cardiaco.

El tejido nervioso está constituido por neuronas, especializadas en la recepción, elaboración y transmisión de impulsos nerviosos. Estas células conviven acompañadas por células de la glía, necesarias para su funcionamiento, y se extienden por el interior en haces llamados nervios, que nos permiten detectar estímulos en casi toda la superficie de nuestro cuerpo.

El grupo de tejidos conjuntivos o conectivos son aquellos que protegen, reúnen y dan apoyo a los otros tres tipos vistos anteriormente. Entre ellos encontramos los tejidos sanguíneos, el tejido cartilaginoso, óseo y adiposo. Todos tienen una matriz extracelular muy abundante. En los tejidos sanguíneos esta matriz es líquida, se trata del plasma, formado por iones y moléculas biológicamente activas. El tejido cartilaginoso es resistente y flexible, constituye algunas estructuras del cuerpo humano como el tabique nasal, la tráquea, la oreja, los discos intervertebrales y los extremos de los huesos. El tejido óseo, por otro lado, tiene una matriz impregnada con fosfato de calcio. Si una persona no ingiere suficiente calcio con la dieta, el cuerpo lo toma de esta matriz ósea, lo que deriva en el desarrollo de enfermedades como la osteoporosis, que provoca fragilidad excesiva de los huesos. Por último, el tejido adiposo sirve para almacenar grasas como reserva de energía, además de aportar aislamiento térmico al cuerpo.

Ahora sí, respondamos a la pregunta. La estructura más resistente que tenemos es también llamado tejido adamantinado. A pesar del nombre, no es un tejido vivo de los que hemos visto anteriormente, porque está formado en un 94 % por materia inorgánica, en concreto por un mineral llamado hidroxiapatita (fosfato cálcico). Es un compuesto producido por células vivas (los ameloblastos). Puede ser de color blanco, gris azulado o traslúcido. Hablamos del esmalte dental.

El esmalte dental está formado por cristales hexagonales de hidroxiapatita, unidos y rodeados por una matriz de material orgánico. A pesar de su resistencia, este componente se puede desmineralizar, lo que supone una caries dental. La caries es provocada por una infección bacteriana favorecida por la presencia de carbohidratos fermentables, principalmente sacarosa, en la cavidad bucal. Las bacterias se alimentan de este sustrato, produciendo unos ácidos capaces de disolver el esmalte del diente. Para prevenirlo, es importante mantener una buena higiene bucal. Además, los fluoruros ayudan a prevenir la desmineralización (disminuyendo la solubilidad del esmalte) y pueden actuar como agente remineralizador del esmalte (potenciando la precipitación de sales de calcio y fosfatos de la saliva, que reemplazan a las sales del esmalte perdidas). Este aspecto no ha pasado desapercibido a los fabricantes de pastas de dientes, que suelen incorporar flúor en su composición.

80

¿Es verdad que el pelo o las uñas siguen creciendo una vez que alguien muere?

Hablando de componentes resistentes en el cuerpo, veamos las particularidades de estructuras como las uñas y el pelo, ambos tienen un elemento en común: la queratina. La queratina es una proteína fibrosa rica en azufre, por su dureza y resistencia física es componente fundamental del pelo, las uñas, las plumas, los cuernos o las pezuñas.

El pelo está formado por fibras de queratina empaquetadas en una matriz amorfa de microfibrillas que mantienen unidas a estas fibras proteicas. No está compuesto, por tanto, por ninguna célula. Se forma a partir de un folículo piloso situado en la dermis, en este folículo es donde encontramos células vivas y activas, que van sintetizando los componentes proteicos que forman el pelo. Un mismo pelo no crece toda la vida, de hecho, pasado cierto tiempo se detiene la reproducción de las células de la base del folículo, la raíz del pelo se hace progresivamente más estrecha, se separa de la base (papila dérmica) y el cabello se cae. Antes de que se desprenda, comienza la formación de un nuevo pelo en la base del folículo.

Como promedio, el pelo crece más de un milímetro cada dos días. El tiempo que tarda en renovarse varía dependiendo del tipo de pelo: el vello corporal puede durar unos tres o cuatro meses, mientras que el cabello tiene una fase de crecimiento de tres a cinco años. Los folículos pilosos están genéticamente programados para realizar aproximadamente unos veinticinco ciclos de reproducción, teniendo en cuenta que cada ciclo, como hemos visto, tiene unos 3-5 años de media, podríamos establecer que el pelo estará creciendo durante toda la vida de una persona.

No obstante, existen determinados factores (genéticos y estrés, por ejemplo) que pueden afectar a estos ciclos y provocar la caída del pelo (calvicie o alopecia). Lo que no es posible, y aquí desmentimos un mito muy extendido, es que el pelo continúe creciendo una vez la persona ha muerto. Con la muerte, las células del folículo piloso, como las del resto de cuerpo, cesan su actividad, deteniendo el crecimiento del pelo. Tampoco es cierto que si cortamos el pelo, este crecerá más rápido. Como hemos visto, el pelo está formado por proteínas, sus únicas células vivas, en su raíz, no reciben información cuando cortamos las puntas del cabello.

Puestos a desechar falsas creencias sobre el cabello, también conviene resaltar que el pelo pierde su pigmentación y aparecen canas cuando en el folículo piloso dejan de funcionar los melanocitos, responsables de la producción de melanina (pigmento que da color al pelo). Esto ocurre como consecuencia del envejecimiento, factores genéticos o ambientales. Si se arranca una cana, no salen siete en su lugar, saldrá otro pelo sin pigmentación de ese folículo piloso concreto. Sin embargo, los dermatólogos advierten que no conviene arrancar las canas, porque podemos dañar el folículo y provocar que no salga más pelo. La idea de que las canas evitan que se caiga el cabello tampoco tiene fundamento biológico.

Las uñas, por otro lado, son estructuras convexas de la piel localizadas en los extremos de los dedos, formadas principalmente por células muertas endurecidas con queratina, veamos el proceso de formación y crecimiento.

Las uñas se generan a partir de una región del epitelio denominada *matriz ungueal*, situada en la base de la misma. En su capa más profunda las células están dividiéndose continuamente por mitosis, de hecho son las células epiteliales que más rápido se dividen. A medida que se van generando células nuevas, se van moviendo hacia arriba, desplazando a las anteriores, por eso nos crecen las uñas, una media de 0,1 milímetros cada día (unos 3 milímetros al mes). Las uñas de las manos crecen cuatro veces más rápido que las de los pies. También crecen a mayor velocidad las uñas de la mano dominante, y las uñas de los hombres más que las de las mujeres. Asimismo, en verano el crecimiento es más veloz que en invierno.

Si durante la formación de la uña se produce una inflamación o un golpe en la matriz, se puede producir una alteración química en los componentes de la zona de la uña que se está dividiendo en ese momento, lo cual se verá reflejado posteriormente como una pequeña mancha blanca en mitad de la misma. Aunque tradicionalmente esto se ha atribuido a la falta de calcio, hoy sabemos que esa no es la razón. Morderse las uñas, cortarlas demasiado, hacer manualidades, golpear los dedos contra una superficie, tener una alimentación incorrecta o el estrés son razones más probables para la aparición de estas manchas.

Al igual que ocurría con el cabello, también se dice que las uñas continúan su desarrollo incluso después de que la persona haya muerto. Lo cierto es que numerosos cadáveres desenterrados parecen mostrar uñas más largas de lo que la persona tenía al ser enterrada, lo cual llevó durante mucho tiempo a pensar que las uñas continuaban creciendo. Pero esto no ocurre así. En realidad, observar las uñas más largas es posible, pero la razón es que el tejido que las rodea se contrae. Tras la muerte, el cuerpo se deshidrata, lo que provoca una retracción de la piel alrededor del pelo y las uñas, lo cual produce un aparente crecimiento de los mismos. Pero se reduce a una ilusión óptica, no a un verdadero desarrollo.

Aunque es cierto que algunas células siguen funcionando por un tiempo limitado después de la muerte –de ahí la posibilidad de hacer trasplantes de órganos inmediatamente después de producirse un fallecimiento– este tiempo no se prolonga más de unas horas. Lo que imposibilita la producción de nuevo cabello o uñas en una persona ya fallecida. Estos, junto con muchos otros aspectos ya mencionados, son falsos mitos en torno a estructuras corporales que conviene desmentir.

81

Y las orejas, ¿crecen durante toda la vida?

Otra idea que alguna vez se escucha es que las orejas continúan creciendo durante toda la vida. En esta ocasión, la frase tiene cierta base científica: los tiburones crecen toda la vida, y su esqueleto es cartilaginoso, al igual que nuestras orejas, de ahí la suposición.

Como ya sabemos, el ser humano sufre un desarrollo embrionario, constituido por los cambios morfológicos y funcionales que experimenta el embrión durante el embarazo. Una vez nacido, comienza el desarrollo postembrionario, que comprende una serie de transformaciones corporales, fundamentalmente importantes en la pubertad, que terminan formando al individuo adulto. Pero lo cierto es que los cambios no cesan ahí, y hay estructuras de nuestro cuerpo que experimentan modificaciones apreciables durante varias décadas más. ¿Son las orejas ejemplo de esto?

La oreja está formada por piel, en su parte externa, y tejido cartilaginoso. Este último, como veíamos, es un tipo de tejido conectivo resistente y elástico, formado por células denominadas condrocitos. Los condrocitos se encuentran dispersos en una matriz extracelular extensa formada por colágeno y un polisacárido –un tipo de glúcido– llamado ácido hialurónico, que le aporta su consistencia gelatinosa. Este tejido crece por formación de una capa en la periferia, o por secreción de matriz en el interior de la estructura cartilaginosa.

Existen tres tipos de tejido cartilaginoso: el cartílago hialino, que es el más abundante en el cuerpo, encontrándose en el tabique nasal, la laringe, la tráquea, los bronquios, las costillas, los extremos de los huesos y el esqueleto del embrión. El cartílago fibroso, compuesto mayoritariamente por fibras formando una estructura esponjosa y amortiguadora, por lo que se le puede encontrar, entre otros, en los discos intervertebrales y los sitios de inserción de ligamentos y tendones. Y el cartílago elástico, rico en fibras elásticas que le aportan flexibilidad, es el que forma el oído externo.

La oreja, también llamada pabellón auricular, se encarga de recibir y amplificar las ondas de sonido que le llegan del entorno, llevándolas hasta la membrana timpánica, donde comienza el oído medio. En 1995 se publicó un estudio llevado a cabo por médicos del Royal College of General Practitioners, en Kent. Analizando a más de doscientos pacientes de diversas edades, encontraron una correlación positiva entre las dimensiones de sus orejas y la edad, con lo que concluyeron que estas aumentaban de tamaño a medida que la persona crecía, una media de 0,22 milímetros al año.

A pesar de este estudio, existen muchas dudas para afirmar rotundamente que las orejas crecen durante toda la vida. La investigación estaba reducida a una muestra reducida, y el aumento de tamaño observable era pequeño, de hecho, se achaca a la pérdida de tensión en las fibras de colágeno, lo que provoca que las orejas se estiren un poco. Además, se ha medido el número de células presentes en el cartílago y se ha visto que este se mantiene constante aproximadamente hasta los cuarenta años. A partir de ahí, el número decrece levemente. Por todo ello, muchos expertos afirman que las orejas no continúan creciendo.

Entonces, ¿existe otra parte del cuerpo que siga creciendo después de la pubertad? Se dice que la nariz, y por la misma razón –la presencia de cartílago–. En realidad, la nariz tampoco crece, de nuevo, sería la mayor laxitud de las fibras de colágeno lo que les haría parecer más grandes. A esto debemos unir el que las áreas de la cara que rodean a nariz y orejas, como los pómulos y los labios, pierden volumen con el tiempo. Esto produce como resultado que los órganos cercanos parezcan más grandes.

Además de estas dos estructuras que, aparentemente, «crecen», lo que salta a la vista de todos son las estructuras que decrecen con la edad. Uno de los cambios más evidentes en nuestra fisionomía es el descenso de la estatura, que se produce en ambos sexos, a una velocidad aproximada de un centímetro cada diez años, después de los cuarenta años. Pasados los setenta años, esta pérdida de estatura es aún más veloz. En total, se pueden perder entre 2,5 y 7,5 centímetros de altura con el paso del tiempo. Una de las razones de este cambio es la pérdida de agua corporal –por pérdida de células o reducción de su tamaño–, que provoca el estrechamiento de los discos intervertebrales, por lo que las vértebras se aproximan.

El peso también varía, con el paso del tiempo perdemos masa corporal y aumenta la cantidad de grasa en el interior del cuerpo, principalmente rodeando a los órganos internos. Los hombres suelen aumentar de peso hasta los cincuenta y cinco años, más o menos, en las mujeres esta tendencia se produce hasta los sesenta y cinco años. Pasadas estas edades, ambos disminuyen de nuevo su masa corporal, al sustituir tejido muscular por grasa.

A pesar de que todos, antes o después, nos veremos abocados a las huellas de la edad, adoptar distintos hábitos de vida saludables puede ayudarnos a reducir muchos de estos cambios: realizar ejercicio físico con regularidad, mantener una dieta equilibrada y completa, reducir el consumo de alcohol o productos nocivos, y evitar ambientes contaminados o tóxicos, son algunos ejemplos de acciones que pueden facilitarnos una vejez sana y sin excesivos cambios corporales. Se piensa que el ritmo de envejecimiento está determinado en un treinta por ciento por la genética, y en un setenta por ciento por los hábitos de vida.

Por todo ello, podemos afirmar que, si bien no está claro que existan estructuras creciendo durante toda la vida, como la nariz o las orejas, lo que sí ocurre con la edad es la pérdida de células en los tejidos, lo que produce una disminución de las funciones de algunos órganos, y una disminución de tamaño de diversas estructuras corporales.

82

¿Cuál es el órgano más importante del cuerpo?

Como ya vimos, los tejidos son los elementos estructurales con los que se forman los órganos, estructuras discretas que desempeñan funciones complejas. Cada órgano está formado, al menos, por dos tipos de tejidos actuando de manera conjunta. Veremos algunos órganos fundamentales en el cuerpo, decidiendo al final cuál de ellos consideramos el más importante.

El primer órgano que podemos mencionar es el más grande que tenemos: la piel. En su parte externa o epidermis, la piel está formada por tejido epitelial recubierto por una capa protectora de células muertas. Debajo de la epidermis encontramos una capa de tejido conectivo, la dermis. A ella llegan diversos vasos sanguíneos y terminaciones nerviosas. Además, presenta glándulas que producen pelo a partir de secreciones de proteínas (folículos pilosos); glándulas sudoríparas que secretan sudor para enfriar la piel y excretan sustancias de desecho; y glándulas sebáceas que liberan una sustancia aceitosa (sebo) para lubricar el epitelio.

Como ya vimos en el bloque de salud y enfermedad, la piel supone una barrera protectora imprescindible para impedir la entrada de microorganismos patógenos en el cuerpo. Además, nos protege de las radiaciones solares dañinas, contribuye a mantener el medio interno estable –regulando la temperatura corporal y la pérdida de agua– y nos permite interactuar con el medio a través del sentido del tacto. Por todo ello, es una firme candidata a ser el órgano más importante del cuerpo.

Otra estructura a destacar por su relevancia para la vida es el corazón. Este órgano está formado por músculo cardiaco, un tipo de músculo estriado que sólo se encuentra aquí, caracterizado porque sus células están unidas entre sí mediante discos intercalados con uniones estrechas (desmosomas) y uniones abiertas (poros). Los desmosomas impiden que las células musculares se separen cuando el corazón se contrae de forma brusca, mientras que las uniones abiertas permiten el paso de una señal eléctrica que desencadena la contracción. De esta manera, las células de una región interconectada se contraen a la vez.

Como es por todos conocido, la función del corazón es bombear la sangre a todos los tejidos y órganos internos, de manera que se movilicen los gases, como el dióxido de carbono y el oxígeno, los nutrientes, los productos de desecho y sustancias tóxicas, las hormonas y los glóbulos blancos para la defensa. Además, ayuda a la regulación de la temperatura corporal, aumentado o disminuyendo el flujo sanguíneo a unas zonas u otras. Sin todo este transporte, nuestro cuerpo no puede funcionar, por lo que el corazón también está, sin duda, en la lista de los órganos más relevantes que tenemos.

Continuando con nuestro recorrido dentro del cuerpo humano, no podemos pasar por alto el órgano interno más grande que tenemos, fundamental para muchas más funciones de las que a

Ritual azteca de sacrificio humano retratado en la página 141 del *Códice Magliabecchiano*. Algunas civilizaciones mayas y aztecas realizaban sacrificios humanos, ofreciendo el corazón aún palpitante como esencia y alimento para los dioses, porque se entendía que era un órgano vital fundamental. Foto: Mazza, A. y Jagiellonian University Medical vía Wikimedia Commons

priori podríamos pensar, se trata del hígado. Habitualmente se le conoce por ser el encargado de sintetizar la bilis, un líquido cuyos componentes (sales biliares) ayudan en la rotura de las moléculas de grasas que llegan con los alimentos. Pero su labor no se limita al aparato digestivo, este órgano cumple múltiples y diversas funciones.

Se encarga del almacenamiento de lípidos y carbohidratos para obtener energía; sintetiza las proteínas del plasma sanguíneo; almacena hierro y vitaminas solubles en grasas (como las A, B y E); interviene en la regulación del colesterol en sangre al producir lipoproteínas que lo transportan junto con otras grasas no solubles en agua; degrada la hemoglobina de los glóbulos rojos muertos o dañados a bilirrubina; regula la cantidad de glucosa en sangre; convierte aminoácidos a carbohidratos; colabora en la regulación hormonal, inactivando diversas hormonas; se encarga de la conversión del amoniaco tóxico en urea y la degradación de sustancias extrañas como el alcohol o la nicotina. Estas numerosas funciones justifican su importancia dentro del organismo.

Por último, hablaremos del cerebro. Desde este órgano se dirige y coordina el funcionamiento del resto. Para analizar sus funciones identificaremos primero sus partes, y aquí conviene hacer notar que lo que habitualmente conocemos como «cerebro» –estructura central del sistema nervioso de los vertebrados, encerrada y protegida en la cavidad craneal– es en realidad el *encéfalo*, formado por el cerebelo, el bulbo raquídeo, el diencéfalo (tálamo, hipotálamo y glándula pineal) y el cerebro propiamente dicho. Cada una de estas partes tiene unas funciones determinadas.

El cerebelo, situado justo por encima de la nuca, se encarga de coordinar el movimiento voluntario de los músculos, interviene en el equilibrio y regula el tono muscular. El bulbo raquídeo se encuentra a la altura de la nuca y conecta el encéfalo con la médula espinal, por lo que toda la información que entra o sale del encéfalo pasa a través de él. Se encarga del control de las actividades automáticas e involuntarias; controla el latido cardiaco, la presión arterial y la respiración (por eso un golpe fuerte en esta zona del cuerpo puede resultar mortal); interviene en ciertos actos reflejos como la tos y participa en la conciencia, la atención y el ciclo vigilia-sueño.

El tálamo redirige la información recibida de los sentidos a las partes del cerebro donde deben ser interpretadas, regula las emociones y los estados de alerta. El hipotálamo es fundamental en la coordinación de los sistemas nervioso y endocrino e interviene en aspectos relacionados con el comportamiento instintivo, la motivación y los ritmos vitales. Por último, el cerebro procesa la información de los sentidos, las integra con las emociones, y lleva a cabo funciones complejas como la memoria, el lenguaje, el pensamiento o el aprendizaje. El encéfalo en su conjunto, como vemos, no sólo ayuda a mantener en funcionamiento todos los órganos del cuerpo, también establece nuestros recuerdos, pensamientos y emociones.

El cerebro, por tanto, es un órgano esencial que nos hace ser quienes somos. Pero sin oxígeno no puede funcionar, por lo que el corazón también es fundamental. Además, el organismo no aguantaría sin la protección de la piel (de hecho, las quemaduras de un gran porcentaje del cuerpo resultan fatales). Y, por supuesto, sin la regulación del hígado muchos sistemas se verían gravemente alterados. Así podríamos continuar, órgano a órgano.

Por todo ello, y a pesar de haber resaltado los cuatro órganos que consideramos más importantes para el mantenimiento de nuestra existencia, podemos extraer una conclusión clara: el cuerpo funciona gracias a la actuación conjunta de muchas estructuras, de las que no podemos prescindir. Todas y cada una de ellas cumple un rol fundamental, y es su meticulosa coordinación lo que nos mantiene vivos.

83

Si un bebé tiene más huesos que un adulto, ¿qué pasa con los huesos sobrantes?

Los órganos que forman nuestro cuerpo, como hemos visto, trabajan de manera coordinada asumiendo roles irremplazables. Todos se organizan en un nivel de mayor complejidad, formando sistemas o aparatos. Vamos a hablar de los huesos, pertenecientes al sistema óseo o esquelético, uno de los once sistemas que nos mantienen vivos (junto con los sistemas muscular, nervioso, linfático, tegumentario, circulatorio, digestivo, reproductor, excretor, respiratorio y endocrino).

El endoesqueleto óseo de los humanos desempeña una serie de importantes funciones. En primer lugar, supone el soporte rígido del cuerpo, protegiendo a los órganos internos y permitiéndonos mantenernos en pie y movernos. En la médula ósea de los huesos se producen, asimismo, glóbulos rojos, blancos y plaquetas. Este tejido, además, almacena calcio y fósforo, liberándolos a la sangre cuando se necesitan.

El esqueleto humano adulto está formado por doscientos seis huesos. En él se distinguen el esqueleto axial, formado por el cráneo, la columna vertebral y la caja torácica; y el esqueleto apendicular, formado por las extremidades delanteras y traseras. El cinturón pectoral –clavículas y omóplatos– y el cinturón pélvico mantienen unidos ambos esqueletos.

En el sistema esquelético encontramos tejido conectivo cartilaginoso y óseo, así como bandas de tejido conjuntivo fibroso formando los ligamentos, que permiten a los huesos moverse uno con respecto al otro sin separarse. El tejido cartilaginoso, como ya hemos visto, aporta flexibilidad y amortigua las tensiones producidas con el movimiento, por ello se encuentra en las articulaciones de la rodilla, entre las vértebras, o cubriendo los extremos de los huesos en las articulaciones.

El tejido óseo, por otro lado, aporta rigidez. Las fibras de colágeno del hueso están endurecidas por depósitos de fosfato de calcio, un mineral que le confiere resistencia. Los huesos tienen una capa externa formada por *tejido óseo compacto*, denso y fuerte, al que se anclan los músculos; y en su interior contienen *tejido óseo esponjoso*, ligero, poroso y muy vascularizado. En sus cavidades se encuentra la médula ósea donde se forman las células sanguíneas.

Existen tres tipos de células óseas: los osteocitos, células óseas maduras; los osteoblastos, células que forman hueso; y los osteoclastos, células que disuelven hueso. Durante el desarrollo embrionario, el primer esqueleto que tiene el bebé está formado por cartílago y membranas, en total unos doscientos setenta huesos de tejido cartilaginoso. A los tres meses aproximadamente, este esqueleto empieza a convertirse progresivamente en un esqueleto óseo, por un proceso de osificación. Para ello, los osteoclastos invaden el cartílago y lo disuelven; tras lo cual los osteoblastos lo reemplazan con hueso. Los osteoblastos secretan una matriz endurecida y poco a poco quedan atrapados en ella, entonces dejan de producir hueso y maduran, convirtiéndose en osteocitos.

Como hemos dicho, por tanto, el esqueleto de un bebé está formado por doscientos setenta huesos, y el de un adulto tan sólo por doscientos seis. ¿Qué ocurre con los más de sesenta huesos sobrantes? Además del proceso de osificación, por el que el cartílago es reemplazado poco a poco por tejido óseo, muchos huesos del bebé, durante su desarrollo, se funden entre sí. De manera que se forman menos huesos de mayor tamaño. Esto ocurre, por ejemplo, en los huesos del cráneo –que pasa de estar formado por 45 a 22 huesos– y de la columna vertebral –el sacro se forma por fusión de cinco huesos–. Otras estructuras óseas aparecen nuevas, como las de las muñecas y tobillos; otras crecen de tamaño, como ocurre con los huesos largos; y otras, por el contrario, no crecen durante nuestro desarrollo, como ocurre con la cadena de huesecillos del oído (martillo, yunque y estribo), que mide menos de veinte milímetros, por lo que son los huesos más pequeños del cuerpo humano.

Este reemplazo en los huesos del cuerpo no se produce sólo en los primeros años de vida. Anualmente, del 5 % al 10 % de todos nuestros huesos se disuelven y reemplazan mediante un proceso denominado *remodelación ósea.* Esto permite que los

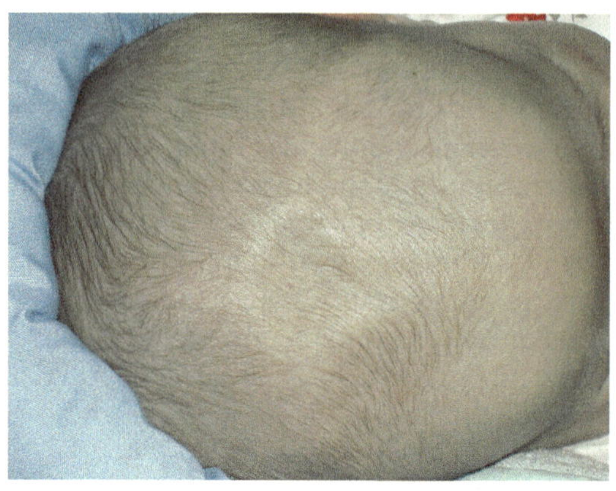

Fontanela anterior en un recién nacido de un mes de edad. Cuando el bebé nace, los huesos del cráneo no están completamente fusionados, sino que dejan espacios denominados fontanelas que permiten continuar el crecimiento y posibilitan la compresión de la cabeza durante el parto. Las fontanelas se cierran aproximadamente al final del segundo año, aunque los huesos del cráneo crecerán hasta que el niño llegue a adulto. Foto: Nojhan, Wikimedia Commons

huesos fracturados se puedan soldar de nuevo, y provoca pequeñas modificaciones que dan respuesta a las demandas corporales, de manera que los huesos que más esfuerzo realizan, adquieren mayor volumen para tener más resistencia. Por ejemplo, un jugador de tenis profesional tiene un 30 % más de masa ósea en el brazo con el que sostiene la raqueta.

Por el contrario, reducir el esfuerzo realizado con un hueso provoca su reducción en tejido óseo. Los huesos de un miembro escayolado pierden con rapidez cantidades importantes de calcio, también pierden masa ósea las personas convalecientes en la cama durante períodos largos de tiempo o los tripulantes de vuelos espaciales. De hecho, se piensa que la ingravidez favorece la actividad de los osteoclastos que disuelven el hueso, anulando la acción de los osteoblastos que refuerzan el sistema esquelético. Otro riesgo asociado a la inactividad de un hueso es que el calcio que pierde se libera al torrente sanguíneo, y termina siendo filtrado por el riñón, donde pueden formarse cálculos renales (las llamadas «piedras» en el riñón).

Por todo ello es importante mantener un esfuerzo moderado sobre los huesos, de manera que se controle la cantidad de masa ósea y calcio en ellos presente. Es normal sufrir una cierta pérdida de densidad ósea con la edad, ya que la actividad de los osteoclastos comienza a superar a la de los osteoblastos, pero una buena alimentación y un ejercicio ligero puede ayudar a prevenir pérdidas mayores, que ocasionarían problemas de osteoporosis en edades más avanzadas.

84

¿Cuánto tiempo podríamos vivir sin comer?

Seguramente el lector será consciente de las diversas huelgas de hambre que se llevan a cabo como forma de protesta alrededor del mundo. Vamos a comprender biológicamente cuánto podría aguantar una persona en esa situación de ayuno. Para entenderlo, primero veremos qué hace nuestro cuerpo con los alimentos que introducimos en él.

Mantener nuestro cuerpo funcionando requiere una gran cantidad de energía, cada vez que nos movemos, saltamos, andamos, corremos, nos levantamos o nos sentamos gastamos energía, incluso cuando dormimos estamos consumiendo energía. Además, durante nuestro crecimiento estamos formando células nuevas y durante toda nuestra vida las estructuras del cuerpo están continuamente renovándose. Tampoco podemos olvidar que cada vez que dañamos alguna estructura, esta debe ser reparada. Para todo ello necesitamos utilizar moléculas de materia orgánica, que obtenemos a través de los alimentos. Conseguir esas sustancias es función del aparato digestivo.

A lo largo de su paso por este aparato, los alimentos ingeridos sufren toda una serie de modificaciones que tienen como fin último la extracción de los nutrientes aprovechables de los mismos (lípidos, proteínas, hidratos de carbono y nucleótidos). El proceso comienza en la boca, con la fragmentación mecánica llevada a cabo por los dientes. Mientras los dientes mastican, tres pares de glándulas secretan la saliva, que lubrica y suaviza el alimento, tiene propiedades antibacterianas, además de contribuir a la rotura química de algunos componentes como el almidón (a cargo de la enzima amilasa, que lo degrada). Todas nuestras glándulas salivales pueden producir de 1 a 1,5 litros de saliva al día.

El alimento parcialmente digerido forma un bolo alimenticio que es empujado por los músculos de la lengua hacia la faringe, en un movimiento voluntario denominado *deglución*. A partir de ahí los mecanismos son involuntarios. El bolo alimenticio pasa de la faringe al esófago, un tubo cuyas paredes musculosas se contraen mediante unos movimientos llamados peristálticos, que van empujando la comida hasta el estómago. Estos movimientos son tan eficaces que podríamos tragar a la vez que hacemos el pino, y aun así el alimento llegaría al estómago.

El estómago también está formado por tejido muscular, formando una bolsa que, en reposo, tiene una capacidad de unos cincuenta mililitros, pero en actividad puede dilatarse hasta poder albergar entre dos y cuatro litros de alimentos. En su interior, la mucosa estomacal cuenta con una serie de pliegues tapizados por células secretoras de moco y glándulas gástricas, encargadas de liberar ácido clorhídrico (HCl) y pepsinógeno. El ácido clorhídrico destruye a la mayoría de los microorganismos de los alimentos e inicia la conversión del pepsinógeno en pepsina, una enzima activa que rompe las proteínas en fragmentos más pequeños denominados péptidos.

Aunque la función principal del estómago es la degradación de los alimentos, algunas sustancias como los medicamentos y el alcohol pueden ser absorbidas directamente a través de sus paredes, pasando al torrente sanguíneo. Dado que esta absorción se ralentiza cuando hay alimentos en el estómago, se recomienda no beber alcohol con el estómago vacío. Este órgano remueve el bolo alimenticio restante junto con los jugos gástricos y lo convierte en una masa semilíquida llamada *quimo* que pasa a través de un esfínter (el píloro) al intestino delgado. El estómago se vacía aproximadamente cuatro horas después de haber ingerido el alimento.

El intestino delgado es un tubo largo y muy plegado, con un diámetro aproximado de 2,5 centímetros, y una longitud de unos 3 metros (en muchas ocasiones se habla de 6-7 metros de longitud, pero esas mediciones están basadas en intestinos de cadáveres cuyos músculos están laxos). En él se pueden distinguir tres partes: duodeno, yeyuno e íleon. En el duodeno, extremo más cercano al estómago, se vierten los jugos procedentes del hígado (bilis) y del páncreas (jugo pancreático). La bilis es un líquido formado

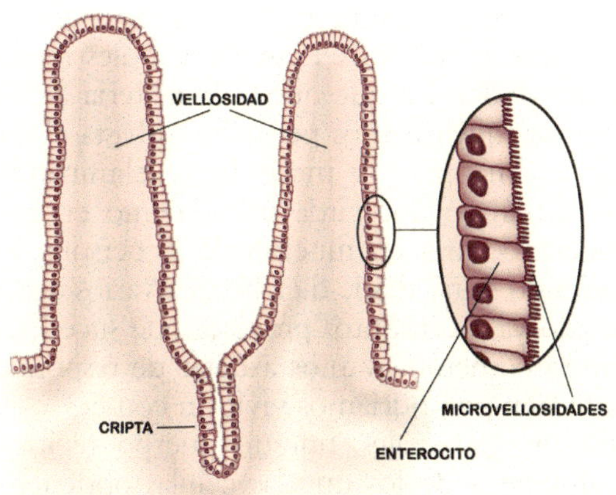

Los pliegues del recubrimiento del intestino delgado están recubiertos de proyecciones cilíndricas llamadas vellosidades intestinales, cuyas células epiteliales (enterocitos) cuentan con microvellosidades para la absorción de nutrientes. En la zona de pliegue más profunda (cripta) se encuentran las glándulas intestinales secretoras de enzimas digestivas. Gracias a estos pliegues la superficie interna del intestino es seiscientas veces mayor a la que tendría un tubo liso de la misma longitud. Foto: Blanca B., Wikimedia Commons

por sales biliares, agua y colesterol, que se encarga de dispersar los lípidos (grasas) de forma similar a como lo hace un detergente. Se elabora en el hígado, y se acumula en la vesícula biliar, de donde se va liberando al duodeno. El jugo pancreático, por otro lado, neutraliza la acidez del quimo y digiere proteínas, carbohidratos y lípidos.

La bilis, el jugo pancreático y el jugo procedente del propio intestino provocan la digestión química de los lípidos y terminan la digestión de las moléculas de carbohidratos y proteínas, que ya había comenzado en la boca y el estómago, respectivamente. El producto resultante pasa al yeyuno e íleon, donde, a través de las vellosidades intestinales que tapizan toda su superficie, se produce la absorción de los nutrientes y su paso al torrente sanguíneo, desde el que serán distribuidos a todas las células del cuerpo.

Las sustancias no digeridas, los residuos de la digestión y una cantidad de agua pasan al último tramo del tracto digestivo: el intestino grueso. En este tubo de 1,5 metros de longitud y 7,5 centímetros de diámetro habitan numerosas bacterias, que degradan el alimento no digerido, sintetizando aminoácidos y vitaminas. Estos compuestos, junto con el agua y las sales remanentes, son finalmente absorbidos. Lo que queda, la materia fecal o heces, es transportado por movimientos peristálticos hasta el tramo final o recto, donde se almacenan de modo breve, eliminándose después por el ano. El tiempo que tarda un alimento en recorrer todo el tramo digestivo varía en función de la persona y el tipo de comida, pudiendo durar desde diez horas a varios días.

Conociendo ya los distintos procesos que suceden en nuestro cuerpo cuando comemos, vamos a tratar de responder a la pregunta ¿cuánto tiempo podríamos vivir sin comer?

En situaciones normales, nuestro cuerpo recibe un aporte regular de alimentos de los que las células obtienen nutrientes, utilizado principalmente la glucosa como sustancia energética. Si dejamos de comer, comenzaremos a convertir las reservas de glucógeno del hígado en glucosa con la que obtener energía. Tras los dos primeros días de ayuno, habremos consumido estas reservas, y el cuerpo comienza a utilizar las grasas. Tenemos suficiente grasa para que las células se abastezcan más de 30-40 días, al cabo de los cuales, este nutriente también se consumirá. Lo cual obliga a nuestro organismo a obtener energía a partir de las proteínas musculares, pero la pérdida del cincuenta por ciento de las reservas proteínicas es incompatible con la vida. Según los estudios, por tanto, un adulto medio de setenta kilos de peso y 1,70 metros de altura podría resistir en ayuno unos 74 días. Siempre teniendo en cuenta que se mantiene el consumo de agua (sin la cual, no viviríamos más de 3-4 días). Con esto, por tanto, respondemos a nuestra pregunta inicial. En las condiciones dadas (ya que esta cifra puede variar mucho en función de la persona) el límite de vida sin alimentos sería de poco más de setenta días.

85

¿Qué diferencia hay entre anorexia y bulimia?

El consumo regular de alimentos es fundamental, como veíamos, para mantener nuestro cuerpo sano, renovar y reparar estructuras, y contar con la energía necesaria para nuestra vida diaria.

Mantener una dieta equilibrada nos mantiene a salvo de padecer muchas enfermedades (como ya vimos en el bloque dedicado a la salud y enfermedad), incluidos algunos trastornos de alimentación como son la anorexia y bulimia. Estos términos, en ocasiones confundidos, se refieren a dos patologías distintas, ambas relacionadas con problemas nutricionales.

La anorexia nerviosa es un trastorno alimentario en el que las personas afectadas tienen una falsa percepción de su cuerpo, creyendo que sufren un exceso de peso. Como consecuencia, y en un deseo extremo por adelgazar, dejan de comer, se provocan vómitos, ingieren laxantes o diuréticos o realizan ejercicio físico excesivo. En ocasiones, llegan a perder hasta un treinta por ciento de su peso normal, eliminando tanta grasa como músculo. Esto conlleva alteraciones en sus funciones digestivas, cardiacas, endocrinas y reproductivas.

Un comportamiento que, en los casos más graves, puede llevar a infartos de miocardio por falta de nutrientes. En estos casos, se requiere de hospitalización y alimentación intravenosa. Las personas entre dieciocho y veinticuatro años que padecen anorexia tienen doce veces más probabilidades de morir que otras personas en su mismo grupo de edad.

Aproximadamente la mitad de las personas anoréxicas también desarrollan bulimia. Esto implica que ingieren grandes cantidades de comida, de la que luego se desprenden provocando vómitos, consumiendo laxantes o realizando un ejercicio físico intenso. La acidez del vómito muchas veces provoca úlceras en las encías, la garganta y el esófago; además de erosionar el esmalte de los dientes de forma irreversible. La fuerte presión del vómito puede causar además pequeñas fisuras en el esófago, e incluso la ruptura en los casos más graves. Y el uso excesivo de laxantes provoca que el intestino grueso se vuelva dependiente de ellos, por lo que si se dejan de tomar se produce estreñimiento. Además, se altera el equilibrio normal de sales en la sangre, lo que puede conducir a afecciones cardiacas.

Las causas de estos trastornos son diversas. Se ha comprobado que las personas con parientes cercanos afectados tienen cinco veces más probabilidades de desarrollar el mismo trastorno, por lo que se entiende que existe un componente genético. También influyen de manera decisiva los problemas mentales, como la ansiedad o la depresión; los rasgos de la personalidad, como la baja autoestima o la necesidad de aceptación; y un entorno social

La anorexia nerviosa implica una percepción distorsionada del propio cuerpo. Para intentar perder peso, se disminuye progresivamente la ingesta de alimentos. Normalmente se dejan de comer en primer lugar los carbohidratos, por creer falsamente que engordan, y a continuación se rechazan las grasas y las proteínas. En las mujeres puede provocar la pérdida del ciclo menstrual (amenorrea) durante largos períodos de tiempo.

con carencias. El tratamiento de estas afecciones debe incluir, por tanto, la atención médica y también el apoyo psicológico. En muchas ocasiones son difíciles de tratar, ya que los pacientes niegan u ocultan el trastorno. Se calcula que sólo alrededor de la mitad de los casos se recuperan completamente.

Más del noventa por ciento de los trastornos de alimentación diagnosticados corresponden a mujeres, un dato destacable. Además, aunque también se dan caso en adultos, incluso en ancianos, estas afecciones suelen comenzar en la adolescencia. A la vista está que los anuncios y campañas publicitarias nos muestran un ideal de belleza que está muy lejos del cuerpo de una adolescente, lo cual puede influir decisivamente en ese deseo compulsivo por adelgazar.

Entre los trastornos de alimentación reconocidos, existe también el llamado «trastorno por atracón», caracterizado por episodios de ingesta compulsiva de alimentos. A diferencia de la bulimia, en este caso no se realizan conductas compensatorias, como el vómito autoinducido o el abuso de laxantes o ejercicio físico, lo que generalmente conlleva al sobrepeso u obesidad. Muchas de las personas que lo padecen presentan también síntomas depresivos.

Y es que tan malo es comer poco como comer demasiado. Aunque parezca mentira, la obesidad se ha convertido en una epidemia creciente en países como Estados Unidos, donde el porcentaje de adultos con sobrepeso se ha duplicado en las últimas décadas, y en el caso de niños y adolescentes, la cifra se ha triplicado.

Aunque ya vimos que puede existir cierto componente genético (pregunta 16), la realidad es que toda persona con sobrepeso ha consumido más alimentos de los que su cuerpo requería. Ese exceso se acumula en forma de grasa en los adipocitos, provocando un aumento exagerado de peso. La obesidad incrementa el riesgo de enfermedades coronarias (como vimos, primera causa de muerte en los países occidentales), diabetes y cáncer. Además, no sólo importa la cantidad de comida ingerida, también es muy relevante la calidad de la misma. Muchas veces esta ingesta exagerada se basa en alimentos poco saludables, que conllevan muchos problemas asociados. El exceso de sal implica riesgo de hipertensión, y el exceso de grasas animales provoca el depósito de colesterol en las paredes arteriales, con el consiguiente riesgo de infarto.

Para evitar todos estos trastornos, los organismos internacionales de salud recomiendan una dieta que incluya un 45-60 % de cereales, un 7-14 % de fruta y vegetales (cinco al día), lácteos y carne (preferiblemente de pescado o ave, en detrimento de la carne roja). Se deben evitar las grasas trans, encontradas principalmente en los alimentos industriales como galletas, bollería, alimentos precocinados, o frituras. Ingerir cinco gramos de estos lípidos por día aumenta un veinticinco por ciento el riesgo de infarto. Se aconseja comer varias veces al día, en poca cantidad. Acompañarlo, asimismo, de ejercicio físico moderado durante treinta minutos diarios y bastante agua. Todo ello si queremos consumir aquello que nuestro cuerpo requiere, ni más ni menos.

86

Si dormimos en una habitación cerrada con muchas plantas, ¿podemos morir ahogados?

Siempre que hablamos de fotosíntesis y respiración, alguno de mis alumnos me plantea esta cuestión. Muchos dicen que lo han oído en casa, por parte de sus padres, madres o abuelos. ¿Cuánto de cierto hay en esta afirmación? Vamos a verlo.

En primer lugar, tenemos que entender que las plantas, al igual que los seres humanos, respiran. Esto es, obtienen oxígeno del aire, lo llevan hasta sus células, donde es utilizado en un proceso denominado «respiración celular». El oxígeno se utiliza en la rotura de las moléculas de glucosa dentro de la mitocondria, gracias a lo cual las células obtienen energía. Como resultado de este proceso, se libera otro gas, el dióxido de carbono, que debe ser expulsado fuera del organismo. Este intercambio de gases tiene lugar gracias al aparato respiratorio. Analicemos sus partes y el camino que siguen los gases a lo largo del mismo.

Nuestro aparato respiratorio está formado por una serie de vías aéreas, encargadas de conducir el aire hasta los pulmones, estructuras donde se lleva a cabo el intercambio gaseoso. El aire entra, bien a través de la boca o de la nariz, a la cavidad nasal, cuyas paredes están tapizadas con pelos y cilios que atrapan el polvo y otras partículas extrañas que entren con él. A ello también ayuda la presencia de moco, que además humedece el aire inhalado, y la gran cantidad de vasos sanguíneos en esta cavidad ayuda, por último, a calentar el aire, que de ahí pasa a la faringe.

La faringe es una estructura común a aparato digestivo y respiratorio, pero en ningún momento puede pasar por ella aire y comida a la vez. Es decir, no podemos respirar al mismo tiempo que tragamos saliva, por ejemplo. Esto se debe a la existencia de una capa de tejido, denominada epiglotis, que bloquea los conductos respiratorios cuando detecta que hay comida de camino al esófago. Aun así, en ocasiones este cierre no es tan rápido como debiera, y se pueden producir atragantamientos. De ahí la expresión: «se me ha ido por el otro lado».

El aire pasa por la faringe y llega hasta la laringe, situada en la parte superior del cuello. En ella se encuentran las cuerdas vocales, unos pliegues membranosos que la atraviesan, dejando una apertura triangular por donde pasa el aire, haciéndolas vibrar y produciendo sonidos. Estas cuerdas están controladas por los músculos vocales. El tono de voz se modifica estirando las cuerdas, y las palabras se articulan con movimientos de la lengua y los labios.

Tras atravesar la laringe, el aire penetra en la tráquea, un tubo de paredes cartilaginosas que evitan que se obstruya el flujo de aire (los anillos de cartílago mantienen la tráquea abierta), revestido por células epiteliales ciliadas, que movilizan el moco y otras sustancias extrañas hacia la faringe, para ser expulsado por el aparato digestivo. La tráquea se divide en dos grandes ramas

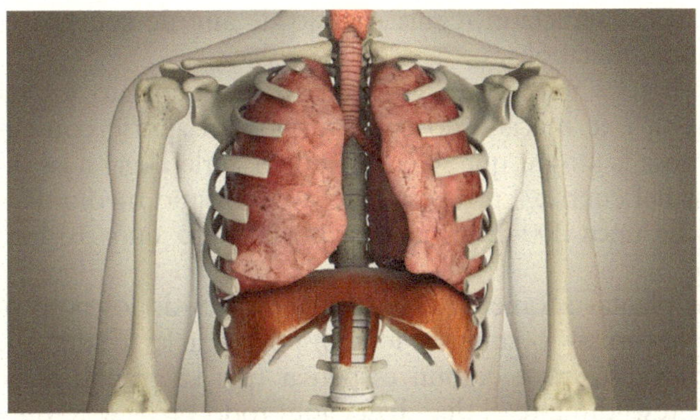

En el ser humano el pulmón izquierdo tiene dos lóbulos, en lugar de tres, y es de menor tamaño que el derecho, ya que debe dejar espacio para el corazón. Los pulmones están protegidos por la cavidad torácica. En la imagen se aprecia justo debajo de ellos el diafragma, músculo involucrado en el mecanismo de respiración. Al relajarnos, el diafragma se curva hacia arriba (comprimiendo los pulmones), mientras que cuando inhalamos aire, se contrae estirándose hacia abajo.

denominadas bronquios, cada una de ellas desemboca en un pulmón, donde se ramifican en tubos más finos llamados bronquiolos. Los bronquiolos terminan en pequeñas esferas, agrupadas en racimos, donde se produce el intercambio gaseoso: los alvéolos.

Cada alvéolo tiene entre 0,1 y 0,2 milímetros de diámetro, y está rodeado por capilares sanguíneos. El paso de gases a través de las finas paredes de estos alvéolos hasta los vasos sanguíneos se produce por difusión. Este mecanismo implica la movilización de una sustancia desde la zona con mayor concentración de la misma, hasta la zona menos concentrada. En este caso, el aire oxigenado que penetra al inspirar llega hasta los alvéolos, y ese oxígeno pasa a la sangre (donde la concentración de ese gas será menor), y el dióxido de carbono de esta pasará, por la misma razón, hacia el alvéolo, que lo eliminará a través de la exhalación.

El mecanismo de ventilación pulmonar se lleva a cabo gracias a la intervención de un músculo situado por debajo de los pulmones: el diafragma. Su contracción y relajación modifica el volumen de la cavidad torácica, lo que altera la presión en los pulmones. Si estos se comprimen, el aire sale, y cuando se dejan de comprimir, el aire entra por succión. Además, tanto bronquios como bronquiolos están rodeados por capas delgadas de músculo liso, cuya contracción regula el flujo de aire de acuerdo con las demandas metabólicas.

Ya hemos visto cómo funciona nuestro aparato respiratorio. Gracias a este mecanismo conseguimos un aporte constante de oxígeno a la sangre, que se encarga de hacerlo llegar a las distintas células del cuerpo. En reposo, nuestro consumo medio de oxígeno es de unos 200-250 mililitros por minuto, unos 16 litros por hora.

Las plantas adquieren el oxígeno a través de los poros de sus hojas (estomas) y también lo transportan a las distintas células vegetales. Un error común es pensar que las plantas realizan la fotosíntesis durante el día –hasta aquí todo bien– y respiran por la noche, cuando no hay radiación solar para poder hacer la fotosíntesis, lo cual no es correcto. Ambos procesos son independientes y tienen dos finalidades distintas (fijar el carbono atmosférico en enlaces químicos de la materia orgánica, en el primer caso; y romper estos enlaces para producir energía, en el segundo). Y si bien es cierto que el primero requiere luz solar, el segundo se lleva a cabo durante toda la noche... y todo el día. Las plantas respiran continuamente, y consumen una media de 0,102 litros de oxígeno por hora (calculado para una planta de unos 200 gramos, tipo orquídea). Esta cantidad es mucho menor a la cantidad de oxígeno consumido que veíamos en los humanos.

En definitiva, y como yo les suelo decir a mis alumnos cuando me plantean esta cuestión, es tan peligroso dormir rodeado por muchas plantas como dormir con otra persona en el mismo cuarto. Ambos consumen oxígeno, como tú, pero ninguno de ellos va a agotar el oxígeno presente en la habitación.

87

¿Qué provoca los dos sonidos que oímos al escuchar el corazón?

Todos, en algún momento de nuestra vida, hemos vivido la experiencia en la que el médico, con el estetoscopio (también llamado fonendo), nos ausculta el corazón. Sabemos que lo que escucha son dos sonidos casi seguidos, y nos podemos imaginar

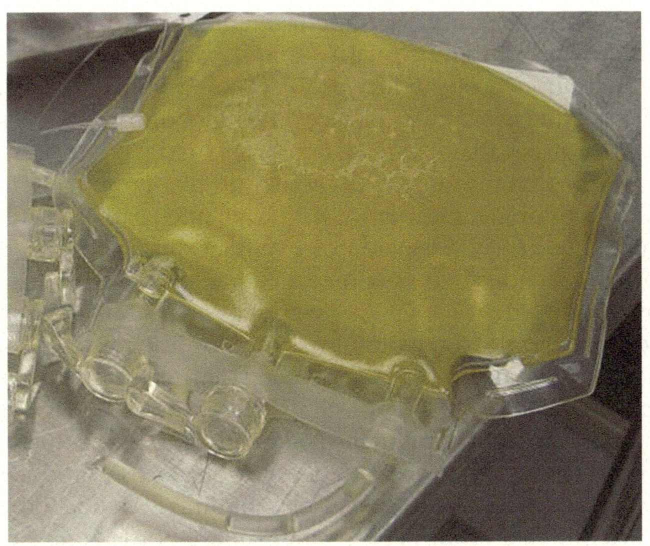

Bolsa de plasma separado de las células de la sangre. El plasma tiene color amarillento y está formado mayoritariamente por agua (90 %), sales y proteínas plasmáticas como la albúmina, que transporta sustancias insolubles en agua (como el colesterol o algunas hormonas); el fibrinógeno, que interviene en la coagulación; y las globulinas, partículas que transportan nutrientes e intervienen en la defensa del organismo. Foto: DiverDave, Wikimedia Commons

que algo tienen que ver con el bombeo de sangre que realiza este órgano, pues los sonidos se aceleran tras realizar ejercicio físico. Pero, en realidad, ¿qué parte del corazón suena de esa manera?

Para responder a esto, vamos a conocer de cerca este órgano y el sistema circulatorio al que pertenece. Este sistema consta de tres componentes principales: la sangre, los vasos sanguíneos y el corazón.

La sangre está formada por células sanguíneas dispersas en un líquido amarillento denominado plasma. Una persona de 75 kilos de peso tiene unos 6 litros de sangre en el cuerpo, de los que el 55 % aproximadamente sería plasma (unos 3,3 litros). El resto serían células sanguíneas –glóbulos rojos, blancos y plaquetas– que en conjunto forman el llamado *hematocrito*, muchos lectores lo habrán visto en sus resultados de las analíticas de sangre o hemogramas.

Las células sanguíneas se sintetizan en el hígado y el bazo durante el desarrollo embrionario. Tras el parto, las nuevas células son elaboradas en la médula ósea, como ya vimos. Existen tres tipos, con funciones diferenciadas. Los glóbulos rojos o eritrocitos son los encargados de transportar el oxígeno en la sangre, gracias a la presencia en su estructura de una proteína denominada hemoglobina, pigmento al que se unen las moléculas de oxígeno. Los eritrocitos maduros expulsan su núcleo, por lo que no pueden dividirse, su vida media ronda los 120-130 días. Esto significa que nuestra médula ósea está constantemente produciendo nuevos glóbulos rojos. Los glóbulos blancos o leucocitos, como se comentó en el bloque anterior, tienen como misión la defensa contra infecciones. Son células más grandes e incoloras que carecen de pigmentos. Por último, las plaquetas son fragmentos de células que intervienen cuando se produce una rotura en las paredes de los vasos sanguíneos, ayudando en la coagulación para evitar la pérdida de sangre por la zona dañada.

Respecto a los vasos por los que circula este líquido, podemos encontrar tres tipos dentro del cuerpo humano: arterias, venas y capilares. Por las arterias circula la sangre que sale del corazón, son los conductos que más presión soportan, por lo que sus paredes son gruesas, formadas por tejido muscular y tejido conectivo elástico. Cuando el médico nos mide la presión sanguínea (lo llamamos coloquialmente «tomar la tensión»), en realidad está midiendo la presión de la sangre sobre las paredes arteriales. Primero interrumpe su circulación (para lo cual nos pone una banda inflable alrededor del brazo) y al dejar pasar la sangre de golpe, mide la mayor presión a la que están sometidos nuestras arterias (la «alta»), cuando el pulso se normaliza, se mide la presión en reposo (la «baja»). Unos valores muy altos de tensión implican el estar sometiendo a nuestras arterias a un sobreesfuerzo, que puede derivar en problemas cardiovasculares como la dilatación de las paredes (aneurisma) o su rotura.

Las venas, por otro lado, conducen la sangre desde los distintos órganos del cuerpo hasta el corazón. Soportan una presión menor, por lo que sus paredes son más delgadas, con una capa muscular más fina. Por último, la zona de unión entre venas y arterias son los capilares. Estos vasos sanguíneos de tamaño diminuto forman una red que se extiende por todos los órganos internos, de manera que la sangre pueda llegar a todas las células del cuerpo.

Todo el movimiento de la sangre está impulsado por un poderoso motor, el corazón. Este órgano formado por tejido muscular se estructura en dos mitades –derecha e izquierda– separadas por un tabique, y está dividido en cuatro cavidades: dos ventrículos (RV y LV en la figura de la página 299) y dos aurículas (RA y LA en la misma figura). En cada mitad del corazón, las aurículas y ventrículos se comunican por sendas aperturas, flanqueadas por dos válvulas que dejan pasar la sangre en una única dirección –válvula tricúspide en el lado derecho, y válvula mitral en el lado izquierdo–. También contamos con válvulas semilunares a la salida de los ventrículos, que impiden que la sangre retorne a ellos una vez se ha bombeado fuera del corazón. Si alguna válvula no funciona correctamente, la sangre retrocede y se produce un ruido conocido como «soplo cardiaco».

La contracción del corazón se coordina por medio de dos marcapasos, conjuntos de células especializadas de músculo cardiaco que producen señales eléctricas espontáneas a un ritmo regular. Estas señales provocan la contracción de las células del corazón, como se inicia cerca de las aurículas (en el *nódulo sinoauricular*), estas se contraen primero, llegando la señal posteriormente a los ventrículos (*nódulo auriculoventricular*). Este desfase es el que provoca que escuchemos dos ruidos, en lugar de uno, cada vez que nuestro corazón late. Pero ni las aurículas ni los ventrículos al contraerse producen sonidos, entonces, ¿de dónde vienen los ruidos?

La respuesta se encuentra en las válvulas antes mencionadas. Una vez que la sangre ha pasado desde las aurículas a los ventrículos, se cierran las válvulas tricúspide y mitral, impidiendo que la sangre retroceda (primer ruido). Cuando la sangre es bombeada desde los ventrículos hacia fuera del corazón, se cierran las válvulas semilunares (sigmoidea aórtica y pulmonar), provocando el segundo ruido.

Por tanto, no son las cámaras del corazón en sí mismas las responsables de los ruidos que escucha el médico al auscultarnos, sino el cierre brusco de las válvulas que impiden que la sangre retroceda. Estas compuertas mantienen un flujo constante y unidireccional que, como veremos en la pregunta siguiente, es imprescindible para la correcta distribución de sustancias a todas las células del cuerpo.

88

¿Cuánto tarda una gota de sangre en recorrer el cuerpo entero?

A lo largo del proceso evolutivo, el corazón ha ido modificándose. Son los vertebrados, no obstante, los seres que más evolucionan a nivel circulatorio. Los peces desarrollan un corazón con dos cavidades –aurícula y ventrículo–, anfibios y reptiles presentan tres –dos aurículas y un ventrículo–, y los mamíferos y aves ya consiguen un sistema con cuatro cavidades, en el que la sangre oxigenada nunca se mezcla con la sangre desoxigenada, lo cual aumenta la eficacia del intercambio de gases.

La figura de la página 299 muestra esquemáticamente los componentes de este sistema circulatorio. Es un sistema cerrado que consta de dos circuitos, uno pulmonar, en el que la sangre sale del corazón hacia los pulmones, y regresa de nuevo (se puede ver en la parte superior de la figura) y uno sistémico, en el que la sangre abandona el corazón, se distribuye por todo el cuerpo, y regresa de nuevo al corazón (en la parte inferior de la figura puede leerse «organs and tissues of the body», que representa a todos los órganos y tejidos corporales). Cada gota de sangre debe recorrer los dos circuitos para terminar un ciclo de circulación completo.

Como es un proceso cíclico, elegiremos cualquier punto para comenzar a explicar el recorrido, por ejemplo, la vena cava. En esta vena desembocan las venas que provienen de los distintos tejidos del cuerpo. Tenemos dos venas cavas: la vena cava superior y la vena cava inferior, que recogen la sangre proveniente de la mitad superior e inferior del cuerpo, respectivamente. Son las venas de mayor tamaño del cuerpo, y ambas desembocan en la aurícula derecha del corazón.

Con la contracción de las aurículas (sístole auricular), esta sangre –pobre en oxígeno– pasa al ventrículo derecho a través de la válvula tricúspide, que se abre para dejarle paso. A continuación, las aurículas se relajan (diástoles auricular) y se contraen los ventrículos (sístole ventricular). La sangre, que no puede retroceder hacia la aurícula porque la válvula se ha cerrado, sale del corazón hacia los pulmones a través de la arteria pulmonar.

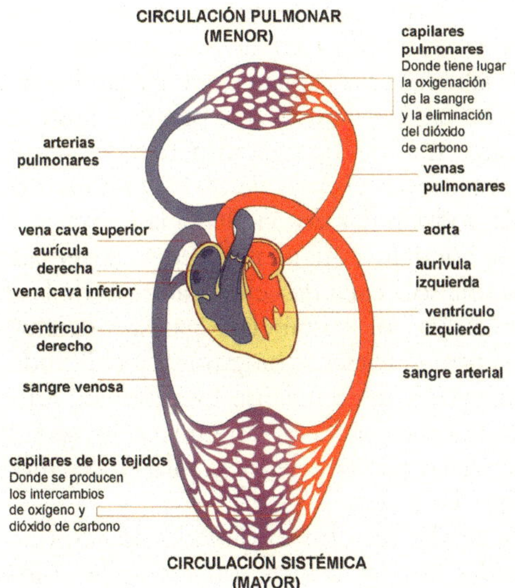

Representación esquemática del sistema circulatorio humano. Cuando la hemoglobina de los eritrocitos se une a las moléculas de oxígeno, adquiere un tono rojo oscuro. Por este motivo, la sangre oxigenada se representa generalmente en color rojo (a la derecha), y la desoxigenada en color azul (izquierda). Un error común es pensar que las arterias mueven sangre rica en oxígeno, y las venas movilizan sangre rica en dióxido de carbono; nótese en la figura como esto no es así. Las arterias salen del corazón y las venas llegan a él, este es el factor distintivo entre ambas.

Esta arteria se ramifica en vasos de menor diámetro llamados arteriolas, que conducen la sangre hasta los capilares que rodean a los alvéolos de los pulmones. Es aquí donde se produce el intercambio gaseoso: el oxígeno pasa por difusión a la sangre, mientras que el dióxido de carbono la abandona y pasa a los alvéolos, para ser eliminado por las vías respiratorias. La sangre rica en oxígeno es recogida de nuevo por capilares, que desembocan en vénulas, que a su vez se unifican en vasos más grandes, las venas. En este caso concreto, llegan a la vena pulmonar, que transporta esta sangre rica en oxígeno de vuelta al corazón.

La sangre oxigenada entra a la aurícula izquierda del corazón, desde ahí, en un proceso similar al que sucedía en la mitad derecha, es conducida al ventrículo izquierdo. Con la contracción de este, la sangre se bombea a través de la arteria aorta –la mayor del cuerpo, con un diámetro que puede alcanzar los 2,5 centímetros– a todos los órganos del cuerpo, con excepción de los pulmones, claro. De nuevo, la arteria se ramifica en diversas arterias, de ellas salen las arteriolas, y finalmente los capilares que riegan los distintos tejidos. Los capilares son tan numerosos que prácticamente ninguna célula del cuerpo está a más de 100 micrómetros de alguno de ellos. En el cuerpo humano existen más de 80.000 kilómetros de capilares, puestos en fila podrían dar dos vueltas a la Tierra.

Estos vasos cuentan con unas paredes extremadamente finas, formadas por una sola capa de células, a través de las cuales se produce el intercambio de sustancias –gases, nutrientes, hormonas, anticuerpos– entre el torrente sanguíneo y el líquido que baña las células del cuerpo. A diferencia de los glóbulos rojos o plaquetas, que nunca abandonan los vasos sanguíneos, los glóbulos blancos sí pueden atravesar las paredes de los capilares, llegando a las células o al líquido que las rodea.

Las sustancias de desecho, el dióxido de carbono y otras partículas generadas por las células son recogidas asimismo por los capilares, que se unen formando vénulas y venas, encargadas de movilizar la sangre de regreso al corazón (habríamos así completado el ciclo). Esta sangre pobre en oxígeno debe ser transportada sin la ayuda de una bomba (como sucedía en las arterias) y muchas veces en contra de la gravedad (como ocurre en las venas que suben desde la mitad inferior del cuerpo). Para facilitar este movimiento, los músculos esqueléticos que rodean a las venas se contraen, facilitando el avance de la sangre. Además, la presencia de una serie de válvulas semilunares dentro de las venas impide que la sangre retroceda al ser estas comprimidas, conduciéndola en una sola dirección. Si estas válvulas se estiran o debilitan, las venas se mantienen permanentemente hinchadas, y aparecen las temidas varices.

Ahora que ya sabemos el recorrido que realiza la sangre dentro de nuestro cuerpo, respondamos a la pregunta: ¿cuánto tarda en completar un ciclo entero? Tenemos que tener en cuenta que la sangre viaja mucho más rápido en las arterias que en las venas, y también debemos ser conscientes de que el tipo de actividad modifica el ritmo cardiaco y, por tanto, la velocidad a la que se mueve la sangre. Pero como término medio, en reposo, cada vez que se contrae el corazón unos 70-90 mililitros de sangre son bombeados fuera, y tardan alrededor de un minuto en completar el circuito sistémico, recorriendo el cuerpo entero y volviendo de nuevo al corazón.

89

¿Cuánto tarda el riñón en filtrar toda la sangre del cuerpo?

Como hemos visto, la sangre recoge de las células del cuerpo distintas sustancias de desecho, algunas de ellas son tóxicas y deben ser eliminadas. Si el corazón es una auténtica máquina de bombear, el riñón puede considerarse una verdadera máquina filtradora. Veamos lo que tarda este órgano en limpiar toda la sangre del cuerpo que, como veíamos, supera los 6 litros en un adulto.

El riñón, junto con otras estructuras corporales, forma parte del aparato urinario, que desempeña una función crucial en el mantenimiento de un medio interno estable (concepto que conocíamos como *homeostasis*). De esta manera, este aparato colabora en la regulación de la cantidad de agua, sales y otras sustancias en el cuerpo, además de encargarse de la eliminación de productos de desecho. Esta última función, denominada de forma general *excreción*, no debe ser confundida con defecación (expulsión de los restos no digeridos de los alimentos, llevada a cabo por el aparato digestivo). Llevan a cabo la labor de la excreción, además del sistema urinario (que produce orina), el aparato respiratorio (que expulsa dióxido de carbono) y las glándulas sudoríparas productoras de sudor.

El aparato urinario está compuesto por dos riñones, dos uréteres, la vejiga y la uretra. La sangre con desechos celulares (producidos durante el metabolismo celular) entra en los riñones por la arteria renal, y una vez ha sido filtrada, los abandona a través de la vena renal.

Los riñones son órganos relativamente grandes (miden unos 13 centímetros de largo), de color granate y forma de judía, se encuentran en la parte lumbar del cuerpo, a ambos lados de la columna vertebral, estando el riñón derecho ligeramente más alto que el izquierdo. En la parte superior de cada riñón encontramos una glándula suprarrenal, cuyas funciones veremos en la pregunta 92.

La capa más externa del riñón se denomina corteza renal, en ella se encuentra entre un 90-95 % de la sangre que pasa por los riñones, lo que le aporta el color rojizo. La corteza rodea a la

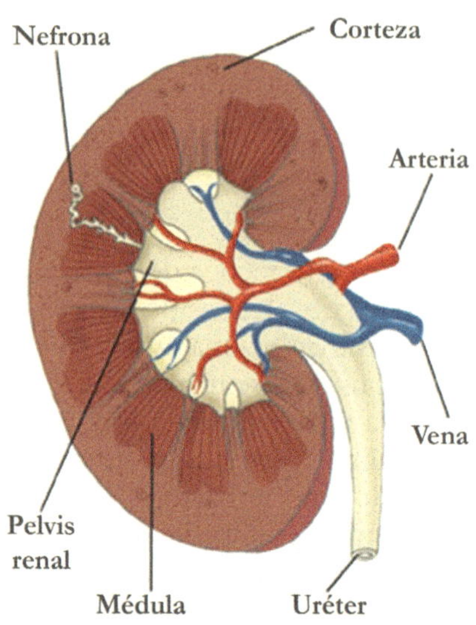

Esquema de riñón hemiseccionado. Se aprecian en la figura las distintas partes del mismo: la corteza exterior, la médula renal y la pelvis renal, que constituye el extremo inicial del uréter. Las subunidades productoras de orina son las nefronas. La sangre a filtrar llega al riñón por la arteria renal, y sale ya filtrada por medio de la vena renal. Foto: Zafra Díaz, J. L., Wikimedia Commons

médula renal, entre la corteza y la médula se encuentran las subunidades responsables de la producción de la orina: las nefronas. En cada riñón se pueden encontrar alrededor de un millón de estas estructuras. Cada nefrona está formada por un cúmulo de capilares llamado glomérulo, rodeado por la cápsula de Bowman, que desemboca en un tubo largo y estrecho (túbulo renal) con tres estructuras diferenciadas: el túbulo proximal, el asa de Henle y el túbulo distal. El extremo del túbulo renal llega a un conducto colector, que recibe el producto procesado de varias nefronas y lo deposita finalmente en la zona conocida como pelvis renal.

El proceso de formación de la orina comienza con la llegada de la sangre al riñón a través de la arteria renal, que se ramifica en arteriolas cada vez más pequeñas, hasta llegar a los capilares del glomérulo. Alrededor de un quinto del plasma sanguíneo es forzado –por la presión de la sangre– a atravesar las paredes capilares e ingresar en la cápsula de Bowman. Esta *filtración glomerular* da como resultado un filtrado cuya composición es similar a la del plasma, con excepción de algunas proteínas de gran tamaño que no atraviesan las paredes de los capilares.

El filtrado resultante recorre así el túbulo renal, a lo largo del cual se reabsorben selectivamente las sustancias que no se deben eliminar, en total un 75 % del líquido total. Se reabsorbe la mayor parte del agua, así como otros iones y partículas útiles. Todo ello pasa a los capilares peritubulares que rodean a este conducto. Esta *reabsorción* implica un gasto de energía importante para el riñón. A la vez que se recuperan moléculas, otras sustancias aún presentes en la sangre son desechadas en un proceso conocido como *secreción tubular*, como ciertos tóxicos que han sido marcados en el hígado y pueden ser reconocidos por proteínas transportadoras del túbulo renal. Los materiales de desecho y parte del agua siguen circulando por el túbulo hasta llegar al conducto colector final, formando la orina.

La pelvis renal antes mencionada es una cámara interior subdividida que recolecta la orina a modo de embudo y la conduce hacia el uréter. Gracias a un conjunto de contracciones peristálticas, similares a las que veíamos en el esófago, los uréteres transportan esta orina hasta la vejiga urinaria, donde se acumula temporalmente para ser después eliminada mediante la micción. La uretra es el conducto por el que la orina se conduce al exterior del cuerpo, tiene unas dimensiones diferentes en hombres –unos 20 centímetros– y en mujeres –unos 4 centímetros–. Esta menor longitud de la uretra femenina expone a las mujeres a un mayor riesgo de infecciones urinarias.

Cuando los riñones no funcionan correctamente, las sustancias de desecho que normalmente se eliminan con la orina se van acumulando dentro del organismo. Esta acumulación de sustancias tóxicas puede provocar la muerte en menos de dos semanas. Las causas más comunes de insuficiencia renal son la diabetes y la hipertensión –que dañan los capilares del glomérulo–, así como las infecciones o sobredosis de analgésicos. Para tratarla, se recurre a la diálisis (mediante la cual una máquina filtra la sangre como si de un riñón artificial se tratara) o, en casos graves, el trasplante de riñón.

Los riñones, por tanto, son órganos esenciales para la vida. Están en continuo funcionamiento y el mínimo fallo en sus funciones acarrea consecuencias fatales. Cada gota de sangre puede llegar a pasar por un riñón aproximadamente 350 veces al día. Esto nos lleva a responder a la pregunta que nos traía hasta aquí:

¿cuánto tarda este órgano en filtrar toda la sangre del cuerpo? La respuesta es, aproximadamente, treinta minutos. Es decir, a lo largo de un día, nuestros riñones filtran toda nuestra sangre más de cuarenta veces. Increíble, ¿verdad?

90

¿Para qué sirve el ombligo?

Ya hemos comentado los distintos aparatos y sistemas involucrados en una de las funciones vitales que todos los seres vivos compartimos: la nutrición. Veremos ahora la función vital que nos permite perpetuar la vida sobre el planeta: la reproducción. El ombligo, esa pequeña marca en la piel que nos acompaña desde que nacemos, es una estructura implicada en este proceso, como entenderemos más adelante.

Reproducirse implica generar descendencia similar a los progenitores, ya que heredan de este copias de su material genético, como ya habíamos visto (bloque de genética). Existen dos mecanismos para que esto ocurra: reproducción asexual o sexual. La principal diferencia entre ambos radica en el número de progenitores necesarios para llevarse a cabo.

En el proceso asexual, sólo se requiere un progenitor. Este genera un individuo nuevo por mitosis repetidas de unas células de alguna parte de su cuerpo, puede ser de una versión en miniatura del animal, llamada yema –es el caso de la hidra, muchas esponjas y algunas anémonas–; o puede ser a partir de la separación de un fragmento de cuerpo –como ocurre en las estrellas de mar, que pueden regenerar un brazo perdido, y a su vez ese fragmento separado puede formar una estrella entera nueva–. Es un tipo de reproducción más sencilla, pero los individuos obtenidos son idénticos al progenitor, lo cual implica una variabilidad genética mínima.

En el caso de la reproducción sexual, sí existe una mayor variabilidad genética, lo que, como veíamos, es un factor imprescindible para la evolución de una especie –la selección natural actúa sobre una población genéticamente diversa–. Las nuevas combinaciones de genes surgen a partir de la unión de dos células

Las hembras de algunas especies, como las abejas, se reproducen por partenogénesis. Los óvulos haploides sin fecundar se dividen por mitosis, desarrollando un individuo adulto sin necesidad de espermatozoides. La descendencia así creada estará formada enteramente por machos (todos haploides). Cuando existe fecundación, surgen hembras (todas diploides), que se convertirán en obreras, o en reinas (si se alimentan de jalea real).

sexuales o gametos –oocito y espermatozoide– provenientes de sendos progenitores. Es un proceso más complejo, pero permite a la especie evolucionar con mayor celeridad. De hecho, actualmente es la forma predominante de reproducción en animales.

Los gametos, como vimos, se producen a partir de un proceso de meiosis, y cuentan con la mitad de material genético que el resto de células del organismo. Al unirse, formarán una única célula –el cigoto– con una dotación cromosómica normal. Los oocitos son inmóviles y de mayor tamaño, ya que portan en su citoplasma los nutrientes que el embrión en desarrollo necesitará. Los espermatozoides, por otro lado, son móviles y de menor tamaño, al tener el citoplasma reducido.

El proceso por el que oocito y espermatozoide se unen es denominado fecundación, y puede darse tanto dentro como fuera del aparato reproductor femenino. Muchos invertebrados, y la mayoría de especies de peces y anfibios, tienen fecundación externa. La hembra libera los oocitos al medio –proceso de *desove*– y el macho deposita los espermatozoides, que nadan hasta llegar a los oocitos para fecundarlos (requieren, por tanto, un medio acuoso).

La conquista del medio terrestre supuso conseguir vivir con independencia del agua, algo que los anfibios casi lograron (debiendo volver a este medio para reproducirse y durante el estado juvenil) y que los reptiles, como vimos, ya desarrollaron. Una de las razones para ello fue la aparición de la fecundación interna. Este proceso se lleva a cabo generalmente a través de la cópula, mediante la cual el macho deposita los espermatozoides directamente en el tracto reproductor de la hembra. De esta manera, estos gametos cuentan con un medio líquido por el que nadar hasta fecundar a los oocitos.

Existen, no obstante, algunas especies con reproducción interna que carecen de cópula. Es el caso de algunos escorpiones, saltamontes y salamandras. Para ello, el macho empaqueta los espermatozoides en unos envoltorios llamados espermatóforos, que son liberados al medio. Si la hembra los encuentra, se fecunda a sí misma insertándolos en su cavidad reproductora.

Además de esta distinción entre organismos con reproducción sexual y asexual, podemos identificar tres tipos de seres vivos atendiendo a la forma en la que se desarrolla el embrión una vez se ha producido la fecundación. Estaríamos hablando entonces de animales ovíparos, ovovivíparos y vivíparos.

Las aves, la mayoría de los insectos, peces, anfibios, reptiles, y los mamíferos monotremas –como el ornitorrinco o el equidna– son ovíparos. Esto significa que el desarrollo embrionario del cigoto se produce en el interior de un huevo protegido por una cáscara y depositado por la hembra. La fecundación de los ovíparos puede ser interna o externa. En el caso de los organismos ovovivíparos, la fecundación es siempre interna y el cigoto se desarrolla en el interior de un huevo, que en este caso permanece dentro del oviducto de la hembra para proporcionarle mayor protección. La eclosión puede darse inmediatamente antes o después de la puesta. Esto ocurre en ciertas especies de peces –como algunos tiburones–, algunos anfibios y algunos reptiles –como la mayoría de las víboras.

Existen, además, los organismos vivíparos. En ellos, la fecundación es interna y el embrión se desarrolla dentro de una estructura especializada en el interior de la hembra, que le proporcionará nutrientes y protección durante toda la gestación. Es la situación de la mayoría de los mamíferos (excepto, como hemos visto, los monotremas), incluidos nosotros. El ser humano pertenece al grupo de los vivíparos placentarios, ya que las mujeres durante el embarazo desarrollamos la placenta, una estructura formada a partir de una compleja red de tejidos del embrión y el endometrio (capa interna) del útero. Esta tiene dos misiones fundamentales: secreta hormonas y permite el intercambio selectivo de materiales entre la madre y el niño, intercambio que se lleva a cabo a través del cordón umbilical. Cuando el niño nace, este conducto de unión se corta, al no resultar ya necesario, y deja sobre el cuerpo del bebé una cicatriz, conocida como ombligo.

Por tanto, y respondiendo a la pregunta, el ombligo no sirve para nada. Simplemente es la marca que nos dejó el cordón umbilical, la estructura que nos mantuvo vivos y unidos a nuestra madre durante casi nueve meses mientras nos estábamos formando. Un bonito recuerdo de nuestro pasado más lejano.

91

¿Existen personas hermafroditas?

Hemos visto que la reproducción sexual se basa en la unión de dos células sexuales o gametos, producidas en dos aparatos reproductores, masculino y femenino. Veamos las estructuras que forman estos conjuntos de órganos, de forma que podamos comprender qué es el hermafroditismo.

El aparato reproductor femenino está constituido por dos ovarios, dos oviductos o trompas de Falopio, el útero, la vagina y la vulva. Los gametos femeninos se producen en los ovarios a partir de unas células precursoras –las ovogonias– que durante el tercer mes del desarrollo del feto se convierten en ovocitos primarios. El desarrollo de estos ovocitos primarios se detiene en la profase de la meiosis I (división celular por la que se forman los gametos, explicada en la pregunta 10). Cuando nace, la mujer ya dispone en sus ovarios de alrededor de dos millones de ovocitos primarios, de los que muchos se reabsorben. Al llegar a la pubertad, contará con unos 400.000, de los cuales sólo 300 a 400 completan su ciclo celular y dan lugar a los óvulos, que maduran uno cada mes, desde la pubertad hasta la menopausia, aproximadamente a los cincuenta años.

Cada mes, un óvulo maduro es liberado por los ovarios y pasa a las trompas de Falopio, por donde se mueve impulsado por una corriente creada por unas fimbrias –«dedos ciliados»– que se disponen alrededor del extremo del ovario. Al final de las trompas de Falopio se encuentra el útero, un órgano hueco, muscular, con forma de pera, cuya pared interna –el endometrio– se prepara para albergar al óvulo fecundado. Si no existe fecundación, la pared externa del endometrio se desprende mensualmente –es la menstruación– y se genera una capa nueva a partir del sustrato basal. El cuello del útero, denominado cérvix, comunica este órgano con la vagina.

La vagina es el órgano receptivo para el pene y constituye también el canal del parto, su pH es ligeramente ácido para reducir los riesgos de infecciones en esta zona. Finalmente, los labios mayores, menores y el clítoris forman los órganos femeninos externos, llamados vulva en su conjunto. Al igual que el pene, el clítoris está formado en su mayor parte por tejido eréctil, y desde el punto de vista del desarrollo embrionario, ambos son órganos homólogos (tienen una estructura interna similar, aunque son diferentes externamente).

Por otro lado, el aparato reproductor masculino consiste en los testículos y diferentes estructuras anexas que se encargan de producir las sustancias para activar, nutrir, almacenar y llevar a los espermatozoides al tracto reproductor femenino. Los testículos se encuentran en el exterior del cuerpo, cada uno dentro de un saco denominado escroto. En ellos se forman hormonas sexuales masculinas y espermatozoides. Su posición externa se debe a que el desarrollo óptimo de los espermatozoides se produce a una temperatura de 1-2 °C menos que la del interior del cuerpo.

Dentro del testículo, una gran cantidad de túbulos seminíferos enrollados y huecos producen los espermatozoides. En los huecos que dejan estos tubos, una serie de células intersticiales se encargan de la síntesis de la hormona masculina testosterona. La producción de espermatozoides comienza en la pubertad y se mantiene a niveles relativamente constantes a lo largo de toda la vida reproductiva del hombre. Los precursores de estas células sexuales sufren una serie de procesos hasta convertirse en espermatozoides maduros, cuando lo hacen, pueden vivir alrededor de 48 horas. Un adulto joven produce varios cientos de millones de espermatozoides al día.

Los túbulos seminíferos se fusionan para formar el epidídimo, un tubo largo y delgado que conduce al vaso o conducto deferente, donde la mayoría de los espermatozoides se almacenan. Este conducto entra después en la próstata y se une con la uretra, conducto final que atraviesa el pene y es usado para expulsar al exterior tanto el semen como la orina –nunca a la vez ya que la próstata actúa como válvula cerrando el paso de un líquido cuando se libera el otro–. Sólo el 5 % del semen lo constituyen espermatozoides, un 60 % del mismo es producido por las vesículas seminales, que elaboran un líquido rico en fructosa –que aporta energía a los espermatozoides– y prostaglandinas –que estimulan las contracciones uterinas–. Otro 30 % del semen o esperma está formado por un líquido alcalino y nutritivo secretado por la próstata. Las glándulas bulbouretrales, por último, secretan moco en la uretra, lo que neutraliza los residuos de la orina ácida y ayuda a lubricar el pene durante el coito.

Vistos los aparatos reproductores de ambos sexos, retomemos la pregunta inicial: ¿existen personas hermafroditas?

Por muchos es conocido que algunos invertebrados, como la lombriz de tierra o el caracol, son hermafroditas. Esto significa que un mismo individuo tiene estructuras para producir espermatozoides y óvulos. A pesar de lo cual, existen pocas excepciones en las que el mismo individuo esté capacitado para fecundarse a sí mismo, esto ocurre en especies que pueden verse abocadas al aislamiento, como algunos caracoles de estanque o la tenia (que por esta razón es también llamada solitaria). En el resto de los casos, incluso siendo hermafroditas, las especies requieren dos individuos para la fecundación, uno aportará los óvulos y otro los espermatozoides.

Esta característica presente en algunos animales y en numerosas plantas, en el caso del ser humano, también se puede presentar, pero con bastantes matices. De hecho, en nuestra especie no hablamos de hermafroditismo, sino de intersexualidad, y las personas afectadas (un 0,018 % de la población) tienen órganos genitales que no son fácilmente identificables como masculinos o femeninos. Los matices radican en que, normalmente, sólo uno de ellos (ovarios o testículos) está completamente desarrollado, y las personas con genitales intersexuales no son capaces de producir los dos tipos de gametos, como sí ocurre en las especies hermafroditas de las que antes hablábamos.

En nuestra especie, de hecho, la intersexualidad no constituye una ventaja reproductiva desde el punto de vista biológico, y desde la perspectiva psicosocial se reconoce como una patología. Sigue siendo un tema tabú en muchos contextos, y muchas personas afectadas se ven estigmatizadas y esconden la enfermedad, o son sometidas con premura a cirugía para extirpar los genitales menos desarrollados. Algunas organizaciones, como la Sociedad Norteamericana de Intersexualidad (Intersex Society of North America), no apoyan estas operaciones por las que los padres deciden sobre el género del hijo sin tener en cuenta que este, incluso habiendo sido operado, más adelante puede sentirse más cómodo perteneciendo al otro género. Existen casos conocidos de personas que fueron consideradas de un sexo y, llegada la pubertad, comenzaron a desarrollar rasgos evidentes del sexo opuesto, con el que se han sentido finalmente más identificados.

92

¿Es lo mismo sexualidad y reproducción?

Hasta el momento hemos estado hablando de reproducción y aparatos genitales. Sabemos que, en la especie humana, la sexualidad está relacionada con ellos, pero debemos marcar una serie de características diferenciadoras.

La reproducción es un proceso físico con un objetivo claro: perpetuar la especie. Los seres vivos invierten energía para conseguir traspasar sus genes a la generación siguiente, manteniendo así la continuidad de su estirpe. Esto implica, en muchas especies –no todas, como hemos visto–, las relaciones sexuales. La sexualidad, desde el punto de vista biológico, se define como el conjunto de condiciones anatómicas, fisiológicas y afectivas que caracterizan el sexo de cada individuo. Sin embargo, su dimensión sociocultural es mucho más amplia.

De esta manera, entendemos que la sexualidad es una forma de comunicación y placer que todos presentamos a lo largo de toda nuestra vida. Somos personas sexuadas en todas las partes de nuestro cuerpo, no sólo en los órganos genitales. La reproducción es una posibilidad que tenemos para mantener nuestra especie, pero no es la única función de la sexualidad. Además, conviene destacar que cada persona manifiesta su sexualidad de formas muy diversas, dependiendo de su personalidad, intereses y modelos de conducta aprendidos de su entorno.

En los humanos, la madurez sexual –momento en el que estamos preparados para llevar a cabo el proceso de reproducción– se alcanza con la pubertad. Es esta una época de grandes cambios fisiológicos, morfológicos, psicológicos y comportamentales, la mayor parte de ellos debidos a la acción de unas sustancias químicas que dominan gran parte de nuestras actuaciones: las hormonas. Las hormonas están relacionadas tanto con la reproducción como con la sexualidad. El sistema encargado de producirlas se denomina sistema endocrino, vamos a conocerlo un poco más en profundidad.

La función del sistema endocrino es comunicar información a células, tejidos u órganos del cuerpo, a través de señales químicas (hormonas), mediante las cuales se regulan muchos procesos funcionales internos. Existen más de cien tipos distintos de hormonas, algunas son esteroides (compuestos derivados del colesterol), otras son proteínas o péptidos pequeños, y otras son análogos o derivados de aminoácidos o ácido araquidónico. Las hormonas son secretadas por glándulas y viajan a través del torrente sanguíneo hasta alcanzar unas células con receptores hormonales específicos, denominadas células diana. Estos receptores pueden estar sobre la superficie celular, o en su interior (en el núcleo o citoplasma). La unión de la hormona al receptor provoca una serie de reacciones en cadena que deriva en funciones específicas en la célula estimulada (producción de una proteína concreta, contracción muscular, etc.).

Vamos a ver las distintas glándulas que componen el sistema endocrino, analizando su papel dentro de nuestro cuerpo.

La hipófisis o pituitaria, además de controlar el funcionamiento de otras glándulas, secreta hormonas como la *prolactina* –que estimula la secreción de leche en mamíferos–, la hormona del crecimiento o *somatotrofina* –que estimula el crecimiento de huesos y tejido–, la *oxitocina* –que incrementa las contracciones uterinas durante el parto– y la hormona *antidiurética* –que disminuye la excreción de agua por los riñones.

Los testículos y ovarios son responsables de muchos de los cambios sufridos durante la pubertad. Los ovarios, además de producir óvulos, secretan *estrógenos* (que desarrollan y mantienen

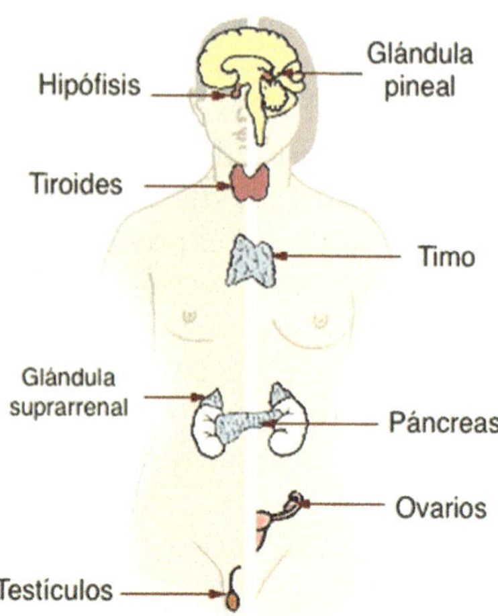

Principales glándulas del sistema endocrino. Este sistema está controlado desde una región del cerebro denominada hipotálamo (situado inmediatamente encima de la hipófisis). Las células neurosecretoras del hipotálamo producen hormonas que estimulan o inhiben la liberación de hormonas en la hipófisis. A su vez, algunas de las hormonas secretadas por la hipófisis regulan la producción de hormonas por parte de otras glándulas, como el tiroides, la glándula suprarrenal, los testículos o los ovarios. Foto: Wikimedia Commons

las características sexuales femeninas, además de promover el crecimiento del endometrio uterino), y *progesterona*, que estimula el desarrollo del endometrio y la formación de la placenta. Los testículos por su parte producen una hormona sexual llamada *testosterona*, responsable de la espermatogénesis (formación de espermatozoides), la estimulación del desarrollo de los genitales, el desarrollo y mantenimiento de las características sexuales secundarias masculinas.

Las glándula tiroides, situada en la parte delantera del cuello, produce *tiroxina* y *calcitonina*, hormonas relacionadas con el metabolismo y la regulación de los niveles de calcio en la sangre, respectivamente. Una secreción insuficiente de tiroxina durante el desarrollo puede causar *cretinismo*, enfermedad que implica retraso mental y enanismo. La paratiroides secreta *paratohormona*, que controla la concentración de calcio en la sangre y el líquido intersticial.

El páncreas, además de colaborar en la digestión como ya vimos, secreta las hormonas *insulina* y *glucagón*, que reducen y elevan, respectivamente, el nivel de glucosa en la sangre. De esta manera el nivel se mantiene constante. Cuando no se produce insulina de forma adecuada, o las células diana no responden adecuadamente a ella, se desarrolla diabetes.

Por último, las glándulas suprarrenales o adrenales actúan conjuntamente con el sistema nervioso simpático (que explicaremos más adelante) para preparar al cuerpo ante situaciones de emergencia. Por un lado, la médula suprarrenal –parte central de la glándula– libera *adrenalina* (también llamada *epinefrina*) y *noradrenalina* (*norepinefrina*), que incrementan el ritmo cardiaco y respiratorio, amplían las vías respiratorias, e inhiben el apetito dirigiendo el flujo sanguíneo hacia el cerebro y los músculos. Y por otro lado, la corteza suprarrenal –parte externa de la glándula– secreta *aldosterona*, que regula el contenido de sodio en la sangre, y *cortisol*, que inhibe el sistema inmunitario (para que no gaste energía que debe ser invertida en sobrevivir a la situación de urgencia). Esta es la razón por la que, en épocas de estrés en el trabajo o los estudios, somos más propensos a enfermar.

Como podemos ver, somos un conjunto de glándulas muy bien coordinadas desde el cerebro, mediante las cuales se regula nuestro crecimiento, nuestro equilibrio interno y muchos de los caracteres sexuales secundarios que nos hacen identificarnos con un sexo concreto y disfrutar de una sexualidad que, como hemos visto, abarca más que las relaciones cuyo objetivo es la reproducción.

93

¿Qué son los reflejos y por qué son tan rápidos?

Las personas somos capaces de captar recursos del medio para obtener energía y construir nuestras propias estructuras internas. También podemos intercambiar material genético con nuestros iguales, generando una descendencia que asegure la continuidad de la especie humana. Pero no seríamos seres vivos sin la tercera función vital, que nos ayuda a reaccionar ante los cambios ambientales: la función de relación. La capacidad de recibir información del ambiente –externo o interno– y elaborar respuestas adecuadas a esos estímulos es una habilidad esencial para nuestra supervivencia.

Todos estamos constantemente reaccionando a estímulos, desde que suena el despertador por la mañana, nuestro sentido el oído lo capta y nuestros músculos mueven la mano para apagarlo. No nos quemamos la garganta con el café porque distinguimos cuando algo está muy caliente, y esperamos. Podemos conducir hasta el trabajo porque tenemos nuestros sentidos, nuestro sistema nervioso, y nuestro aparato locomotor trabajando coordinadamente para ayudarnos.

Los reflejos son parte de esta función de relación, para poder entender cómo suceden primero debemos conocer un poco más qué ocurre en nuestro cuerpo para que se produzca la percepción y respuesta a los estímulos ambientales. Lo cierto es que esta función vital puede simplificarse en tres pasos: recepción de la información, procesamiento en los centros integradores y emisión de una respuesta acorde con el estímulo recibido.

La recepción de la información proveniente del medio externo está a cargo de los órganos de los sentidos. Es importante distinguir los términos de sensación y percepción. Mientras la sensación es la respuesta de los receptores sensoriales a estímulos específicos, que son luego procesados neurofisiológicamente, la percepción es la integración de esas sensaciones por los centros nerviosos superiores, que los comprenden basándose en experiencias pasadas. Podemos *sentir* fisiológicamente el olor a quemado con nuestro olfato, pero *percibiremos* que se está quemando algo porque en algún momento hemos aprendido cómo huelen las cosas cuando se queman.

En el cuerpo humano tenemos distintos tipos de receptores sensoriales, en función del estímulo que capten: los *mecanorreceptores* responden a la presión, las ondas sonoras, la posición de las articulaciones y el grado de contracción muscular; los *termorreceptores* captan diferencias de temperatura; los *fotorreceptores* son sensibles a la luz; y los *quimiorreceptores* detectan sustancias químicas, originando sensaciones gustativas u olfativas.

Algunos de estos receptores dejan de responder si la información que reciben es constante, lo que se conoce como *adaptación sensorial*. Es la razón por la que olvidamos que llevamos un reloj en la muñeca, pese a que está continuamente estimulando los mecanorreceptores de nuestra piel. Esto es beneficioso porque

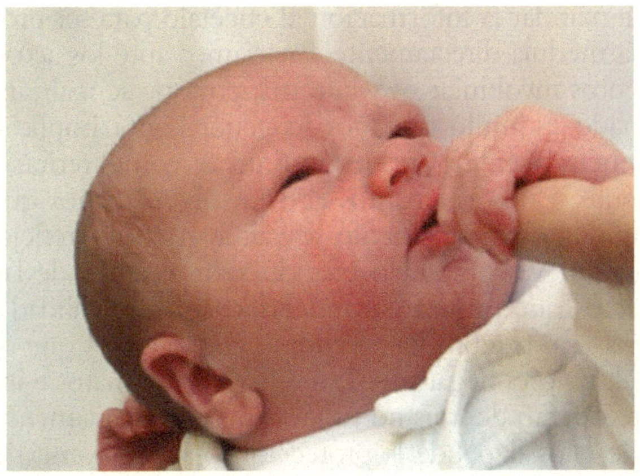

Reflejo de prensión en el recién nacido: al poner el dedo en la palma de su mano abierta, el niño cierra la mano. Es un tipo de reflejo primitivo, como el reflejo de succión, el gateo o la marcha. Los reflejos primitivos son movimientos automáticos estereotipados presentes en los bebés que les ayudan a desarrollarse dentro del útero, atravesar el canal del parto y adaptarse al nuevo ambiente una vez nacido. Estos reflejos son analizados por los pediatras para valorar que el bebé no tiene anomalías neurológicas, y se pierden a partir del primer año de vida. Foto: Wikimedia Commons

nos permite concentrarnos en estímulos más relevantes y dejar de procesar información menos importante.

La información recogida por los sentidos es trasladada mediante diversas neuronas sensoriales hasta los centros de procesamiento, que forman el sistema nervioso central: la médula espinal y el encéfalo. Estas estructuras reciben el mensaje y lo interpretan, estableciendo las respuestas adecuadas para reaccionar al mismo. De esta manera, emiten otra señal, a través de neuronas motoras, hacia los órganos encargados de ejecutar la respuesta.

La cuestión es ¿qué parte del sistema nervioso central interpreta la señal? En la respuesta a esta cuestión entran en juego los actos reflejos. Normalmente, ante una reacción voluntaria –por ejemplo, escuchar el timbre de la puerta y ordenar a tus piernas moverse hacia la misma– la información se mueve desde el oído al encéfalo, y desde ahí, a través de la médula, el mensaje llega a las neuronas que inervan los músculos de las piernas. El procesamiento, por lo tanto, se lleva a cabo a nivel de encéfalo.

Sin embargo, existen una serie de situaciones en las que se requiere una respuesta tan rápida que el cuerpo no puede permitirse el lujo de mandar la información al encéfalo para ser procesada, y lo hace la médula directamente. Estaríamos ante los actos reflejos, movimientos involuntarios y automáticos que se realizan ante un determinado estímulo que, por lo general, está implicado en la supervivencia o en reacciones instintivas, como retirar la mano rápidamente si nos pinchamos con un objeto o nos quemamos. Actos rápidos que usualmente se califican como reflejos, como es recoger un vaso al vuelo cuando se te escurre de las manos, no son actos que protejan al individuo, son en realidad acciones aprendidas –mi cerebro ha aprendido con los años que dejar caer un vaso al suelo es negativo–. Los reflejos son innatos e instintivos, y siempre operan del mismo modo. Son extremadamente rápidos porque de ellos depende la protección o supervivencia del individuo.

Una vez se ha procesado la información del estímulo, bien sea un acto voluntario o un acto reflejo, los órganos efectores deben llevar a cabo una respuesta acorde con el mismo. Existen dos tipos de respuesta: la contracción muscular y la secreción glandular. La contracción muscular consiste en el acortamiento de las fibras musculares y el consiguiente trabajo mecánico sobre el sistema esquelético, lo que permite el movimiento. De hecho, el movimiento es resultado de la acción de pares de músculos antagónicos: un músculo se contrae de manera activa, y hace que el otro se relaje pasivamente.

Los estímulos también pueden provocar la activación de diversas glándulas, tanto en actos voluntarios (llorar ante una película dramática) como involuntarios, lo que ocurre por ejemplo en las glándulas mamarias, que liberan leche de forma refleja cuando sienten la succión del bebé.

94

¿Se puede ser insensible al dolor?

Como acabamos de ver, percibimos el mundo a través de los sentidos. En ellos encontramos distintos receptores especializados en la captación de varios tipos de estímulos, desde la luz hasta la presión, la temperatura, las sustancias químicas… o el dolor. Vamos a conocer de cerca los cinco sentidos que nos permiten conocer lo que ocurre a nuestro alrededor, para finalmente revelar si es posible que una persona carezca de receptores del dolor.

Cerca del noventa por ciento de los estímulos que nos llegan son captados a través de nuestro sistema visual. El ojo es una de las estructuras fotorreceptoras más desarrolladas. La luz proveniente del objeto que se está visualizando atraviesa la córnea (membrana externa transparente), la pupila y el cristalino. Este actúa como el objetivo de una cámara de fotos, enfocando la imagen gracias a unos músculos ciliares que se contraen o relajan, modificando su curvatura. La imagen queda así enfocada sobre la pared interna del globo ocular, la retina. Cubriendo la retina, múltiples fotorreceptores capturan la energía lumínica y comienzan el proceso de transducción (conversión en energía eléctrica de un potencial nervioso). Tenemos receptores para la visión en blanco y negro (los bastones) y para la visión en color (los conos). Esta información abandona el ojo a través del nervio óptico, llegando al cerebro donde será interpretada.

La información captada por un ojo se complementa con la recibida por el otro, de manera que conseguimos tener una visión tridimensional, al superponerse ambos campos visuales. Esto nos permite ver en profundidad, algo que hemos desarrollado a lo largo de la evolución. Nuestros ancestros arborícolas carecían de esta capacidad, pues tenían los ojos situados a ambos lados del cráneo, y los campos visuales de cada uno de ellos no se solapaban en ningún punto. Esto ocurre en las especies que frecuentemente son presas, amplían su campo visual para poder detectar depredadores y huir con mayor facilidad, en detrimento de una visión tridimensional más detallada que, dada su dieta, no es tan necesaria.

El oído es otro sentido importante, capaz de detectar las vibraciones del aire, diferenciando la dirección, el tono y la intensidad del sonido. Nuestro oído tiene tres partes: el oído externo, medio e interno (ver figura de la página 321). En el oído externo encontramos el pabellón auricular (oreja) y el canal auditivo, estructuras encargadas de recoger y encauzar las vibraciones hacia el oído medio, que consta de la membrana timpánica (tímpano), la cadena de huesecillos (martillo, yunque y estribo) y el tubo auditivo o trompa de Eustaquio –que lo conecta con la faringe, igualando la presión del aire dentro del oído y en el exterior–. Las

En función de la intensidad de luz del entorno, la pupila se aprecia más o menos dilatada. En realidad, es el iris –parte que da color al ojo– el que se modifica, ya que la pupila es sólo el orificio que este deja en su interior. Cuando la luz es intensa, los músculos ciliares del iris se relajan, y la pupila se cierra (como el gato en la foto), y si la luz se reduce, como ocurre por la noche, los músculos se contraen y el iris deja una apertura mayor para que entre más cantidad de luz al interior del ojo.

ondas sonoras hacen vibrar el tímpano, estas vibraciones pasan a la cadena de huesecillos, que las amplifican al hacerlas chocar contra una membrana final del estribo (la ventana oval). De ahí pasan al oído interno, constituido por la cóclea, los canales semicirculares, el sáculo y utrículo.

La cóclea, llamada comúnmente caracol por su forma en espiral, está llena de líquido y tapizada interiormente por mecanorreceptores, células pilosas con cilios que detectan el movimiento del líquido ante las vibraciones que a ella llegan. Estos estímulos mecánicos son traducidos a ondas de impulsos nerviosos, que viajan al cerebro por el nervio auditivo.

El gusto y el olfato funcionan de manera similar: ambos sentidos detectan sustancias químicas. La lengua humana tiene aproximadamente 10.000 papilas gustativas, unas estructuras incrustadas en pequeñas protuberancias que cubren la superficie de la lengua. Cada papila consta de 60-80 células quimiorreceptoras que se comunican con el interior de la boca a través de un poro gustativo, por el que dejan salir unas microvellosidades. Las sustancias químicas se unen a las microvellosidades y entran por los poros, lo que produce un potencial que se traduce, de nuevo, en señales eléctricas que son enviadas al cerebro.

La lengua tiene receptores para captar sólo cinco tipos distintos de sabores: salado, dulce, ácido, amargo y umami. Este último sabor, umami, está presente en alimentos como el queso, el tomate, la salsa de soja o el alga kombu, alimento que Kikunae Ikeda, de la Universidad Imperial de Tokio, identificó por primera vez en 1908. Este científico encontró en esta alga un sabor que no se correspondía con los cuatro sabores básicos hasta el momento conocidos, y creó el término *umami* ('delicioso' en japonés) para referirse a él.

A pesar de que nuestra lengua sólo distingue cinco sabores, cuando comemos somos capaces de identificar diferentes tipos dentro de cada sabor (no nos sabe igual la miel o el azúcar, la lima o el limón, por ejemplo). Los matices en los sabores de la comida se perciben porque los alimentos desprenden moléculas gaseosas que se difunden hacia los receptores olfatorios, recordemos que boca y las vías nasales están conectadas. Por eso cuando estamos resfriados y tenemos congestionada la nariz, no somos capaces de saborear los alimentos. Los receptores del olfato son las únicas neuronas que están en contacto directo con el ambiente, por lo que se recambian continuamente. Este es uno de los pocos lugares de nuestro organismo donde se produce regeneración neuronal.

El tacto, por último, se debe a la estimulación de la superficie corporal. La piel tiene diferentes receptores. La mayor parte de ellos son mecanorreceptores, que pueden ser de tres tipos: los corpúsculos de Meissner y las células de Merkel se encuentran en áreas particularmente sensibles –como las yemas de los dedos, las palmas de las manos, los labios y los pezones– y son responsables de la enorme capacidad táctil de estas zonas; los corpúsculos de Pacini, ubicados a mayor profundidad, responden a la presión y las vibraciones. En la piel también contamos con termorreceptores, sensibles al frío y al calor.

Existen diversos estímulos químicos, mecánicos o térmicos nocivos, que dañan los tejidos y producen una sensación común: dolor. El dolor se entiende como un sentido químico especializado. Cuando un corte o quemadura daña las células o capilares, su contenido penetra en el líquido extracelular, este contenido incluye iones potasio, que estimulan a los receptores del dolor, terminaciones nerviosas libres presentes en todo el cuerpo pero específicas para cada zona. Las células de cada zona envían su señal a áreas concretas del encéfalo, de manera que podemos identificar qué parte del cuerpo nos duele.

Si las vías de comunicación entre los receptores del dolor y el cerebro están bloqueadas, el cuerpo no percibe ninguna dolencia. Esto ocurre en las personas afectadas por insensibilidad congénita al dolor con anhidrosis (CIPA). Un defecto genético que afecta a una de cada cien millones de personas en todo el mundo, que no pueden sentir ni el dolor ni la temperatura, y sufren síntomas graves que van desde infecciones o lesiones por automutilación hasta retraso mental. Por lo tanto la respuesta a esta pregunta es sí, se puede ser insensible al dolor, pero las consecuencias de ello son peores incluso que las ventajas que a priori podría suponer. El dolor es una sensación necesaria, que nos ayuda a detectar anomalías y daños para poder ponerles freno.

95

¿Dónde está el sentido del equilibrio?

Además de los cinco sentidos clásicos que ya hemos visto, los seres vivos estamos provistos de otros mecanismos que nos permiten interactuar de manera eficiente con el medio que nos rodea. Ejemplo de ello es el sentido que nos permite caminar sin caernos, el equilibrio, situado en el oído.

Cuando veíamos el sentido del oído en la pregunta anterior, definimos los tres tramos del sistema auditivo y vimos que en el oído interno se encontraban unas estructuras llamadas canales semicirculares, y un sistema vestibular formado por el utrículo y sáculo. Estos elementos están relacionados con el sentido del equilibrio y la posición del cuerpo en el espacio. Al igual que sucedía en la cóclea, estos canales están tapizados internamente por células ciliadas, y están rellenos de un líquido viscoso –*endolinfa*– que se moviliza cada vez que el cuerpo se mueve.

De esta manera, los movimientos de la cabeza, o los del cuerpo entero, estimulan a diferentes grupos de células, que informan al cerebro sobre los mismos. Estas células también detectan la posición del cuerpo, saben si estamos de pie, sentados o tumbados,

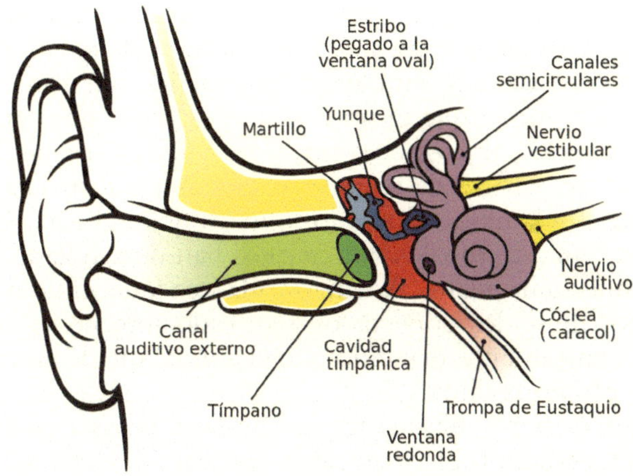

El sentido del equilibrio se encuentra en el oído interno. Como los canales semicirculares se disponen en las tres dimensiones del espacio, cualquier movimiento que realicemos provoca la consiguiente movilización de la endolinfa que se encuentra en cada uno de ellos. La información recogida por las células ciliadas es enviada después al cerebro a través del nervio vestibular. Foto: Brickmann, C.L., Wikimedia Commons

porque distintas células son bañadas por este líquido interno. Cuando giramos rápidamente sobre nosotros mismos y nos frenamos de golpe, al cerebro le costará unos segundos centrarse y conocer nuestra posición (provocando una típica sensación de mareo) debido a que el movimiento de la endolinfa no se para de golpe, como sí lo hacen nuestros músculos al frenar.

El movimiento vertical u horizontal produce la estimulación del sáculo y el utrículo, situados en posición vertical y horizontal, respectivamente. En su interior, pequeños cuerpos de carbonato de calcio –otolitos– son capaces de deformar y estimular a los receptores de las células ciliadas, que envían la información a la corteza cerebral. Existen dos tipos de equilibrio, el que se produce en reposo, y nos ayuda a mantenernos en una postura adecuada sin desplazarnos; y el equilibrio en movimiento. Ninguno es innato, se desarrollan a medida que maduramos, especialmente entre los cinco y los doce años.

Además del equilibrio, existen otros sentidos menos comunes, pero que distintas especies han desarrollado a través de largos procesos evolutivos. Vamos a destacar algunos de ellos.

Ciertos animales que cazan en la oscuridad, como los murciélagos, cuentan con un sofisticado sistema de ecolocalización por el cual emiten sonidos a frecuencias ultrasónicas –por encima del límite que el ser humano es capaz de captar– que rebotan en los objetos cercanos y les vuelven a ellos. De esta manera son capaces de conocer el tamaño, la forma, la textura superficial y la ubicación de los objetos del entorno. Para facilitar este mecanismo, los murciélagos han desarrollado grandes pabellones auriculares. Además, cada vez que emiten un sonido los músculos conectados a su oído interno se contraen momentáneamente, evitando que el animal quede ensordecido por su propio chillido.

Algunos peces, de una forma similar a la vista en los murciélagos, utilizan la electrolocalización para detectar los objetos cercanos. Es el caso, por ejemplo, de los tiburones, las rayas y las anguilas eléctricas. Estos organismos emiten señales eléctricas de alta frecuencia con un órgano localizado en la base de la aleta caudal (la «cola»), y detectan de nuevo esas señales con células electrorreceptoras situadas en ambos costados del cuerpo. Si existe algún objeto cerca, distorsionará este campo eléctrico, por lo que es detectado rápidamente por el pez.

Los peces también cuentan con una estructura sensorial denominada línea lateral, que recorre cada lado del animal y es capaz de detectar el movimiento y las vibraciones del agua que le rodea. Esta línea, que en algunos organismos se puede ver como una hilera de puntos oscuros, está compuesta por células ciliadas, similares a las que encontrábamos en el oído interno, por lo que se piensa que ambas estructuras tienen un origen común.

Otra habilidad sorprendente es la que tienen las aves para orientarse en pleno vuelo a lo largo de distancias kilométricas. Además de orientarse con el sol y las estrellas, hoy sabemos que estos organismos son capaces de detectar el campo magnético terrestre, capacidad derivada de la presencia de depósitos de magnetita –un mineral magnético de hierro– por debajo del cráneo. Estos depósitos actúan como un imán interno que permite distinguir la dirección y sentido del campo magnético como si de una brújula se tratara. No sólo las aves cuentan con esta magnetorrecepción, también la tienen algunos peces como las truchas, algunas tortugas, e insectos como las abejas.

96

¿Existen neuronas que miden más de un metro?

Los estímulos captados a través de los sentidos son enviados, como veíamos, a los centros nerviosos, donde se procesan, interpretan, y se elaboran las señales que provocarán las respuestas adecuadas. Todo este movimiento de información no sería posible sin las estructuras que funcionan como mensajeras a lo largo y ancho de nuestro cuerpo: las neuronas. Vamos a conocer más de cerca la morfología y funcionamiento de estas células, imprescindibles para el funcionamiento y la coordinación de todos nuestros órganos internos.

Atendiendo a su función dentro del organismo, existen cuatro tipos básicos de neuronas: las neuronas sensoriales, que reciben información desde el ambiente interno o externo y la transportan al sistema nervioso central; las interneuronas, que transmiten señales dentro del sistema nervioso central; las neuronas de proyección, que retransmiten señales desde un punto a otro dentro del sistema nervioso central; y las neuronas motoras, que llevan el mensaje desde el sistema nervioso a los músculos o glándulas efectoras –encargadas de ejecutar las respuestas finales.

Las neuronas son células especializadas cuya morfología característica está estrechamente relacionada con la función para la que han sido diseñadas. De esta manera, en ellas encontramos un cuerpo celular o soma, dentro del cual se halla el núcleo, y a partir de él sobresalen una serie de prolongaciones citoplasmáticas de dos tipos: una de ellas es extensa, formando el axón; y el resto son cortas, formando las dendritas. Los somas de las neuronas se encuentran con frecuencia agrupados en ganglios y núcleos. Los axones, a su vez, se agrupan formando haces (en el encéfalo y la médula espinal) y nervios, en el resto del cuerpo. Nuestra red neuronal tiene cientos de miles de kilómetros, el nervio más largo del cuerpo es el nervio ciático, que une el extremo de la médula espinal (región de la pelvis) con los pies. Este nervio puede medir más de un metro. Así que, respondiendo a la pregunta que nos ocupa, sí es posible encontrar neuronas que midan más de un metro.

En la transmisión de las señales nerviosas, la célula recibe información a través de las dendritas, el mensaje es procesado en el soma y se conduce a lo largo del axón hasta la neurona siguiente –o la célula que va a efectuar la respuesta, en su caso–. El movimiento de la información es siempre unidireccional.

Muchas neuronas aparecen acompañadas por unas células denominadas células de la glía o neuroglía. Estas estructuras actúan como tejido de sostén, facilitando la nutrición y eliminación de desechos metabólicos de las neuronas, ayudando a su defensa y formando las vainas de mielina que recubren sus axones para acelerar la velocidad de transmisión del impulso nervioso.

Esta transmisión se produce a través de uniones entre neuronas, conocidas como *sinapsis*, que pueden ser de naturaleza eléctrica o química. En las primeras, los iones sodio (Na^+) y potasio (K^+) de las membranas celulares fluyen a través de uniones comunicantes (*gap junctions*) que comunican los citoplasmas de las neuronas involucradas. Pero la gran mayoría de las conexiones de nuestro sistema nervioso implican sinapsis químicas, en las que las neuronas involucradas no se tocan.

De hecho, entre el axón de la célula presináptica y las dendritas de la célula postsináptica existe una hendidura de separación de aproximadamente veinte nanómetros como se puede ver en la ilustración sobre la representación de la sinapsis química. Para superar este obstáculo en la transmisión de la información, el mensaje en forma de potencial eléctrico que ha recorrido el axón pasa a la siguiente neurona a través de una serie de sustancias químicas –transmisores nerviosos– que son liberadas en el interior de vesículas sinápticas, y posteriormente reconocidos por receptores específicos de la célula postsináptica. Un mismo transmisor puede actuar sobre diferentes tipos de receptores, produciendo respuestas excitadoras o inhibidoras.

Casi todas las drogas que afectan al encéfalo y alteran el comportamiento lo hacen por intensificar o inhibir la actividad de los sistemas transmisores. Se han identificado más de cincuenta tipos de transmisores, entre los cuales encontramos *neurotransmisores,* –moléculas responsables de la respuesta principal de las neuronas receptoras, actúan rápido pero con efectos breves–; *neuromoduladores*, que «preparan» a las neuronas para que respondan a la estimulación del neurotransmisor; y *neurohormonas*, que producen efectos lentos y duraderos, pudiendo actuar a distancias alejadas del lugar de liberación.

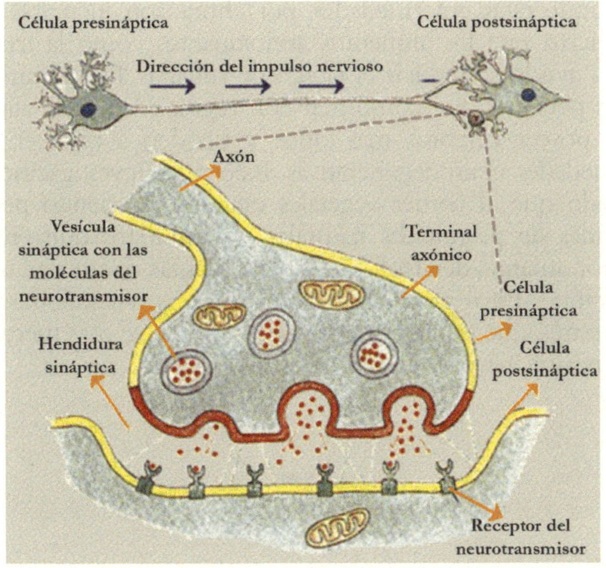

Representación de la sinapsis química. La llegada de un potencial de acción al extremo del axón inicia la fusión de vesículas sinápticas –que contienen moléculas de neurotransmisores– con la membrana del axón, son liberadas así a la hendidura sináptica, llegando a la siguiente célula y provocando un efecto inhibitorio o excitante, dependiendo del tipo de interacción que se produzca. Foto: Rodríguez, A., Wikimedia Commons

Algunos transmisores nerviosos importantes son la *acetilcolina*, implicada en el movimiento muscular voluntario, el ciclo vigilia-sueño, la ingestión de líquidos y la memoria; la *noradrenalina* y *adrenalina*, que participan en el estado de alerta del organismo; la *dopamina*, relacionada con el movimiento voluntario y la excitación emocional; la *serotonina*, que participa en la regulación de la temperatura y el sueño; y las *endorfinas*, participantes en mecanismos de analgesia (inhibición del dolor).

Cuando el funcionamiento de alguno de estos mensajeros falla, se presentan afecciones neurológicas. En la enfermedad de Alzheimer existe una reducción de acetilcolina, a causa de una degeneración de las neuronas que la producen, lo que afecta a la memoria del paciente. El Parkinson es producto de la atrofia de las células liberadoras de dopamina, y la esquizofrenia puede originarse por la hiperactividad de la dopamina en diversas estructuras nerviosas como el hipotálamo.

Aunque estas enfermedades, por ahora, son incurables, se ha descubierto que los alimentos antioxidantes como la fruta y la verdura ayudan a reducir el riesgo de sufrirlas. Está comprobado que las personas que consumen con regularidad estos alimentos suelen poseer cerebros más sanos y tienden a padecer menos enfermedades neurodegenerativas. Recientes investigaciones han desvelado que al comer vegetales estamos ingiriendo pequeñas cantidades de plaguicidas naturales –compuestos que producen un sabor amargo, desarrollados por las plantas como estrategia de protección–. Estos productos tóxicos generan en nuestras células cierto estrés, que en lugar de dañarlas, las vuelve más fuertes, para poder resistir mayores niveles de estrés.

97

¿ES CIERTO QUE SÓLO USAMOS EL 10 % DEL CEREBRO?

Ya hemos conocido la unidad estructural fundamental del sistema nervioso, la neurona. Los millones de neuronas que portamos se organizan formando un sistema complejo, en el que podemos identificar dos partes: el sistema nervioso central y el sistema nervioso periférico. El primero está formado por el encéfalo y la médula espinal; mientras que el segundo lo constituyen las restantes neuronas que, formando parte de nervios, llegan a los distintos rincones de nuestro cuerpo.

La información sensorial recibida por los órganos de los sentidos es transportada a través del sistema nervioso periférico hasta la médula o el encéfalo. Este sistema periférico consta de trece pares de nervios craneales, que recogen información de la cabeza –como el nervio óptico o el nervio auditivo–; y 31 pares de nervios espinales o raquídeos, que unen las restantes partes del cuerpo con la médula espinal, entrando y saliendo de ella a través de los espacios entre las vértebras. Las lesiones en la médula espinal cortan la comunicación con el encéfalo de todos los nervios que se encuentren por debajo de la zona afectada, provocando paraplejías, es decir, parálisis y pérdida de funcionalidad en una parte del cuerpo. Por eso los accidentes que implican daños medulares a la altura de las vértebras cervicales son causa de tetraplejias, con la subsiguiente parálisis total o parcial de brazos y piernas.

Dada su delicadeza y la importancia de mantenerla intacta, la médula espinal se encuentra protegida en el interior de la columna vertebral. De igual manera, el encéfalo está protegido por el cráneo y por unas capas de membranas llamadas meninges. Además, ambos están bañados por el líquido cefalorraquídeo, que actúa como proveedor de nutrientes y linfocitos, a la vez que sirve como amortiguador de impactos.

La información que llega a los nervios espinales es trasladada a la médula, que actúa como enlace entre el encéfalo y el resto del cuerpo, transmitiendo información en ambos sentidos. Además, en la propia médula se procesan funciones importantes, como los reflejos (que ya vimos), y otras relacionadas con la locomoción y el funcionamiento de esfínteres. Nuestra médula tiene una longitud aproximada de cuarenta centímetros, y un diámetro similar al del dedo meñique. En un corte transversal, se puede apreciar una forma oscura similar a una mariposa –es la sustancia gris, formada por dendritas y somas de las neuronas, células de glía e interneuronas– en un fondo blanco –sustancia blanca, formada por los axones, cubiertos por las vainas de mielina que le aportan el color claro.

La continuación de la médula hacia el interior del cráneo constituye el tronco cerebral, formado por el mesencéfalo, la protuberancia y el bulbo raquídeo. Todos ellos, junto con el cerebelo, el diencéfalo y el cerebro, forman ya parte del encéfalo. Su estructura y función ya fueron comentadas con detalle (ver pregunta 82), ahora nos centraremos en una parte específica, el cerebro. Su análisis nos ayudará a responder a la pregunta planteada.

El cerebro o telencéfalo se dispone en la parte superior del encéfalo, ocupando el ochenta por ciento de su volumen. Es la estructura que más ha cambiado durante el proceso de hominización, mediante el que su superficie ha ido experimentando una serie de pliegues denominados circunvoluciones, que han conseguido que en el pequeño volumen del cráneo alberguemos un área de 1.800 centímetros cuadrados. El cerebro está dividido en dos hemisferios, conectados entre sí por fibras mielínicas muy compactas, el cuerpo calloso. Salvo pocas excepciones, cada hemisferio controla las funciones de la mitad opuesta del cuerpo.

Anatómicamente, cada hemisferio cerebral está dividido en cuatro lóbulos: frontal, parietal, temporal y occipital.

Muchas investigaciones confirman que en nuestro cerebro existe una lateralización funcional, es decir, los dos hemisferios son funcionalmente distintos, aunque actúan de forma coordinada. El izquierdo se especializa en procesos de pensamiento lógico y analítico, en funciones verbales y matemáticas. Por otro lado, el hemisferio derecho se especializa en las relaciones visuales y espaciales, en las actividades artísticas y musicales, procesa la información de manera más global. Foto:Inc., vía Flickr.

Funcionalmente, en la corteza cerebral encontramos distintas áreas con roles específicos. La *corteza motora*, situada en el lóbulo frontal, controla la actividad voluntaria de los músculos esqueléticos. La *corteza auditiva*, en el lóbulo temporal, procesa la información proveniente del oído, mientras que la *corteza visual*, en el lóbulo occipital, hace lo propio con la información de los ojos. Por último, la *corteza somatosensorial*, ubicada en el lóbulo parietal, recibe señales táctiles, de temperatura, dolor, y percepción del propio cuerpo.

En el cerebro, además, existen áreas de asociación o áreas de procesamiento intrínseco. En ellas se vinculan los estímulos recibidos con emociones y recuerdos almacenados en la corteza, y con el pensamiento, sentando las bases para las funciones cerebrales superiores. Estas áreas, sólo presentes en el cerebro humano, son fundamentales para el aprendizaje, la planificación de futuro y las intenciones de comportamiento.

Si la corteza cerebral sufre lesiones por un accidente o traumatismo, las funciones que dependen del área afectada se verán comprometidas. Esto se agrava con el agregado de que muchas células nerviosas no se regeneran, por lo que el daño puede ser irreversible. No obstante, existen terapias físicas por las que se logra que regiones ilesas de la corteza asuman el control de las funciones perdidas y las restauren. Esto es muestra de la plasticidad neuronal de nuestro cerebro. De hecho, en él se producen de manera continua cambios y rearreglos en el funcionamiento de las neuronas, mayores en los primeros años de vida, lo cual es importante en los procesos de memoria y aprendizaje.

Ahora sí, conociendo las peculiaridades del cerebro humano, estamos preparados para responder a la pregunta que nos ocupa. A pesar de los grandes avances en neurociencia que se han producido en las últimas décadas, la creencia de que sólo usamos el 10 % del cerebro sigue estando muy extendida en la sociedad. Este mito, que muchos atribuyen a Einstein –aunque no existe ninguna evidencia de que estas palabras fueran suyas– apareció a comienzos del siglo xx, cuando diferentes instituciones ponían de relieve la necesidad de desarrollar las habilidades latentes en cada persona.

Diferentes estudios en pacientes que han sufrido daño cerebral muestran que usamos un porcentaje del cerebro mucho mayor, y que casi cualquier área del mismo que sea dañada provoca efectos específicos y duraderos sobre las capacidades mentales y comportamentales del individuo que lo sufre. Las imágenes de actividad cerebral recogidas mediante electroencefalogramas revelan que no hay ningún área del cerebro que esté completamente silenciada o inactiva. Si bien es cierto que muchas capacidades cerebrales pueden ser entrenadas y mejoradas, la idea de que sólo usamos un 10 % del cerebro es, sin lugar a dudas, un mito.

98

¿Por qué soñamos?

Entre las múltiples funciones a cargo de nuestro sistema nervioso, podemos encontrar acciones voluntarias e involuntarias. Ambos tipos de procesos están dominados por distintas neuronas. De esta manera, el sistema nervioso periférico se puede dividir en dos subsistemas: el sistema nervioso somático (SNS) y el sistema nervioso autónomo (SNA). Las neuronas pertenecientes a ambos sistemas son diversas, aunque puedan formar parte de los mismos nervios.

El SNS controla los movimientos voluntarios de los músculos esqueléticos, los que se ponen en marcha cuando salimos a correr, cuando subimos al autobús, o cuando cogemos un bolígrafo para escribir. Las neuronas de este sistema tienen los cuerpos celulares en la médula espinal, y los axones conducen directamente a los músculos que controlan.

Por otro lado, el SNA lleva a cabo el control del funcionamiento involuntario de la musculatura lisa, el músculo cardiaco y las glándulas. Está constantemente trabajando, ya que es responsable del movimiento de las paredes de los vasos sanguíneos, así como del funcionamiento de nuestros órganos internos: digestivos, respiratorios, excretores y reproductivos. A diferencia del SNS, este sistema es capaz de estimular, pero también de inhibir, a un efector.

El SNA posee, a su vez, dos divisiones: la división simpática y la división parasimpática. La primera prepara al cuerpo para actividades tensas o enérgicas, como la lucha o la huida; mientras que la división parasimpática domina en momentos de reposo, dirigiendo actividades de mantenimiento. Los neurotransmisores utilizados en ambas divisiones son distintos: la *noradrenalina* en el sistema simpático, y la *acetilcolina* en el sistema parasimpático. La homeostasis del cuerpo depende de la actividad coordinada de estos dos sistemas.

Ambos, por lo general, tienen efectos antagónicos en los órganos a los que inervan, mientras uno estimula, el otro inhibe. El sistema simpático aumenta la frecuencia cardiaca y respiratoria, relaja los bronquios, dilata las pupilas, detiene el movimiento rítmico del intestino y relaja esfínteres. Por eso, ante situaciones de miedo o estrés, perdemos el apetito, se nos acelera el corazón y tenemos ganas de ir al servicio. Por otro lado, el sistema parasimpático disminuye la frecuencia cardiaca, contrae la pupila, incrementa los movimientos de la pared intestinal, estimula la salivación y la secreción de jugos gástricos. Algunos autores consideran una tercera división en el SNA, la *división entérica*. Esta importante red neuronal se encuentra en las paredes del tubo digestivo, regulando la secreción, la absorción y los movimientos del tracto digestivo.

Una de las acciones que realizamos todos de forma involuntaria es dormir. Durante años se pensó que el sueño era un estado de falta total de actividad, causado por la retirada de la sangre de la superficie de la piel, o por la acumulación de vapores tibios en el estómago. Esas ideas ya se han desechado, y hoy sabemos que mientras dormimos nuestro cuerpo mantiene la mayoría de sus funciones, y que el control del sueño se realiza desde diversas regiones del sistema nervioso central.

El sueño es un estado de reposo con niveles bajos de actividad fisiológica, caracterizado por una menor respuesta ante estímulos externos. Existen varias etapas diferenciadas a lo largo de la noche: la primera de ellas es la somnolencia o adormecimiento, en la que el ritmo del encefalograma se reduce. La segunda etapa, de sueño ligero, se caracteriza por la disminución aún mayor de este ritmo y la aparición de ráfagas en el encefalograma (los llamados *husos del sueño*, se piensa que pueden estar relacionadas con la consolidación de la memoria). La siguiente etapa, de sueño profundo, en el que el tono muscular se reduce, es la fase más reparadora y generalmente abarca un veinticinco por ciento del tiempo total de sueño.

A continuación llega la fase del sueño paradójico, en el que el ritmo del encefalograma aumenta hasta ser similar al del estado de vigilia, se observan movimientos oculares rápidos (por eso esta fase también es conocida como fase REM, *rapid eye movements*) aunque decrece mucho el tono muscular. Esta fase constituye el cincuenta por ciento del tiempo total de sueño en bebés, y el veinticinco por ciento en adultos, disminuyendo con la edad. Las fases de sueño REM y no REM se alternan sucesivamente, cuatro o cinco veces durante la noche. Es más fácil ser despertados en las fases REM.

El proceso del ciclo sueño-vigilia está regulado por una red neuronal compleja en la que intervienen distintas áreas del sistema nervioso central. Existen unos relojes biológicos que marcan su actividad periódica, uno de ellos en el hipotálamo.

Durante el sueño se produce actividad mental, se experimentan experiencias oníricas: los ensueños. En la fase REM, estos ensueños son de tipo cinematográfico y en color, por lo que hay quien piensa que el movimiento de los ojos se debe al seguimiento con los mismos de lo que está ocurriendo en el sueño. Si nos despiertan durante esta fase, será más sencillo recordar lo que estábamos soñando. Los ensueños también pueden suceder durante

Sigmund Freud, padre del psicoanálisis, fue pionero en intentar interpretar los sueños dentro de un marco científico. En ellos veía la expresión camuflada de los impulsos sexuales y agresivos inconscientes. Acorde con este autor, los impulsos no descargados de forma consciente eran llevados inconscientemente a los sueños.

el sueño profundo, pero son más abstractos. En ambos casos, la corteza prefrontal (importante en muchos procesos mentales) está inhibida, lo que podría explicar la falta de lógica en las imágenes creadas mientras soñamos.

Hemos visto las bases fisiológicas del sueño, ahora bien ¿cuál es el motivo que nos impulsa a soñar? Para responder a esto, tenemos que movernos en el terreno de la psicología. Desde esta disciplina se piensa que los sueños son procesos mentales en los que se produce la reelaboración de la información almacenada en la memoria, generalmente relacionada con experiencias vividas por la persona el día anterior.

Aunque hay quienes piensan que los sueños no sirven para nada, muchos científicos sí buscan una funcionalidad en los mismos. Se piensa que soñar facilita las interacciones sociales, o que soñamos para practicar la manera de evitar situaciones amenazantes durante el día. Otros autores sostienen que cuando se activan las regiones implicadas en los sueños, se desencadena información que el cerebro trata de ordenar y comparar con los datos acumulados en la memoria a corto plazo, los fallos en este proceso darían lugar a la incoherencia presenciada en los sueños.

Lo cierto es que hay hipótesis diversas, ninguna de ellas confirmada completamente de forma científica. Si bien es cierto que se ha avanzado en el conocimiento de los mecanismos neurológicos que se ponen en marcha cuando soñamos, la razón por la que lo hacemos continúa siendo un misterio por resolver.

99

¿Cuánto tiempo podemos vivir sin dormir?

Tras analizar lo que nos ocurre durante las distintas fases del sueño sabemos que nuestro cuerpo permanece muy activo mientras estamos en los brazos de Morfeo. Además, desde pequeños nos han dicho que es importante dormir un mínimo de siete u ocho horas al día, en función de nuestra edad. Pero ¿es de verdad necesario dormir? Un joven estadounidense ostenta el récord de tiempo despierto, habiendo estado unos once días sin dormir para un experimento de su clase de ciencias. ¿Qué consecuencias acarreó en su cuerpo? Como vamos a demostrar, dormir es una necesidad fisiológica como lo son la comida o la bebida.

En un estudio llevado a cabo en 1989 por Carol Everson, se comprobó como las ratas que eran privadas de sueño morían aproximadamente en un mes. Más de veinte años después de aquella investigación, seguimos sin comprender a ciencia cierta por qué morían las ratas. Pero sí sabemos que la muerte por insomnio no sólo les afecta a ellas. En humanos, se ha detectado la enfermedad conocida como «insomnio familiar fatal», un trastorno hereditario que provoca insomnio y, por ende, fallecimiento, en las personas que la padecen. El análisis de los encéfalos de pacientes afectados por este insomnio reveló que presentaban una pérdida masiva de neuronas en la región del tálamo, responsable de la regulación de la memoria emocional y la emisión de los husos del sueño. A finales de la década de 1990 se constató que este daño cerebral se debía a la acción de unas proteínas deformes, los priones (conocidos por ser causa de la *encefalopatía espongiforme bovina*, o «mal de las vacas locas»).

La falta de sueño, además, reduce la capacidad del individuo para crear anticuerpos, lo que disminuye la funcionalidad del sistema inmunitario. Por otro lado, los jóvenes sometidos a un experimento en el que se les permitía dormir sólo cuatro horas al día vieron reducida su capacidad para extraer la glucosa de la sangre en un 40 %, y aumentó un 28 % la concentración de *grelina* (hormona estimuladora del apetito), por lo que su apetito también creció. El insomnio, por tanto, provoca aumento de peso e incrementa el riesgo de obesidad.

Pero los efectos más negativos se producen sobre el sistema nervioso, en concreto sobre funciones tan relevantes como la memoria, el aprendizaje y las emociones. Tras someter a una noche sin dormir a una serie de sujetos, se comprobó que sus recuerdos descendían, y recordaban más los hechos negativos que los positivos. Esto coincide con otros estudios que vinculan la falta de sueño con trastornos depresivos y otras afecciones psiquiátricas. Muestra de ello es que las personas que sufren apnea del sueño (trastorno en el flujo de aire que penetra a los pulmones, por el que el paciente puede ver interrumpida la respiración durante unos segundos, despertándose varias veces durante la noche) son más propensas a sufrir depresión. Además, niños con trastornos de déficit de atención e hiperactividad que son tratados de apnea reducen su cuadro de hiperactividad en mayor grado de lo que lo hacen con los medicamentos habituales.

El aprendizaje también es un aspecto que se ve afectado por el sueño. Se ha comprobado que dormir después de actividades de aprendizaje facilita la estabilización, consolidación, integración y análisis selectivo de los nuevos recuerdos. Por esto se recomienda estudiar por la tarde o noche, en lugar de hacerlo en la mañana. El sueño, además, frena el deterioro de los recuerdos causado por el paso del tiempo y los mejora.

Parece ser que esta mejora es selectiva, recordamos más los aspectos más emotivos, los que consideramos más relevantes. El sueño, por tanto, refuerza preferentemente la memoria emocional. Y no sólo aumentan los recuerdos, durante la noche nuestro cerebro es capaz de procesar esos recuerdos y vincularlos a experiencias pasadas, de manera que nos sea útil para tomar decisiones futuras. La expresión «consultarlo con la almohada» adquiere así un significado casi literal.

Otra de las funciones fisiológicas a las que el sueño aporta beneficios es la eliminación de sustancias de desecho del cerebro.

A menudo se dice que para conciliar el sueño se deben contar ovejas. El origen de esta expresión podría hallarse en un cuento que se contaba antiguamente a los niños para que se durmieran. En la historia, un pastor con un rebaño de muchísimas ovejas debía pasarlas al otro lado del río a través de un puente estrecho, cada vez que pasaba una, la contaba. Eran tantas que el niño se dormía mientras el adulto seguía contando. Esta historia, que parece funcionar en los niños, no es tan útil en adultos. La Universidad de Oxford realizó un estudio en el que demostraba cómo la visualización de escenas relajantes era mucho más efectiva que el conteo de ovejas, de cara a vencer el insomnio.

En 2013, investigadores del Centro Médico de la Universidad de Rochester descubrieron que el espacio entre las células del cerebro se ensancha durante el sueño, lo que facilita la circulación del líquido cefalorraquídeo entre el encéfalo y la médula espinal. Sustancias como la *amiloide beta* (precursor de las placas amiloides presentes en las neuronas de los enfermos de Alzheimer) son eliminadas por el flujo del líquido cefalorraquídeo, por lo que el aumento del mismo podría igualmente contribuir positivamente a prevenir esta enfermedad.

Aunque durante años se dudó de la verdadera funcionalidad del sueño, ahora sabemos que dormir es necesario para el funcionamiento óptimo de numerosos procesos fisiológicos. Las investigaciones de las últimas décadas han encontrado relación entre el acto de dormir y su influencia en el sistema inmunitario, el correcto equilibrio hormonal, la salud mental y emocional, el aprendizaje y la memoria, así como la eliminación de toxinas del cerebro. En general, el sueño mejora el rendimiento de todas estas funciones, pero ninguna de ellas falla si no se duerme. Aun así, un insomnio de varios meses lleva a la persona a la muerte.

¿Y qué ocurrió con aquel estudiante que estuvo once días sin dormir? Pues que durante este período desarrolló síntomas como problemas de visión y de habla, varias deficiencias cognitivas y comenzó a sufrir alucinaciones. Nos queda claro, por tanto, que todas las horas que utilizamos durmiendo es tiempo bien empleado.

100

¿Es posible lograr la inmortalidad?

A lo largo de este libro, hemos comprendido los distintos procesos que, actuando de forma coordinada, posibilitan el proceso tan complejo que supone la vida; hemos entendido qué características del planeta le llevaron a albergar seres vivos; hemos visto que todos estamos formados por células, viendo su composición y funcionamiento; nos hemos acercado a los procesos evolutivos que llevan actuando en la Tierra durante millones de años, y su relación con la genética; hemos apreciado la gran diversidad de la vida en el planeta; hemos comprendido cómo funciona nuestro cuerpo internamente, valorando la complejidad asombrosa de la maquinaria que nos mantiene vivos.

En esta última pregunta abordaremos un aspecto que el ser humano se ha planteado en numerosas ocasiones: el elixir de la eterna juventud, una legendaria poción que garantizaba la vida eterna, ha sido una meta que lograr por múltiples alquimistas a lo largo de la historia. Pero, desde el punto de vista biológico, ¿sería posible? Veamos las razones que nos hacen envejecer para así comprender si existiría la posibilidad remota de frenar estos mecanismos.

El envejecimiento ha sido definido por los investigadores como una acumulación gradual de deterioro aleatorio de las moléculas biológicas esenciales, especialmente el ADN, que se inicia a una edad temprana. Con el tiempo, los daños superan a la capacidad del cuerpo para repararlos, lo que implica un peor funcionamiento de todas nuestras estructuras, desde las células a los tejidos u órganos. Llegado un límite, el cuerpo no resiste más, y se produce el fallecimiento.

Algunos síntomas del envejecimiento son la pérdida de masa muscular o masa ósea, la disminución de la elasticidad de la piel, los tiempos de reacción a estímulos más prolongados, y la reducción en la agudeza de los sentidos. Además, con la edad el sistema inmunitario ve reducida su capacidad de hacer frente a las infecciones, lo que supone una mayor exposición a agentes dañinos y enfermedades.

Desde el punto de vista evolutivo, el envejecimiento no se considera tanto el fruto de la programación genética, sino el resultado de una negligencia en los propios procesos evolutivos. La selección natural conserva solamente aquellos mecanismos que mantienen vivo y saludable a un organismo durante la época en que se reproduce y alimenta a su descendencia, pero se despreocupa del individuo a partir de este punto. Los mecanismos de reparación que prolongan la vida más allá de ese momento no se han visto favorecidos por los millones de años de evolución.

Un factor que contribuye al daño celular responsable del envejecimiento es la producción de radicales libres que atacan, como vimos, a los componentes celulares. Los radicales libres pueden ser producto de la exposición a radiación solar o rayos X, gases de combustión de los coches y metales industriales, como el mercurio y el plomo. No obstante, incluso sin estar expuesto a estos factores, nuestro cuerpo de forma natural genera estos radicales, como producto de muchas reacciones bioquímicas por las que la célula obtiene energía, reacciones, por otro lado, imprescindibles para la vida.

Se denominan radicales libres porque tienen átomos –a menudo de oxígeno– con uno o más electrones impares en sus capas externas. Son moléculas muy inestables que reaccionan fácilmente con moléculas cercanas, captando electrones para llenar sus capas exteriores. El problema es que cuando el radical roba un electrón a otra molécula, crea un nuevo radical libre y comienza una reacción en cadena que puede conducir a la destrucción de moléculas biológicas fundamentales para la vida, como el ADN.

A esto se une que la capacidad de reparar el ADN dañado reside en un conjunto de enzimas, que son proteínas también codificadas por ADN. Si existen fallos en el material genético, estas enzimas también se verán afectadas, por lo que serán menos funcionales. La consecuencia de este círculo vicioso es una

El envejecimiento o senescencia es un proceso que todos compartiremos en algún momento. Para explicarlo se han propuesto varias teorías, además del desgaste de órganos y tejidos debido a la acción de los radicales libres y el acortamiento progresivo de los telómeros cromosómicos; otra teoría apuesta por la acumulación en las células de sustancias tóxicas provenientes del metabolismo celular, como pigmentos, colesterol o placas de ateroma. También se achaca este proceso al trastorno del sistema endocrino, dado que las personas con alteraciones en gónadas, tiroides o páncreas envejecen precozmente.

acumulación cada vez mayor de errores genéticos y, por tanto, a un mal funcionamiento de los procesos metabólicos celulares.

Otro aspecto que debemos tener en cuenta en los procesos de envejecimiento celular es la función de los telómeros cromosómicos. Los telómeros, como vimos en la pregunta 13, son un conjunto de secuencias altamente repetitivas y no codificantes que se encuentran en los extremos de los cromosomas. La enzima *telomerasa* se encarga de la replicación telomérica, pero es una enzima solamente activa en células embrionarias. Por esto, cada vez que una célula sufre mitosis y se divide, sus telómeros se acortan un poco. Cuando el tamaño de los mismos llega a un nivel mínimo, o bien la división celular se frena o la célula muere. Esto explica que, como ya habíamos visto, cada célula esté genéticamente programada para, pasados unos determinados ciclos de división, inducir su apoptosis o suicidio celular.

Vistas las razones que nos llevan a envejecer, ¿qué ingredientes tendría que tener nuestro elixir de juventud para evitarlo? En primer lugar, para combatir a los radicales libres, es importante la acción de sustancias antioxidantes, que reaccionen con estos radicales frenando su acción dañina. De forma natural producimos algunos de estos antioxidantes, otros deben ser ingeridos con la dieta. Muchas de las sustancias –como las vitaminas E y C– halladas en fruta y verdura (especialmente las de color amarillo, naranja y rojo) son antioxidantes. También el polvo de cacao con el que se elabora el chocolate contiene altas concentraciones de flavonoides, potentes antioxidantes.

Lo más complicado será encontrar un remedio para evitar el acortamiento de los telómeros, pero en la Universidad de Stanford ya están trabajando en esta línea. En el año 2015 publicaron los resultados de una investigación en la cual se trataron células de la piel con ARN modificado, que contenían el gen de la telomerasa transcriptasa inversa que replicó el ADN telomérico, extendiéndolo. Las células así modificadas fueron capaces de dividirse hasta cuarenta veces más que las células sin tratar, comportándose como estructuras vivas mucho más jóvenes. Esto no implica, no obstante, que estas células se fueran a dividir sin cesar (lo cual, por otro lado, podría implicar un riesgo de desarrollo de tumores cancerígenos). El estudio abre las posibilidades de rejuvenecer estas estructuras, lo cual podría ser usado para tratar problemas asociados con el envejecimiento.

Podemos concluir, por tanto, que si bien el elixir de juventud puede ser biológicamente posible, no parece que el camino para lograrlo sea fácil, ni cercano en el tiempo. Por lo pronto, podremos conformarnos con vivir una vejez feliz, conociendo nuestro cuerpo, cuidándolo, y disfrutando de todas las posibilidades que nuestra maravillosa máquina humana, diseñada a través de tantos miles de años de evolución, nos permite.

Bibliografía

Agencia Española de Medicamentos y Productos Sanitarios (AEMPS). *Cómo se regulan los medicamentos y productos sanitarios en España*. Madrid: AEMPS, 2014.

Albero, R., Sanz, A. y Playán, J. «Metabolismo en el ayuno». En: *Endocrinología y Nutrición*, 2004; 51(04): 139-148.

Bianconi, Eva, Piovesan, Allison, Facchin, Federica, Beraudi, Alina, Casadei, Raffaella, Frabetti, Flavia, *et al*. «An estimation of the number of cells in the human body». En: *Annals of Human Biology*, 2013; 40(6): 463-471.

BirdLife International. *Numerous bird species have been driven extinct* (2014). Disponible en: http://www.birdlife.org/datazone/sowb/state/STATE1 [Consultado 12-04-16].

Brown, Dwayne, Cantillo, Laurie y Webster, Guy. *NASA confirms evidence that liquid water flows on today's Mars* (2015). Disponible en: http://www.nasa.gov/press-release/nasa-confirms-evidence-that-liquid-water-flows-on-today-s-mars [Consultado 2-03-2016].

Brusatte, Stephen. «¿Qué causó la extinción de los dinosaurios?». En: *Investigación y Ciencia*, 2016; n.° 473: 40-45.

Campos-Bedolla, Patricia, Bazán Perkins, Blanca Margarita, Sanmartí Puig, Neus, Torres Lobejón, M.ª Dolores, Mingo Zapatero, Blanca, Fernández Esteban, Miguel Ángel, *et al. Biología (volumen 1)*. México: Limusa, 2002.

Carranza Almansa, Juan F. «Sistemas de apareamiento y selección sexual». En: Carranza Almansa, Juan F. (ed.). *Etología: introducción a la ciencia del comportamiento*. Cáceres: Universidad de Extremadura, 1994.

Chabot, Nancy L., Ernst, Carolyn M., Denevi, Brett W., Nair, Hari, Deutsch, Ariel N., Blewett, David T., *et al.* «Images of surface volatiles in Mercury´s polar craters acquired by the MESSENGER spacecraft». En: *Geology,* 2014; 42(12): 1051-1054.

Chapman, Arthur D. *Numbers of living species in Australia and the world* (2.ª ed.). Toowoomba (Australia): Australian Biodiversity Information Services, 2009.

Charig, A. J. «Disaster theories of dinosaur extinction». En: Torrens, H. S. y Palmer, D. (eds.). *Modern Geology*. Suiza: Gordon and Breach Science, 1993.

Church, George, y Regis, Ed. *Regensis. How synthetic biology will reinvent nature and ourselves*. Nueva York: Basic Books, 2012.

Cohen, B. A., Swindle, T. D. y Kring, D. A. «Support for the Lunar Cataclysm Hypothesis from Lunar Meteorite Impact Melt Ages». En: *Science,* 2000; 290(5497): 1754-1755.

Dawkins, Richard. *El gen egoísta. Las bases biológicas de nuestra conducta*. Madrid: Oxford University Press, 1976.

DeGrasse, Neil. *The search for life in the Universe* (2003). Disponible en: http://www.nasa.gov/vision/universe/starsgalaxies/search_life_I.html [Consultado 3-03-2016].

Dyches, Preston y Chou, Felicia. *The Solar System and beyond is awash in water*. En: Jet Propulsion Laboratory, California Institute of Technology, 2015. Disponible en: http://www.nasa.gov/jpl/the-solar-system-and-beyond-is-awash-in-water [Consultado 2-03-2016].

The ENCODE Project Consortium. «An integrated encyclopedia of DNA elements in the human genome». En: *Nature,* 2012; 489(7414): 57-74.

Entrala, Carmen. «Técnicas de análisis del ADN en genética forense». Universidad de Granada: Laboratorio de ADN forense, departamento de medicina legal, 2000. Disponible en: http://www.ugr.es/~eianez/Biotecnologia/forensetec.htm [Consultado 21-03-2016].

Fernández-d'Arlas, Borja y Eceiza Mendiguren, M.ª Aranzazu. «Diseño de nuevos poliuretanos inspirados por la estructura macromolecular de la seda de araña». En: *Matéria (Rio de Janeiro),* 2015; 20(3): 682-690. Disponible en: http://dx.doi.org/10.1590/S1517-707620150003.0071 [Consultado 08-04-2016].

Fernández-López, Sixto R. *Temas de Tafonomía.* Madrid: Universidad Complutense de Madrid, 2000.

Ginnobili, Santiago. «Selección artificial, selección sexual, selección natural». En: *Metatheoria,* 2011; 2(1): 61-78.

Global Biodiversity Information Facility (GBIF). *GBIF Science Review.* Copenhague: Global Biodiversity Information Facility, 2014. Disponible en: http://www.gbif.org/resource/80915 [Consultado 27-03-2016].

Green, Richard E., Krause, Johannes, Briggs, Adrian W., Maricic, Tomislav, Stenzel, Udo, Kircher, Martin, *et al.* «A draft sequence of the Neandertal genome». En: *Science,* 2010; 328(5979): 710-722.

Heathcote, James A. «Why do old men have big ears?». En: *British Medical Journal,* 1995; 311: 1668. Disponible en: http://dx.doi.org/10.1136/bmj.311.7021.1668 [Consultado 03-05-2016].

International Union for Conservation of Nature (IUCN). *The IUCN red list of threatened species.* Suiza: IUCN, 2012. Disponible en: http://cmsdocs.s3.amazonaws.com/IUCN_Red_List_Brochure_2014_LOW.PDF [Consultado 27-03-2016].

Johnson, Richard J. y Andrews, Peter. «El gen de la obesidad». En: *Investigación y Ciencia*, 2016; n.º 473(febrero): 28-33.

Kerr, Richard A. «Before the dinosaurs´demise, a clambake extinction». *Science,* 2012; 337(6100): 1280.

Küppers, Michael, O´Rourke, Laurence, Bockelée-Morvan, Dominique, Zakharov, Vladimir, Lee, Seungwon, Von Allmen, Paul, *et al.* «Localised sources of water vapour on dwarf planet (1) Ceres». En: *Nature,* 2014; 505: 525-527.

Magee, Barry y Elwood, Robert W. «Shock avoidance by discrimination learning in the shore crab (Carcinus maenas) is consistent with a key criterion for pain». En: *Journal of Experimental Biology*, 2013; 216: 353-358.

Marean, C. W. «La especie más invasora». En: *Investigación y Ciencia*, 2015; octubre: 14-21.

Marquès-Bonet, T., Kidd, J. M., Ventura, M., Graves, T. A., Cheng, Z., Hillier, L. W., Jiang, Z., *et al.* «A burst of segmental duplications in the genome of the African great ape ancestor». En: *Nature,* 2009; 457: 877-881.

Mattson, M. P. (2015). «Toxinas vegetales saludables para el cerebro». *Investigación y Ciencia*, 20015; septiembre: 22-27.

Milne, L. J. y Milne, M. J. «Temperature and life». En: *Scientific American*, 1949; 180 (2).

Moratalla, J. *Dinosaurios. Un paseo entre gigantes*. Madrid: Editorial Edaf, 2008.

Nakabachi, A., Yamashita, A., Toh, H., Ishikawa, H., Dunbar H. E., Moran, N. A. y Hattori, M. «The 160-kilobase genome of the bacterial endosymbiont Carsonella». En: *Science,* 2006; 314(5797): 267.

National Aeronautics and Space Administration (NASA). *Solar System Temperatures*, 2003. Disponible en: http://solarsystem.nasa.gov/galleries/solar-system-temperatures [Consultado 2-03-2016].

National Aeronautics and Space Administration (NASA). *How big is our Universe?* (2004). Disponible en: http://www.nasa.gov/audience/foreducators/5-8/

features/F_How_Big_is_Our_Universe.html [Consultado 3-03-2016].

National Human Genome Research Institute. *Human Genome Project Completion* (2003). Disponible en: https://www.genome.gov/11006943 [Consultado 22-03-2016].

National Library of Medicine. *Genetics Home Reference*. 2016. Disponible en: https://ghr.nlm.nih.gov [Consultado 19-03-2016].

Núñez, D. P. y García Bacallao, L. «Bioquímica de la caries dental». En: *Revista Habanera de Ciencias Médicas*, 2010; 9(2): 155-156.

Organización de las Naciones Unidas para la Alimentación y la Agricultura (FAO). *Evaluación de los recursos forestales mundiales* (2015). Disponible en: http://www.fao.org/3/a-i4808s.pdf [Consultado 27-03-2016].

Organización Nacional de Trasplantes (ONT). *Historia de los trasplantes* (2016). Disponible en: http://www.ont.es/home/Paginas/HistoriadelosTrasplantes.aspx [Consultado: 23-04-16].

Organización Mundial de la Salud (OMS). *Carta de Ottawa para la promoción de la salud* (1986). Disponible en: http://www.fmed.uba.ar/depto/toxico1/carta.pdf [Consultado: 14-04-16].

Organización Mundial de la Salud (OMS). *Constitución de la Organización Mundial de la Salud*. Documentos básicos, suplemento de la 45.ª edición (2006). Disponible en: http://www.who.int/governance/eb/who_constitution_sp.pdf [Consultado: 14-04-16].

Pennisi, E. «ENCODE project writes eulogy for junk DNA». En: *Science,* 2012; 337(6099): 1159-1161.

Petigura, E. A., Howard, A. W. y Marcy, G. W. «Prevalence of Earth-size planets orbiting Sun-like stars». En: *Proceedings of the National Academy of Sciences,* 2013; 110(48): 19273-19278.

Rohde, R. A. y Muller, R. A. «Cycles in fossil diversity». En: *Nature,* 2005; 434: 208-210.

Ruggiero M. A., Gordon D. P., Orrell T. M., Bailly N., Bourgoin T., Brusca R. C. *et al.* «A Higher Level Classification of All Living Organisms». En: *PLoS ONE,* 2015; 10(4).

Sears, C. L. «A dynamic partnership: celebrating our gut flora». En: *Anaerobe,* 2005; 11(5): 247-251.

Stanford University School of Medicine. *Telomere extension turns back aging clock in cultured human cells, study finds.* Stanford Medicine News Center (2015). Disponible en: http://med.stanford.edu/news/all-news/2015/01/telomere-extension-turns-back-aging-clock-in-cultured-cells.html [Consultado 14-05-2016].

Steenhuysen, J. «Study turns back clock on origins of life on Earth». *Reuters* (2009). Disponible en: http://www.reuters.com/article/us-asteroids-idUSTRE54J5PX20090520 [Consultado 3-03-2016].

Stickgold, R. «Las funciones vitales del sueño». En: *Investigación y Ciencia,* 2015; diciembre: 38-43.

Summa, K. C. y Turek, F. W. «Nuestros relojes internos». En: *Investigación y Ciencia,* 2015; (septiembre): 71-75.

University of Puerto Rico at Arecibo. *Planetary Habitability Laboratory* (2016). Disponible en: http://phl.upr.edu/projects/habitable-exoplanets-catalog [Consultado 3-03-2016].

Varela, I. «Heterogeneidad intratumoral». En: *Investigación y Ciencia,* 2015; enero-marzo: 32-33.

Velayos, J. L., Moleres, F. J., Irujo, A. M., Yllanes, D. y Paternain, B. «Bases anatómicas del sueño». En: *Anales del Sistema Sanitario de Navarra,* 2007; 30(supl.1): 7-17.

Vreeman, R. C. y Carroll, A. E. (2007). Medical myths. En: *BMJ,* 2007; 335: 1288.

Walter, M. R., Buick, R. y Dunlop, S. R. «Stromatolites 3,400–3,500 Myr old from the North Pole area, Western Australia». En: *Nature,* 1980; 284: 443-445.

Williams, R. D. *Organ transplants form animals: examining the possibilities*. En: U. S. Food and Drug Administration Consumer Magazine (1996). Disponible en: http://web.archive.org/web/20090119182050/http://www.fda.gov/fdac/features/596_xeno.html [Consultado 23-04-2016].

Williams, J., Read, C., Norton, A., Dovers, S., Burgman, M., Proctor, W. y Anderson, H. *Biodiversity, Australia State of the Environment Report 2001* [Theme Report]. Canberra: CSIRO Publishing on behalf of the Department of the Environment and Heritage, 2001.

Witt, P. N., Scarboro, M. B., Peakall, D. B. y Gause, R. «Spider web-building in outer space: Evaluation of records from the Skylab spider experiment». En: *American Journal of Arachnology*, 1977; 4: 115-124.

World Conservation Monitoring Centre (WCMC). *Protected Planet Report*. UNEP-WCMC: Cambridge, 2000.

Zamora, S. «Evolución de la simetría de los equinodermos». En: *Investigación y Ciencia*, 2015; diciembre: 46-53.

Lecturas de ampliación

Si el lector desea profundizar en la materia de las ciencias de la vida, le recomendamos asomarse a una serie de lecturas interesantes que sin duda le servirán para complementar y ampliar la obra aquí presentada. Todas ellas escritas por autores de referencia que aportan su visión acerca de distintos aspectos relacionados con la vida sobre nuestro planeta.

Anguita Virella, Francisco. *Origen e historia de la Tierra*. Madrid: Rueda, 1988.

Un clásico de la geología que sigue siendo obra de referencia en esta materia. Con un lenguaje muy cercano, Francisco Anguita nos acerca a los orígenes de nuestro planeta y, aportando pinceladas biológicas y un fuerte componente geológico, nos muestra la historia del escenario en el que nos movemos.

Arsuaga, Juan Luis y Martínez, Ignacio. *La especie elegida*. Madrid: Temas de hoy, 1998.

Al hablar de paleontología en España, el primer yacimiento en que pensamos, por su importancia a nivel internacional, es Atapuerca. El equipo de investigación de Juan Luis Arsuaga está llevando a cabo un impresionante trabajo en esta cuna de información, que sigue aportando datos sobre el pasado de nuestra especie. En esta obra, los autores realizan una revisión de los procesos de evolución humana, aportando sus propias teorías sobre la razón por la que somos el único homínido presente en la Tierra actual.

Audesirk, Teresa, Audesirk, Gerald y Byers, Bruce E. *Biología: La vida en la Tierra* (8.ª ed.). México: Pearson Educación, 2008.

Obra de referencia en biología, que no en vano cuenta ya con numerosas ediciones. Abarca los aspectos básicos de esta ciencia, relacionándolos continuamente con sucesos de la vida cotidiana, es destacable el uso de anécdotas y ejemplos prácticos para hacer entender los contenidos expuestos. Se lee fácilmente, resultando ideal para las personas que quieran iniciarse en el conocimiento de la biología.

Curtis, Helena, Barnes, N. Sue, Schnek, Adriana y Massarini, Alicia. *Invitación a la biología en contexto social*. Buenos Aires: Editorial Médica Panamericana, 2016.

Una magnífica lectura que todo biólogo habrá tenido el placer de disfrutar durante su formación. Con una delicadeza y un rigor científico admirables, estas autoras recorren los aspectos claves de las ciencias de la vida sin olvidar el contexto en el que estas se desarrollan. Cada capítulo comienza con un caso práctico, al que se da respuesta al final del mismo, mostrando por el camino todo el contenido de forma completa y clara.

Fernández Álamo, María Ana y Rivas, Gerardo. *Niveles de organización en animales*. México: Las Prensas de Ciencias, 2007.

Se compone de capítulos escritos por diversos autores especializados en cada grupo de animales. Un libro bastante denso y específico, que puede servir como fuente de conocimientos para zoólogos, o para aquellos lectores realmente interesados en determinados aspectos de los distintos grupos animales.

Griffiths, J. F. Anthony. *et al. Genética*. Madrid: McGraw-Hill Interamericana, 2002.

Obra interesante para aquellos lectores con ganas de adentrarse en el mundo de la herencia biológica que no posean una base fuerte previa. De una forma muy completa y clara, los autores plantean conocimientos de genética progresivamente más complejos, tratando los aspectos más relevantes, desde la genética clásica hasta la genética molecular, en todo momento relacionándolo con las enfermedades genéticas humanas.

Nelson, David L. y Cox, Michael M. *Lehninger Principios de Bioquímica* (6.ª ed.). Barcelona: Ediciones Omega, 2015.

Desde su primera edición, en 1970, esta lectura ha sido referencia en el campo de la bioquímica, actualizándose a lo largo de las sucesivas ediciones. Multitud de estudiantes, docentes e investigadores han hecho uso de esta obra en sus estudios o trabajo. Con un lenguaje accesible a la par que técnico, los autores muestran los aspectos esenciales de esta ciencia proponiendo actividades y ejercicios para reforzar los contenidos.

Ross, Michael H. y Pawlina, Wojciech. *Histología* (5.ª ed.). Buenos Aires: Editorial Médica Panamericana, 2008.

Libro especializado que muestra contenidos en biología celular y molecular, recomendado para aquellas personas con ciertos conocimientos previos en histología. La edición más reciente incorpora numerosas imágenes a color de los diferentes tejidos humanos, que complementan perfectamente una descripción exhaustiva de los mismos.

Sandín, Máximo (2011). *Desmontando a Darwin* [DVD]. Disponible en: http://www.microbiotica.es/desmontando-a-darwin-entrevista-maximo-sandin/ [Consultado 23-03-2016].

Interesante entrevista a este profesor de la Universidad Autónoma de Madrid, quien critica duramente el evolucionismo expuesto por Darwin, y aporta datos para su teoría evolucionista, en la que los virus asumen un papel fundamental. Documento agrio para los biólogos darwinistas, pero interesante para conocer otro punto de vista sobre la evolución de las especies.

Terzian, Yervant y Bilson, Elizabeth (ed.). *Carl Sagan's Universe*. Cambridge: Cambridge University Press, 1997.

Esta obra, escrita en honor a los logros conseguidos por Carl Sagan, recoge una variedad de artículos escritos por autores reconocidos. En ella se tratan las ciencias del espacio, la búsqueda de la vida extraterrestre, y el papel de la ciencia en el mundo moderno. Incluye un capítulo separado escrito por el propio Carl Sagan, en el que discute nuestro papel en el universo. Interesante obra para aquellas personas fascinadas con la cosmología.